Dr. Gertrud Scherf

Pflanzengeheimnisse aus alter Zeit

Überliefertes Wissen aus Kloster-, Burg- und Bauerngärten

blv

Obst

Wasch- und Färbepflanzen

Anhang   213

Paradies-gärten

Garten Eden und Pairidaeza

Kennst du den Garten? – Wenn sich Lenz erneut,
Geht dort ein Mädchen auf den kühlen Gängen
Still durch die Einsamkeit,
Und weckt den leisen Strom von Zauberklängen,
Als ob die Blumen und die Bäume sängen
Rings von der schönen alten Zeit.

Joseph von Eichendorff (1788–1857): aus dem Gedicht »Die Heimat«

Gärten können Menschen bezaubern. Sie geben Rastlosen Ruhe, beleben Müde und erfreuen Betrübte. Über diesen direkt erfahrbaren Zauber hinaus haben Gärten und insbesondere Gartenpflanzen meist noch andere Geheimnisse – verborgene Kräfte, die sich in Duft, Farben und Formen erahnen lassen und die Menschen über die Zeiten erfühlt, beobachtet, erkannt, genutzt haben.

Um die entdeckten Kräfte intensiver nutzen zu können, machten Menschen schon vor Jahrtausenden aus Wildpflanzen durch Kultivierung Gartenpflanzen. Die Geheimnisse der Nutzung, die sich in manchen Namen wie Apothekerrose oder Seifenkraut andeuten, hat man mündlich und schriftlich an die Nachkommenden weitergegeben. Man tradierte, wie in der Heilkunde die Heilkräfte, in der Küche Würzkraft, Wohlgeschmack und Nahrungswert, in Haushalt und Gewerbe Farb- und Reinigungskräfte verwendet werden

können, aber auch, wie ein Nutzgarten zugleich ein Ort für die Seele wird. Seit Menschen Gärten anlegen, haben diese über den praktischen Nutzen hinaus Bedeutung: als Ort der Erholung und Freude, als Ausdruck von Wünschen und Sehnsüchten, als Demonstration von Selbst- und Weltverständnis sowie als starkes Symbol. Nicht umsonst wird das Paradies seit Jahrtausenden mit einem Garten gleichgesetzt.

Im Schöpfungsbericht der Bibel heißt es:

8. Und Gott der Herr pflanzte einen Garten in Eden gegen Morgen und setzte den Menschen hinein, den er gemacht hatte.
9. Und Gott der Herr ließ aufwachsen aus der Erde allerlei Bäume, lustig anzusehen und gut zu essen, und den Baum des Lebens mitten im Garten und den Baum der Erkenntnis des Guten und Bösen.

10. Und es ging aus von Eden ein Strom, zu wässern den Garten, und teilte sich von da in vier Hauptwasser. ...
15. Und Gott der Herr nahm den Menschen und setzte ihn in den Garten Eden, dass er ihn baute und bewahrte.

ALTES TESTAMENT
(1. MOSE, 2)

Nach dem Sündenfall – die beiden ersten Menschen haben verbotenerweise Früchte vom Baum der Erkenntnis gegessen – versuchen Adam

Im Garten Eden ließ sich Eva von der Schlange zum Genuss der verbotenen Frucht vom Baum der Erkenntnis verführen. Faksimile einer Seite der ersten gedruckten lateinischen Ausgabe der Armenbibel (»Biblia pauperum«, 13. Jahrhundert).

und Eva vergeblich, sich vor Gott zu verstecken, der in der Abendkühle im Garten wandelt. Sie werden aus dem Garten Eden vertrieben und Gott lässt ihn durch schwertbewehrte Cherubim bewachen, um den Weg zum Baum des Lebens zu versperren.

In diesem Bericht, der im 6. Jahrhundert v. Chr. aufgeschrieben wurde, sind Grundelemente enthalten, die noch Jahrtausende später zu einem Garten gehören:
• Bäume, als Zierde und Nahrungsspender,
• Leben spendendes Wasser,
• Struktur,
• Abgrenzung nach außen,
• der bebauende und bewahrende Mensch.

Frühe Hochkulturen

Im Hohen Lied der Bibel wird in Kapitel 4 ein Lustgarten beschrieben:

12. Meine Schwester, liebe Braut, du bist ein verschlossener Garten, eine verschlossene Quelle, ein versiegelter Born.
13. Deine Gewächse sind wie ein Lustgarten von Granatäpfeln mit edlen Früchten, Zyperblumen mit Narden.
14. Narde und Safran, Kalmus und Zimt, mit allerlei Bäumen des Weihrauchs, Myrrhen und Aloe mit allen besten Würzen.
15. Ein Gartenbrunnen bist du, ein Born lebendiger Wasser, die vom Libanon fließen.

Früher wurde das Hohe Lied dem über Israel und Judäa herrschenden König Salomo (etwa 965–926 v. Chr.) zugeschrieben; es ist jedoch zum größten Teil in der Zeit nach

dem babylonischen Exil (6. Jahrhundert v. Chr.) entstanden.

Im Reich der Babylonier, zwischen Euphrat und Tigris, lernten die Juden eine hoch entwickelte Gartenkultur kennen. Bereits im Gilgamesch-Epos der Sumerer, das aus der Zeit um 2000 v. Chr. stammt, wird von der Stadt Uruk gesagt, sie bestehe zu einem Drittel aus Gärten. In assyrischen Flachreliefs des 9.–7. Jahrhunderts sind königliche Parks und Lustgärten dargestellt. Im Altertum zu den 7 Weltwundern gezählt wurden die Hängenden Gärten, die der babylonische König Nebukadnezar II. (605–562 v. Chr.) für seine Gemahlin Amythis in Babylon anlegen ließ, um ihr – wie es heißt – die Berge ihrer medischen Heimat zu ersetzen. Die Sage allerdings nennt als Schöpferin dieser Gärten eine assyrische Königin Semiramis.

Noch früher hat man im alten Ägypten Gärten angelegt, über die schriftliche Aufzeichnungen und Grabmalereien Auskunft geben. Auf den Mauern des Grabes eines hohen Beamten in der 4. Dynastie des Alten Reiches (2590–2470 v. Chr.) befindet sich die Beschreibung eines Gartens mit großem Teich und schönen Blumen. Im Neuen Reich (1552–1070 v. Chr.) waren Gärten darstellende Grabmalereien beliebt. Die Seele Verstorbener sollte auf ihrer langen Reise ins Jenseits durch die Nachbildung irdischer Gärten erquickt werden. Diese Gartendarstellungen zeigen streng gegliederte Anlagen: In einem Rechteck angeordnete Baumreihen umschließen ein von Blumen umrandetes, ebenfalls rechteckiges Wasserbecken. Eine Mauer grenzt den Garten nach außen ab.

Im alten Perserreich, dessen Herrschaftsbereich nach der Einnahme von Babylon (538 v. Chr.) im Westen bis Ägypten und Griechenland, im Osten bis China reichte, entstanden von Mauern eingefriedete Gartenbereiche, welche als »Pairidaeza« bezeichnet wurden. Ein solcher Garten oder Park enthielt viele Bäume, schöne und duftende Kräuter sowie Vögel und andere Tiere. Bewässerungssysteme sorgten für die erforderliche Feuchtigkeit. Unser Wort »Paradies« stammt von dieser altpersischen Bezeichnung für den Garten ab.

Die Hängenden Gärten von Babylon, die zu den 7 Weltwundern des Altertums zählten, sollen im Auftrag König Nebukadnezars II. (605–562 v. Chr.) für seine Gemahlin angelegt worden sein. Holzstich nach einer Zeichnung von Ferdinand Knab (1834–1902).

GARTENHÖFE, BLUMENWIESEN, WASSERLÄUFE

Als Ibrahim jenen Blumengarten erblickte, deuchte es ihn, es wäre das Paradies; denn er sah dort, wie die Bäume ineinander verschlungen waren, wie die Palmen hoch aufragten, die Bäche sprangen und die Vöglein mit mancherlei Stimmen sangen.

DIE GESCHICHTE VON IBRAHIM UND DSCHAMILA (MÄRCHENSAMMLUNG »TAUSENDUNDEINE NACHT«

Die mittelalterliche Vorstellung von einem paradiesischen Garten wurde durch antike, keltisch-germanische und islamische Einflüsse geprägt.

Griechische Gärten

Zu Zeiten Homers herrschten reine Nutzgärten vor, wie seine Schilderungen der Gärten des Laertes und des Alkinos zeigen. Der Garten des Alkinos blüht und fruchtet zugleich und das ganze Jahr hindurch – ein paradiesischer Zug. In nachhomerischer Zeit wurden die heiligen Haine bei den Tempeln allmählich zu gartenartigen Anlagen. Unter dem Einfluss des kunstfreudigen Feldherrn Kimon (um 510–449 v. Chr.) begann man in Athen und anderen griechischen Städten und auch bei den Gymnasien Ziergärten mit Bäumen und Rasen anzulegen. Diese Gärten waren meist als Peristylgärten angelegt: Eine Säulenringhalle umgibt einen gärtnerisch gestalteten Innenhof. Später legten sich auch die Bürger private Gymnasien, Bäder und Gärten an. Die Philosophen Platon, Theophrast und Epikur besaßen Lustgärten, in denen sie lehrten, Gespräche führten und sich ergingen.

Starke Impulse erhielt die griechische Gartenkunst von den altorientalischen Gärten. Der griechische Schriftsteller Xenophon (430–355 v. Chr.), der am Feldzug des jungen Kyros gegen den Perserkönig Artaxerxes II. teilgenommen hatte, schilderte die Paradiese der Perser, um seinen Landsleuten ein Vorbild für ihre Gartengestaltung zu geben. Durch König Alexander den Großen (356–323 v. Chr.), der orientalische Kultur schätzte und in seinem riesigen Reich überall verbreitete, wurde ebenfalls die griechische Gartenkultur hin zu einer stärkeren Betonung des ästhetischen Aspekts beeinflusst. In hellenistischer Zeit – vom Tod Alexanders des Großen bis zur römischen Kaiserzeit – zeigte sich das Peristyl vieler Villen als prächtiger Gartenhof und wurde damit zum Vorbild für römische Gärten.

Römische Gärten

Eine ergiebige Quelle zu den römischen Gärten sind die ausgegrabenen Villen Pompejis (79 n. Chr. verschüttet) mit ihren Wandmalereien. Sie

wecken mit Bäumen und Tieren Assoziationen zu den persischen Paradiesen, welche die Römer im 2. Jahrhundert v. Chr. in Asien kennen gelernt hatten. Die kleinen Gärten in den Stadthäusern waren meist als Hofgärten angelegt. Sie befanden sich im Atrium des Hauses, das in späterer Zeit nach griechischem Vorbild zum Peristyl umgestaltet wurde. Es gab öffentliche Anlagen bei Tempeln oder Theatern sowie die Villengärten in Stadtnähe und auf dem Land. Diese waren ebenfalls formal und symmetrisch angelegt, jedoch größer als die von Säulengängen umgebenen Hofgärten und sie öffneten sich zur Landschaft hin.

In der römischen Antike wurde der Garten auch in der Poesie als idyllischer und lieblicher Ort gewürdigt, etwa bei Vergil (70–19 v. Chr.) oder, Jahrhunderte später, durch den Kirchenlehrer und Bischof Ambrosius (340–397 n. Chr.), der die Schönheit des Gartens und seiner Blumen preist.

Keltisch-germanische Jenseitsvorstellungen

In »Frau Holle« (Kinder- und Hausmärchen der Brüder Grimm) kommt das Mädchen nach dem Sprung in den Brunnen »auf einer schönen Wiese, wo die Sonne schien und viel tausend Blumen standen« zu sich. Das Bild der Wiese in diesem Märchen knüpft ebenso wie die Gestalt der Frau Holle an Vorstellungen aus dem keltisch-germanischen Mythenbereich an. Unter der Erde, am Ende der Welt, in einem Berg, hinter einer Tür oder auf dem Grund eines Brunnens liegende Jenseitswelten mit Blumenwiesen, blühenden und fruchtenden Bäumen gibt es auch in kelti-

Ausgrabungen in dem 79 n. Chr. durch den Ausbruch des Vesuvs verschütteten Pompeji legten Gartengrundrisse frei sowie Wandfresken, auf denen idealisierte Gärten dargestellt sind.

schen Feenmärchen, etwa im Sagenkreis um König Artus.

Die Germanen, so berichtet auch Tacitus, legten heilige Haine und Obstgärten an. Bäume waren nicht nur nutzbare Gewächse, sondern hatten stets auch symbolische Bedeutung. Davon zeugen Heiligenbilder mit Baumdarstellungen oder die Funktion des Obstgartens als Friedhof, wie sie der »St. Gallener Klosterplan« (siehe S. 24f.) zeigt. Hennebo vermutet, dass aus der Umpflanzung heiliger Haine mit Dornenhecken das in der mittelalterlichen Kunst bedeutsame Bild des Rosengartens (siehe S. 56f.) als Jenseits und Paradies entstanden sein könnte.

Islamische quadrogonale Gärten

Nach dem Tod des Propheten Mohammed im Jahr 632 n. Chr. begannen die Araber, seine Lehre und

ihre Herrschaft zu verbreiten. Sie eroberten im 8. Jahrhundert Persien, übernahmen die Idee des persischen Paradiesgartens und entwickelten ihn weiter zum islamischen Garten. Er sollte als Paradies auf Erden einen Vorgeschmack der Freuden geben, die den gläubigen Muslim im Jenseits erwarten. Als in der Wüste lebende Nomaden verbanden die Araber sowohl mit dem Garten als auch mit dem Jenseits fließendes Wasser, Schatten spendende Bäume, wohlschmeckende Früchte, duftende Blumen sowie Abgrenzung und Schutz gegen eine lebensfeindliche Außenwelt.

Durch einem zentralen Becken zueilende Wasserläufe waren die Gärten in 4 Felder aufgeteilt. Dieses quadrogonale Grundschema bestimmte die islamischen Gärten in bemerkenswerter Weise weitgehend unabhängig von Ort und Zeit. So sind etwa die frühen Abassiden-Gärten in Bagdad, die Gärten der Omajiden-Dynastie in Spanien oder die der osmanischen Türken vom 15. bis ins 20. Jahrhundert nach diesem Schema angelegt. Nachdem sie 750 die Omajiden gestürzt hatten, machten die Abassiden Bagdad zu ihrer prächtigen Residenz und ließen die Stadt mit unzähligen wunderbaren Gärten ausstatten. Karl der Große soll mit dem berühmten abbasidischen Kalifen Harun ar-Raschid in Verbindung gewesen sein.

Starken kulturellen Einfluss auf das Abendland übten die Araber auf der Iberischen Halbinsel aus, die sie von 711 an in großen Teilen beherrschten. 756 begründete dort der aus Damaskus geflüchtete Abderrahman aus dem Geschlecht der Omajiden das Emirat von Cordoba. Dieses erlebte eine besondere Blütezeit unter Abderrahman III. (912–960), der sich zum Kalifen ernannte und die maurische Kultur mit Wissenschaft, Philosophie, Dichtung und auch Gartenkunst zu einem Höhepunkt führte.

Im 11. Jahrhundert folgte die Herrschaft der Almoraviden und im 12. Jahrhundert die der Almohaden. Nachdem 1212 die Almohaden durch die vereinigten kastilischen, navarresischen und aragonischen Heere eine vernichtende Niederlage erlitten hatten, gaben sie die Iberische Halbinsel bis auf Granada auf, das zur Hauptstadt eines muslimischen Königsreichs des Geschlechts der Nasriden wurde. Erst 1492 eroberten Isabella und Ferdinand, Könige der vereinigten Kronen Kastiliens und Aragons, diese letzte muslimische Bastion auf der Iberischen Halbinsel.

GEISTLICHE PARADIESE IM MITTELALTER

Du pist ain palsam süsser gart,
Daryen vns ist entsprossen
Die frucht, die vor vff erd nye wardt,
Der wir habñ genossen!

LOBPREIS MARIENS IM LIEDERBUCH DER CLARA HÄTZLERIN (1471)

Der in Mitteleuropa ab dem frühen Mittelalter entstehende Klostergarten war ein Nutzgarten. Er lieferte Nahrung, Heilkräuter, andere Nutzpflanzen, zudem Blumen für rituelle Zwecke. Darüber hinaus hatte er eine Funktion, die auch in dem um 825 entstandenen lateinischen Gartengedicht »Hortulus« des Abtes Walahfrid Strabo von der Reichenau mit seinen poetischen Pflanzenschilderungen und der Widmung an den Abt Grimalt von St. Gallen anklingt: Ort der Meditation, der Selbstbescheidung, des Friedens, der Schönheit und Symbolik.

Fast 200 Jahre später legte Abt Wigo vor der 991 erbauten Kirche auf der Reichenau einen Garten an, von dem sein Biograph Purchard schwärmt:

Mit Mauern ihn und runden
Bogen gürtend,
Schuf er ein lichtes, ird'sches
Paradies,
Das weithin leuchtet zu des
Tempels Ruhm
Und neuen Anblick bot dem
nahenden Volke.

Paradies und Kreuzgangsgarten
Paradies und Kreuzgangsgarten sind als Elemente einer Klosteranlage auch im »St. Gallener Klosterplan« verzeichnet, der zwischen 816 und 830 als idealer Plan entstanden und die älteste Skizzendarstellung eines Gartens in Mitteleuropa ist (siehe S. 24f.).

Noch heute vermitteln die Gärten der Alhambra in Granada einen Eindruck altislamischer Gartenkunst.

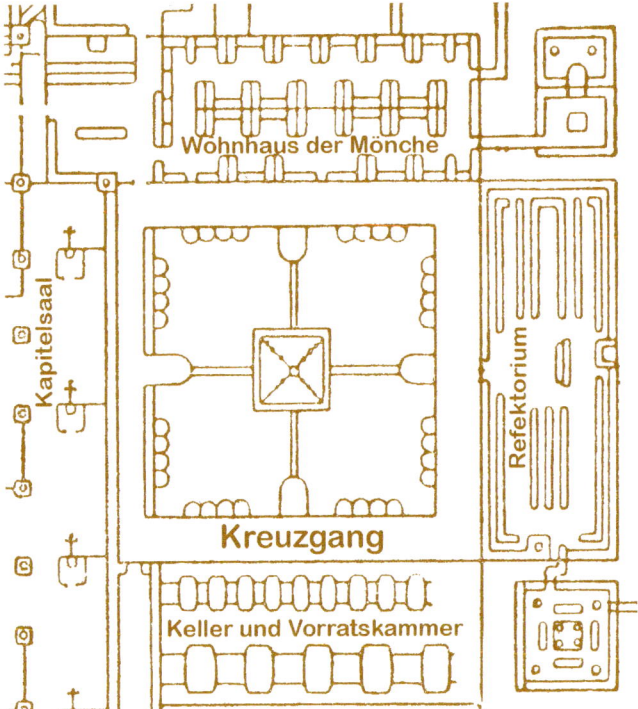

Der Kreuzgang des »St. Gallener Klosterplans« ist von Säulen umgeben, quadratisch angelegt und durch ein Wegekreuz gegliedert. Mit seiner einfachen und klaren Gliederung war der Kreuzgangsgarten jahrhundertelang Modell für Kloster- und Bauerngärten.

Paradies heißt in der frühchristlichen und mittelalterlichen Baukunst ein der Kirche vorgelagerter, meist 4-eckiger, von einer Säulenhalle umschlossener Hof mit Brunnen, wie er etwa in Maria Laach erhalten ist. Dieses Paradies ist aus dem römischen Atrium hervorgegangen und wurde bisweilen auch mit Gras und Blumen bepflanzt.

Auch die späteren Kreuzgänge als zentrale Höfe der Klöster waren häufig bepflanzt. Diese mit Bäumen, Blumen und Brunnen geschmückten Kreuzgangsgärten dienten wohl weniger als Nutzgärten, sondern als Orte der Meditation. Im »St. Gallener Klosterplan« ist der Kreuzgang sehr deutlich als zentraler Ort zu erkennen, um den sich fast alle anderen Gebäude gruppieren. Er ist durch ein Wegekreuz symmetrisch gegliedert und im Zentrum steht in einem kleinen Kreis das Wort »savina«, wohl ein Hinweis auf einen Sadebaum, der dort gepflanzt werden kann. Für die 4 Felder war möglicherweise eine Bepflanzung mit Blumen vorgesehen.

Der »verschlossene Garten«

Ab dem Hochmittelalter und besonders im Spätmittelalter gibt es Darstellungen in der bildenden Kunst, die uns einen Eindruck von den Gärten der damaligen Zeit vermitteln. Natur und sinnlicher Genuss galten – unter anderem auch durch arabischen Einfluss – stärker als in der Zeit davor als mögliche Themen. Verschiedene Marienbilder zeigen den »verschlossenen Garten« (»hortus conclusus«), ein Bildtypus, der seit dem Beginn des 15. Jahrhunderts als Symbol für die Jungfräulichkeit Mariens beliebt ist, sich auf die Worte des Hohen Liedes bezieht und ein uraltes Gartenelement, die Umgrenzung, betont. In diesen Bildern sitzt Maria in einem von Mauer oder Weidenzaun umgebenen Garten. Das Motiv gibt es auch in der Dichtung, beispielsweise in dem Melker Marienlied (um 1130, unbekannter Dichter), das Maria anspricht mit »Brunne besigelter, garte beslozzener«. Ähnlich dem Kreuzgangsgarten ist der »verschlossene Garten« auf manchen Bildern auch symmetrisch gegliedert mit Wegen, Beeten und einem Brunnen als Zentrum.

Das berühmte »Paradiesgärtlein« eines unbekannten oberrheinischen Meisters ist zwischen 1410 und 1420 entstanden. Es zeigt einen »verschlossenen Garten«, der durch eine Mauer gegen das Umland abgegrenzt ist. In einer Wiese wachsen vielerlei Blumen. Es gibt im Gärtlein ein Wasserbecken und 2 Bäume, den Baum des Lebens und den Baum der Erkenntnis. Vögel tummeln sich in den Bäumen und auf der Mauer. Die Jungfrau Maria sitzt in dieser einladenden Umgebung und liest in einem Buch. Heilige, Engel und das Christkind haben sich in die Wiese gelagert.

Eng verbunden damit ist der Bildtyp »Maria im Rosenhag«: Maria

sitzt auf einer Rasenbank oder dem Boden, vor ihr breitet sich eine Wiese oder ein Rasen aus. Meist ist das Kind bei ihr und sie reicht ihm eine Blume oder eine Frucht. Im Hintergrund sieht man eine Rosenlaube oder eine Rosenhecke. Diese kann ebenso wie Zaun oder Mauer den ganzen Garten umschließen.

Schon Notker der Deutsche (952–1022), der große Lehrer und Übersetzer an der Klosterschule von St. Gallen, schildert einen Blumengarten und das Paradies nennt er

»Wunnigarto«. Die Bilderhandschrift der Herrad von Landsberg von Kloster Hohenburg im Elsass mit dem Titel »Hortus deliciarum« (Paradiesgarten) preist das von Christus wieder erschlossene Paradies als Symbol für die Kirche.

Ein »Himmelsgarten«, ein Abbild des Paradieses, wurde in der Neuzeit mit 578 Heil- und Zierpflanzen auf den Gewölbefeldern des Lang- und Querhauses von St. Michael in Bamberg, einer ehemaligen Benediktinerabtei, gemalt (siehe Abbildung S. 42).

Das »Paradiesgärtlein« eines oberrheinischen Meisters (um 1420) zeigt einen »verschlossenen Garten« mit vielerlei Blumen wie Akelei, Erdbeere, Frühlingsknotenblume, Goldlack, Immergrün, Iris, Levkoje, Madonnenlilie, Maiglöckchen, Pfingstrose, Rose, Salbei, Schwertlilie, Stockrose, Veilchen, Vexiernelke.

Die »paradiesischen« Klostergärten bildeten Ausgangspunkt und Voraussetzung für das Ideal weltlicher Lustgärten.

ORTE WELTLICHER SINNENLUST

Und als die sieben Jahr um waren,
Sie meinte, ihr Liebchen käme bald,
Sie ging wohl in den Garten
Ihr feines Liebchen zu erwarten.

DES KNABEN WUNDERHORN: AUS DEM
LIED »LIEBESPROBE«

Auf der Blumenwiese des Lustgartens pflegen Damen und Herren heitere Geselligkeit und widmen sich dem Schachspiel. Faksimile eines Kupferstichs (15. Jahrhundert) vom »Meister der Sibylle«.

Die früheste Beschreibung eines mittelalterlichen Lustgartens mit Eiche, Blumenwiese und Quelle findet sich in dem lateinischen Tierepos »Die Flucht des Gefangenen«, das um 936 entstanden ist.

Lustgärten der ritterlichen Welt

Lebens- und Naturfreude gehören in Dichtung und Malerei zum Burggarten. In ihm war der eigentliche Lustplatz die Blumenwiese, in deren Mitte sich Baum und Brunnen befinden und die von einer Gartenmauer mit Rasenbänken umgeben ist. Auch im »Paradiesgärtlein« des oberrheinischen Meisters ist Maria eigentlich als Burgherrin dargestellt und die Blumenwiese weist den Garten eher als weltlichen denn als klösterlichen Garten aus.

Starken Einfluss auf die Vorstellungen vom ritterlichen Lustgarten hatten die islamischen Gärten. Die Kunde von Wunder- und Zaubergärten des Morgenlandes zeigt sich beispielsweise im »Herzog Ernst« (1180), einem von unbekanntem Autor geschriebenen Roman aus dem Erlebniskreis des Kreuzfahrertums, in dem – mit fantastischen Ausschmückungen – die Welt des östlichen Mittelmeerraums geschildert

wird, oder in der Gartenschilderung in Hartmann von Aues Epos »Erec« (um 1185).

Der Lustgarten des Albertus Magnus

Albertus Magnus (um 1200–1280), Dominikanermönch, Bischof von Regensburg und großer Gelehrter, verbindet den strengen und nützlichen Klostergarten mit dem vorrangig der Freude und Entspannung dienenden Ziergarten, den er in Kapitel 14 von Buch VII seiner Pflanzenkunde (»De vegetabilibus libri VII«) schildert. Dieses Kapitel, überschrieben »Von grünen und lustbarlichen Gärten«, leitet Albert so ein:

Es gibt gewisse Plätze, die weniger des Nutzens oder der Früchte wegen, sondern zum Vergnügen hergerichtet werden; man nennt sie Ziergärten. Sie werden zur Freude besonders von zwei Sinnen hergerichtet, der Augen nämlich und des Geruchs.

Er beschreibt dann, wie man einen Rasen aus ergötzlichem feinem und kurzem Gras anlegt. Hinter dem Rasen sollen in einem quadratischen Ausschnitt duftende Kräuter und Blumen gepflanzt werden. Zwischen Kräutergarten und Rasen ist eine Rasenbank anzulegen. Aus Erde aufgeschüttete und von Steinen oder Holzplanken gestützte Rasenbänke waren zu damaligen Zeiten schon feste Gartenbestandteile. An die Süd- und Westseite, so schlägt Albertus vor, sollen Bäume mit aromatisch duftenden Blüten und dichtem Schatten wie Birn- und Apfelbaum, Granatapfelbaum, Lorbeer oder Zypresse gepflanzt werden. Die südländischen Bäume könnten entweder auf einen Garten im Süden verweisen oder vielleicht darauf, dass in der Warmphase zwischen 1000 und 1350 solche Pflanzen auch nördlich der Alpen gediehen. In die Rasenmitte wird eine Quelle geleitet.

Albertus hatte den Ruf, Zauberkräfte zu besitzen; er galt als Besitzer des »Steins der Weisen« und des zauberkräftigen »Farnsamens«. Eine Sage berichtet: Als der zum deutschen König gekrönte Graf Wilhelm von Holland im Januar 1249 Albertus in Köln besuchte, öffnete dieser eine Tür in der Wand und führte den König zu einer reich gedeckten Tafel, die in einem Garten voller duftender Blumen, Früchte tragender Bäume und zwitschernder Vögel stand. Vielleicht deutet die Sage an, dass Albert bereits ein heizbares Gewächshaus hatte. Jedenfalls kommt das Motiv des »Wintergartens« in der mittelalterlichen Literatur verschiedentlich vor und vielleicht soll die Tür zum Garten andeuten, dass Albertus als schamanischer Zauberer Zugang zur anderen Welt hatte.

Der Liebesgarten

Im Hoch- und Spätmittelalter, der hohen Zeit der Minne, wurde der Ziergarten nicht nur als Platz heiterer Geselligkeit und Muse dargestellt, sondern auch als Ort für die Freuden der Liebe. Der anonyme so genannte Meister der Liebesgärten stellt Damen und Herren im Garten dar, die speisen, musizieren, spielen, flirten. Ähnliche Szenen zeigen die Illustrationen zum altfranzösischen Rosenroman (»Roman de la Rose«). Dessen erster, unvollendeter Teil wurde um 1236 von Guillaume de Lorris verfasst und gilt als typisch für die höfisch-idealisierende Liebesliteratur.

Auch für den Liebesgarten gab es islamische Vorbilder: Die Poesie der Araber in Spanien und Sizilien benutzte Gartenbilder als erotische Symbole.

Verschwiegener und eindeutiger geht es in einigen späteren Darstellungen zu, in denen der Garten zum Sinnbild der Sünde wird.

GÄRTEN ALS AUSDRUCK EINES NEUEN LEBENSGEFÜHLS

Die Blümlein treten hold heran
und wunderschön sich arten:
Violen, Rosen, Tulipan,
Kleinode stolz im Garten.
Hyazinthen und Gamanderlein
mit Safran und Lavendel,
auch Schwertlein, Lilien, Nägelein,
Narzissen, Sonnenwendel.
Eia, du goldne Kaiserkron,
aus vielen auserkoren,
auch Tausendschön und Wiederton,
Nasturz und Rittersporen.

FRIEDRICH SPEE (1591–1635):
DIE FROHE GARTENJUGEND

Die Sünde der Unkeuschheit wird in einem Gebetbuch des 15. Jahrhunderts mit dem Bild eines verschwiegenen Gartens dargestellt.

Mit der Wiederentdeckung der Antike kam in Italien im 15. Jahrhundert ein neues Lebensgefühl auf, in dem Kunst und Wissenschaft geachtet waren und man sich stärker für die Natur zu interessieren begann. Damals entstand dort auch ein neuer Gartenstil: Man legte Terrassen und Parterres mit symmetrisch-ornamental gestalteten Beeten an, fügte Treppen und Laubengänge ein, ersann Labyrinthe und spielte mit dem alten Gartenelement Wasser. Die bereits im Klostergarten vorhandene geometrische Gliederung des Gartens blieb weitgehend erhalten oder wurde sogar verstärkt. Im Verlauf des 16. Jahrhunderts drang der italienische Einfluss auch in die Gärten nördlich der Alpen.

Wichtig für die neue Gartenbegeisterung waren neu eingeführte Pflanzenarten und -sorten, von denen viele um ihrer selbst und ihrer Schönheit willen bewundert wurden. Die ersten Botaniker waren Ärzte, deren Interesse sich in dieser wissbegierigen und wissenschaftsfreudigen Zeit über die Heilpflanzen hinaus erweitert hatte.

Neue Pflanzen

Nicht nur aus Italien und anderen Gegenden Süd- und Südosteuropas brachten Gelehrte und reiche Bürger neue Pflanzenarten und -sorten mit, sondern auch aus dem Orient kamen vermehrt interessante Gewächse.

*Weiße Lilie in »Neues Blumenbuch«
der Maria Sibylla Merian
(1647–1717).*

Nach der Einnahme Konstantinopels siedelten die Türken, die zuvor bei ihren Eroberungen schon persische und arabische Gärten kennen gelernt hatten, in der neuen Hauptstadt die schönsten und interessantesten Pflanzen des Orients an. Der pflanzenbegeisterte kaiserliche Gesandte in Konstantinopel, Ghiselin von Busbecq, brachte Flieder und asiatische Ranunkeln und insbesondere die so enthusiastisch aufgenommenen Zwiebelblumen – Tulpe, Kaiserkrone, Hyazinthe und andere – nach Mitteleuropa. Carolus Clusius (1526–1609), Leibarzt am Wiener Hof, Gartendirektor und einer der

Begründer der beschreibenden Botanik, sammelte Pflanzen auf seinen Reisen nach Ungarn und Spanien, und Mattioli, ebenfalls habsburgischer Leibarzt, brachte aus seinem Heimatland Italien Pflanzen mit nach Norden. Später kamen auch immer mehr Arten aus dem neu entdeckten Amerika und aus Afrika dazu.

Das Entstehen der neuen Ziergärten sowie die Entdeckung und Kultivierung vieler neuer Pflanzen spiegelt sich auch in einer neuen Art von Pflanzenbüchern, die sich von den botanisch und medizinisch ausgerichteten Kräuterbüchern der vorhergehenden Epoche (siehe S. 32ff.) deutlich und bewusst abhoben. Diese »Florilegien« stellten vor allem besonders schöne und seltene Pflanzen dar, hatten wenig Text, dafür sorgfältige lateinische Beschriftungen für die Pflanzen, damit eine Verständigung über Sprach- und Landesgrenzen hinweg leicht möglich war. Zugleich waren diese Nachschlagewerke für Natur- und Gartenliebhaber Vorlagen- und Musterbücher für Kunststickereien. So war auch Maria Sibylla Merians »Blumenbuch« Vorlagenbuch für Nähereien und Stickereien.

Gärten der Gelehrten und Bürger

Der Botaniker und Humanist Henricus Cordus (1484–1535) legte 1525 den ersten botanischen Garten Deutschlands in Erfurt an, das bereits damals alte Gartentradition und den Ruhmestitel »Des Heiligen Römischen Reiches Gärtner« besaß. Wenige Jahre danach (1530) schuf Cordus auch in Marburg einen solchen Garten. Hieronymus Bock bürgerte im botanischen Garten von Zweibrücken die ersten Narzissen

und andere seltene Pflanzen ein. Konrad Gesner besaß in Zürich einen berühmten Garten mit seltenen Pflanzen. In Breslau hatte der Arzt und Humanist Dr. Laurentius Scholz einen viel bewunderten Garten, in dem man heitere Geselligkeit pflegte. So gab es um 1560 bereits eine größere Anzahl berühmter Gelehrtengärten.

Auch bei den reichen Bürgern wurde der Garten zum Statussymbol, mit dem man sich als wohlhabend und gebildet ausweisen konnte. Die als besondere Sehenswürdigkeit geltenden Gärten der Fugger in Augsburg wurden von Zeitgenossen verschiedentlich geschildert. Ebenfalls in Augsburg befand sich der Prunkgarten des Ambrosius Höchstetter mit Grotten, Teichen, Wasserscherzen und anderen mechanischen Spielereien. Im Garten des Augsburger Patriziers Heinrich Herwart blühte 1557 die erste Tulpe in Deutschland. Auch in anderen Städten wie Nürnberg und Frankfurt legten sich die Bürger je nach Vermögen reiche oder bescheidenere Gärten an.

Der Patrizier und Architekt Joseph Furttenbach, der 10 Jahre in Italien verbracht hatte, schuf sich in Ulm ein Haus mit Garten, dessen Anlage deutlich italienischen Einfluss zeigte. Erstmals erscheint damit in Mitteleuropa der Garten als ausdrücklich künstlerisch gestaltete Natur. Der Gartenraum steht nun in akzentuierter Beziehung zum Haus, die weiterhin strenge Gartengliederung, insbesondere durch Laubengänge, tritt deutlicher hervor, verspielte Elemente kommen hinzu.

Auch Gartenbücher entstehen. Pfarrer Johannes Peschelius' »Garten

Ordnung« von 1596 enthält Pläne, wie Beete in kunstvollen geometrischen Mustern anzuordnen sind. Baum-, Blumen-, Kräuter- und Gemüsegarten umfasst der Plan des Johannes Colerus (1598). Im Zentrum eines Wegekreuzes steht ein Brunnen – eine Anlage, die dem mittelalterlichen Kreuzgangsgarten entspricht. Für den Blumengarten schlägt er schöne und wohlriechende Blumen vor.

Schlossgärten

Auch die weltlichen und geistlichen Fürsten legten bei ihren Schlössern – die Burgen waren um diese Zeit meist schon aufgegeben oder schlossartig umgestaltet – botanische Gärten an. Viele seltene Pflanzen zierten die kaiserlichen Gärten in Wien und von Schloss Ambras bei Innsbruck. 1568 ließ Landgraf Wilhelm IV. in Kassel, 1577 Pfalzgraf Ottheinrich in Heidelberg einen Garten anlegen.

Im Auftrag des Salzburger Erzbischofs Markus Sitticus entstand zwischen 1613 und 1619 südöstlich von Salzburg das Lustschloss Hellbrunn, als dessen Vorbilder römische und norditalienische Villen dienten. Der Garten bestand aus Lustgarten und Ziergarten. Während der Lustgarten seinen ursprünglichen Renaissancecharakter mit Wasserspielen und Grotten bis heute bewahrt hat, wurde der ebenfalls nach italienischem Vorbild angelegte Ziergarten 1730 nach französischen Vorbildern umgestaltet und gegen Ende des 18. Jahrhunderts durch einen kleinen englischen Park erweitert.

Unterhalb seines Schlosses, der Willibaldsburg in Eichstätt, ließ

Bischof Johann Konrad von Gemmingen eine Gartenanlage aus 8 einzelnen Gärten zur Kultur von Kräutern und schönen Blumen schaffen. Von Basilius Besler in den Jahren 1611–1613 in Kupfer gestochene Abbildungen bilden das Tafelwerk des etwa 500 Arten umfassenden »Hortus Eystettensis«, der vom Reichtum der Anlage sowie vom botanischen und künstlerischen Interesse des Bischofs zeugt und zu dem es heute auf der Burg einen Informationsgarten gibt.

Einrichtungen zur Kurzweil der Gartenbesucher durften in den fürst-

Die Gartenanlagen von Villandry, einem 1536 vollendeten Loireschloss mit großem Gemüsegarten und einem Ziergarten, in dem durch Farben und Formen 4 Möglichkeiten der Liebe dargestellt werden, so die »zärtliche Liebe« und die »rasende Liebe«.

lichen Lustgärten nicht fehlen. In den italienischen Renaissancegärten war Wasser in Form von Kaskaden und Springbrunnen ein beherrschendes Element, in Mitteleuropa integrierte man es vor allem als Wasserscherze und -spielereien, mit denen ahnungslose Besucher nass gespritzt wurden.

Im Schlossgarten von Hellbrunn bei Salzburg ist die Wasserspielanlage vom Beginn des 17. Jahrhunderts – hier die Aktäongruppe – weitgehend im Originalzustand erhalten.

In Hellbrunn ist die Wasserspielanlage weitgehend im Originalzustand erhalten.

Auch die Grotten der Antike hielten über Italien Einzug in Mitteleuropa. Das Wort »Grotte« wurde im 15. Jahrhundert aus dem Italienischen übernommen und steckt noch heute in »grotesk« – und wirklich zeigten manche Grotten mit Wasserspielen, Spiegeln, Muscheln und Schnecken ein wahres Kuriositäten-Kabinett.

Das Labyrinth, eine Schöpfung der Antike und im Mittelalter Sinnbild der irdischen Pilgerreise und bisweilen bereits Gartenelement, erhielt nun im Renaissancegarten einen ständigen Platz.

Orangerien und Gewächshäuser

Ein besonders wichtiges Gebäude im Garten wurde das Gewächshaus. Es war für die Überwinterung frostempfindlicher Pflanzen vorgesehen und zunächst kaum heizbar, sodass vor allem die kühl zu haltenden Zitrusgewächse dort im Winter gehalten wurden, woraus sich der Name »Orangerie« ergab. Im Stuttgarter Schlossgarten wurde 1570 eine der ältesten Orangerien erbaut. Bald gehörte zu einem vornehmen Garten unbedingt ein Gewächshaus mit möglichst vielen exotischen Pflanzen, die ohne diese Überwinterungsmöglichkeit nicht in größerem Stil gezogen werden konnten.

Pflanzen in Kübeln, die im Sommer aus- und im Winter eingeräumt wurden, gab es aber wahrscheinlich bereits im Hochmittelalter. So soll es auf der Kaiserburg in Nürnberg einen Dachgarten mit exotischen Kübelpflanzen gegeben haben. Vielleicht wurden auch die von Hildegard von

Das Glashaus im Hofgarten des Benediktinerstifts Seitenstetten (Niederösterreich) mit der nach altem Muster wiederhergestellten schrägen Glasfläche.

Bingen behandelten frostempfindlichen Pflanzen wie Rosmarin, Lorbeer, Zitronenbaum, Feige bereits in manchen Klöstern als Kübelpflanzen gepflegt.

BAROCKGARTEN UND LANDSCHAFTSGARTEN

Es werden sehr wenige Menschen – ich wollte gern sagen: fast gar keine – auf dieser Welt gefunden, die nicht einige Beliebung zu den schönen Gärten in ihren Gemütern hegen wollten. Es ist ja für diese untadelige Belustigung dem Erdenkind von dem preis-seligen Paradies durch unsere Stamm- und Ureltern gleichsam eingesenket.

»EDLE GARTENKUNST« (1671, DEUTSCHE AUSGABE VON LAUREMBERGS »HORTICULTURA«)

Durch die Ereignisse des 30-jährigen Krieges wurden viele der berühmten Gärten zerstört oder nur noch zum Gemüseanbau verwendet. Das kulturelle und gesellschaftliche Leben lag darnieder und mit ihm die Freude an großen oder kleinen Gartenparadiesen.

Vorbild Versailles

Gartenlust und Gartenpracht setzten in der 2. Hälfte des 17. Jahrhunderts erneut ein. Nun wurde im Zeitgeist des Barock die Regelhaftigkeit der Anlagen weiter verstärkt und gleichzeitig noch mehr Wert auf prunkvolle Ausstattung gelegt.

Zunächst waren die Gärten in Holland Vorbild für die wieder erwachende mitteleuropäische Gartenkultur, bald aber übernahmen sehr zwingend die französischen Gärten diese Funktion. Während sich in der

Renaissance die Gartengestaltung noch weitgehend nach dem vorhandenen Terrain gerichtet hatte, wurde die Natur nun vollständig nach dem Willen des Menschen geformt und der Garten ein Kunstgebilde. Exzessiv betrieb man den Formschnitt von Bäumen und Hecken in allerlei Figuren, es entstanden große Rasenflächen, Parterres und imposante Brunnenanlagen. Die Garten- und Parkanlagen von Versailles, die André Lenôtre für den Sonnenkönig Ludwig XIV. geschaffen hatte, wurden für ganz Europa Vorbild. So schreibt Georg Gräfflinger in seinem 1665 erschienenen Gartenbuch »Der französische Baum- und Stauden-Gärtner«:

Kleider, Sitten, Trank und Speise
Sind nun nach der Franzen Weise.
Ei, so lasst auch an der Elbe
Unsern Garten, wie derselbe
Bei den Franzen wird geleget,
Angebauet und verpfleget,
Legen, bauen und verpflegen.

Die Gärten sind eben, haben lange, gerade, in der Ferne sich perspektivisch verengende Alleen, rechteckige Bassins und breite Kanäle. In diesem Stil entstand der erste »französische« Garten in Deutschland, den Herzog Ernst Johann Friedrich von Hannover in Herrenhausen durch 2 Mitarbeiter Lenôtres anlegen ließ. Beispiele für barocke Fürstengärten, die bald darauf in großer Zahl entstanden, sind Nymphenburg, Schleißheim oder der Belvedere in Wien. Auch viele Klostergärten wurden in dieser Zeit in barockem Stil angelegt oder umgestaltet. Elemente der herrschaftlichen Gärten wie zu Formen ge-

schnittene Eiben und Buchsbäume, Blumenrondelle und Buchseinfassungen der Beete zogen auch in Bauerngärten ein.

Die Bürgergärten betonten ebenfalls die Regelmäßigkeit. So zeigten die berühmten Hesperidengärten in Nürnberg eine breite Mittelachse, symmetrische Felder und hohe Heckenwände. Es gab aber auch weiterhin die Freude an schönen Pflanzen und am Rückzug in eine angenehme Umgebung. Dichterkreise wie die Nürnberger Pegnitzschäfer oder in Norddeutschland Simon Dach und seine Freunde trafen sich im Garten und besangen spielerisch-gemütvoll die Idylle. Auch Maria Sibylla Merian besaß in Nürnberg einen Garten.

Im Rokoko (ab etwa 1750) werden auch in der Gartenkunst allmählich die großen Formen und geraden Linien in Einzelheiten und Schnörkel aufgelöst.

Freiheit für Mensch und Natur

Zu einer weiteren Auflösung der strengen Formen kam es im Landschaftsgarten, dessen Konzept im 18.

Jahrhundert in England entstand. Ein stärkerer Individualismus, ein neuer Wertbegriff von Natur und Landschaft, die Forderung nach freier Lebensentfaltung, wie sie sich auch in Dichtung, Malerei und politischen Forderungen zeigten, ließen Gärten entstehen, in denen das vorgefundene Gelände und die sich frei entfaltende Vegetation bestimmend sein sollten. Nach 1750 wurden auch auf dem Kontinent Landschaftsgärten angelegt. Der Einfluss des Schriftstellers, Philosophen und Pädagogen Jean Jacques Rousseau (1712–1778), der in der Natur – im und außerhalb des Menschen – das Positive verkörpert sah, zeigte sich auch im neuen Gartenverständnis. Beispiele für berühmte Landschaftsgärten in Deutschland sind etwa der Englische Garten in München und der Wörlitzer Park, den Fürst Leopold Friedrich Franz von Anhalt-Dessau (1740–1817) anlegen ließ. Im 19. Jahrhundert verbreitete sich diese Anlagenform in ganz Europa und bis heute fühlt sich die Gartenkunst noch teilweise den Vorstellungen des Landschaftsgartens verpflichtet.

Mit Buchs umrandete Rosenbeete im Garten von Schloss Mirabell in Salzburg. Schloss Mirabell wurde 1606 unter Erzbischof Wolf Dietrich erbaut, der Garten erhielt sein spätbarockes Gepräge im frühen 18. Jahrhundert.

Nutz-gärten

ZAUNLAND

Schöne reife Beeren
Am Bäumchen hangen:
Nachbar, da hilft kein Zaun um den Garten;
Lustige Vögel
Wissen den Weg.

EDUARD MÖRIKE (1804–1875): AUS DEM GEDICHT »RAT EINER ALTEN«

Das Wort »Garten« (althochdeutsch »garto«, mittelhochdeutsch »garte«, altsächsisch »gardo«) ist stammverwandt mit Wörtern, die für Einfriedung oder Umzäunung stehen wie das gotische Wort »garda« oder das altnordische »gardr«. Offenbar hat man – im Deutschen und in anderen Sprachen – das Gesamte des Gartens nach dem wichtigsten Merkmal, eben der Umfriedung, benannt. Bereits die indoeuropäische Bezeichnung »ghor-tó«, die etwa auch im lateinischen »hortus« oder im griechischen »chortos« steckt, bedeutete Gehege, eingefriedetes Gelände oder Zaunland.

Nutzgärten der Kelten und Germanen

Manche Autoren vom Beginn des 20. Jahrhunderts lassen den Gartenbau in Mitteleuropa mit der Völkerwanderungszeit beginnen oder gar erst mit den Karolingern. Man hat offenbar den Satz in der »Germania« des Tacitus (um 98 n. Chr.) zum Gartenbau der Germanen wörtlich genommen: »Die Arbeit richtet sich bei ihnen nicht aus nach der Ertragsfähigkeit und der Ausdehnung des Ackerbodens, sodass sie etwa Obstgärten anlegen, Wiesen abgrenzen und Gärten bewässern, einzig Getreide will man von seinem Boden haben.« Diese Aussage ist vor dem Hintergrund der hoch entwickelten römischen Gartenkultur zu sehen, mit der die Gärten der Germanen zweifellos nicht zu vergleichen waren.

Bei den keltischen und germanischen Stämmen gab es ein der allgemeinen und gemeinsamen Nutzung entzogenes Sondereigentum an Grund und Boden, das eingezäunt war und wahrscheinlich auch als Garten genutzt wurde. Ein Zaun – häufig als Weidenflechtzaun – oder eine Hecke schützten vor Weide- und Wildtieren ebenso wie vor anderen unerwünschten Besuchern. Den Germanen galt dieses »Zaunland« als heilig und unverletzlich, was sich noch in späterer Gesetzgebung bei

der hohen Wertung eingezäunter Pflanzen zeigt.

Die Gärten entsprachen Flächen, die sich nicht oder nur wenig für den Ackerbau eigneten. Man zog in ihnen einige Gemüsearten wie Rüben, Bohnen, Erbsen, Linsen, vermutlich auch Heil- und Würzkräuter, Flachs und Hanf, Farbstoffe liefernde Pflanzen sowie Obstbäume. Insbesondere die Früchte tragenden Bäume waren heilig, wie sich noch in späterer Gesetzgebung zeigt. Baumkult und Baumverehrung, die alle bäuerlichen Kulturen des Altertums kannten, spielen bei den Kelten und Germanen eine große Rolle, und noch der »bomgarto« im frühmittelalterlichen Kloster, der auch als Friedhof diente, hatte die doppelte Funktion des Nutzens und der Auferstehungssymbolik. Die Obstbäume in germanischen Gärten waren meist Wildobstbäume wie Wildapfel- oder Wildkirschbaum, erst kurz vor oder während der römischen Zeit begann man mit der Kultivierung.

Wahrscheinlich fehlten in keltischen und germanischen Gärten die Blumen. Trotzdem mag der Aufenthalt in diesen Nutzgärten auch damals schon als erfreulich und entspannend empfunden worden sein.

Die Betreuung des Gartens war eine Aufgabe der Frau des Hauses. Darauf weisen alte germanische Frauennamen wie Luitgart, Hiltgart oder Wendelgart hin, auch dass bis über das Mittelalter hinaus der Garten und seine Erträge rechtmäßig der Bäuerin gehörten.

Über die Ur- und Frühgeschichte des Gartenbaus liegen bislang erst wenige gesicherte Erkenntnisse vor, weitgehend fehlen schriftliche Quellen und auch Befunde aus der Archäologie (Paläoethnobotanik) sind eher selten und nicht immer sicher beurteilbar.

Gaben der römischen Eroberer

Die Römer brachten Gartenkultur und Gartenpflanzen mit in die von ihnen eroberten und von Kelten oder Germanen bewohnten Gebiete nördlich der Alpen und links und rechts des Rheins. Da ein reger Austausch mit den benachbarten Stämmen im freien Germanien stattfand, übernahmen auch diese Anregungen für den Gartenbau. Über die römischen Gärten im Besatzungsgebiet ist wenig Gesichertes bekannt, man nimmt aber an, dass sie sich nicht allzu sehr von den für Italien und Britannien belegten Gärten unterschieden.

Die Anzahl der Obstarten hat sich in römischer Zeit erheblich vergrößert und auch die Züchtung ist verbessert worden. Bezeichnenderweise tragen fast alle unsere Obstarten – mit Ausnahme etwa des Apfels oder der Haselnuss – Namen, die aus dem Lateinischen abgeleitet sind. Auch »Pfropfen« oder »Impfen« aus dem Bereich der Veredelungstechnik sind römische Lehnwörter. Der Gemüseanbau und die Kultur von Heil- und Gewürzkräutern hat aufgrund römischen Einflusses zweifellos zugenom-

Mit einem Flechtzaun, der ältesten der für Gärten gebräuchlichen Zaunformen, wurden seit vorgeschichtlicher Zeit bis ins 20. Jahrhundert Gärten umfriedet und vor unerwünschten Besuchern geschützt. Holzschnitt »Garten mit Tieren« (16. Jahrhundert).

men. Unsicher ist, inwieweit auch die römische Blumenkultur übernommen wurde. Die Rosengärten der germanischen Heldendichtung sind aber ein Hinweis, dass zumindest einige Arten als Zier- und Symbolpflanzen bereits geschätzt waren.

Frühe Gartengesetze

Frühe Gesetze mit Bestimmungen über den Rechtsschutz von Gärten stellen älteste schriftliche Zeugnisse für den Gartenbau in Mitteleuropa dar. In der »Lex Salica« (6. Jahrhundert) der salischen Franken ist Rechtsschutz für den Garten, insbesondere den Obstgarten, sowie die veredelten Bäume und die Pfropfreiser festgeschrieben. Wer einen im geschlossenen Garten stehenden Obstbaum be-

schädigte, hatte eine erheblich höhere Strafe zu erwarten, als wenn er sich an einem frei in der Feldmark stehenden Obstbaum vergriffen hätte.

Nach der »Lex Baiuvariorum« (8. Jahrhundert) musste derjenige, der einen Garten zerstörte, Strafe zahlen, ihn neu bepflanzen und den Schaden ersetzen. Schon das Beschädigen der Flechtzäune war strafbar. Allerdings galt erst ein umzäuntes Land mit mindestens 12 Obstbäumen als Garten.

SCHRIFTLICHE QUELLEN ZUM MITTELALTERLICHEN KLOSTERGARTEN

Dann im Südhauch, bestrahlt von der Sonne, erwärmt sich das Gärtchen,
Und ich umzäune mit Holz es im Viereck, damit es beharre,
Über dem ebenen Boden ein wenig höher gehoben.

WALAHFRIED STRABO: HORTULUS
(UM 825)

Bald nach dem Zusammenbruch des römischen Reiches und der antiken Hochkultur gründete Benedikt von Nursia um 530 auf dem Monte Cassino in Süditalien ein Kloster, das Vorbild für Klostergründungen in ganz Europa und zum Ursprung des abendländischen

Mönchtums werden sollte. In Benedikts Ordensregel waren die Gegenpole von tätigem Leben und kontemplativer Versenkung durch die Formel »ora et labora« (bete und arbeite) akzentuiert und vereint. Zu den wichtigsten Arbeiten gehörte die Sorge für Kranke. Die Heilpflanzen sollten möglichst im Garten des Klosters angebaut werden. So entstanden, aufbauend auf Gartenkultur und Heilwissen des Altertums sowie des Islams, als eigenständige Schöpfungen Klostermedizin und Klostergarten.

Die Benediktinermönche gründeten bald in ganz Europa Klöster und brachten in diese ihre Klostergartenpflanzen aus dem Süden mit. Der benediktinische Klostergarten ist in erster Linie Nutzgarten. Auch andere Orden – insbesondere die Zisterzienser – haben später wichtige Beiträge für die Kultur von Nutzpflanzen und die Pflege von Gärten geleistet.

Der Typus des europäischen Klostergartens weist in Gestaltung und Inventar regionale Besonderheiten auf. In Mitteleuropa sind in ihn auch Pflanzen aus der heimischen Flora zusammen mit dem aus der vorchristlichen Zeit überlieferten Wissen eingegangen. Neben alten, ursprünglich in den Klöstern als Übersetzungshilfe dienenden Pflanzenglossaren sind es vor allem 3 von Mönchen verfasste Dokumente, die auf Aussehen und Pflanzeninventar der Klostergärten des frühen Mittelalters schließen lassen.

Das »Capitulare de villis«

Diese »Verordnung über die Krongüter und Reichshöfe« wurde um das Jahr 800 von Karl dem Großen – und nicht wie manchmal angenommen

In den Klosterbibliotheken wird überliefertes Wissen, auch über Gartenbau und Heilpflanzenkunde, aufbewahrt. Bibliothek des Benediktinerstifts Seitenstetten (Niederösterreich).

von seinem Sohn Ludwig dem Frommen – erlassen. In Kapitel 70 gibt es eine Pflanzenliste mit 73 Heil- und Würzkräutern, Obstbäumen, Gemüse- und einigen anderen Nutzpflanzen, die in den Königsgütern angebaut werden sollten. In derselben Handschrift (Cod. Guelf. 254) finden sich Inventare der Güter Asnapium (heute Annapes bei Lille) und Treola (heute Triel-sur-Seine bei Versailles).

Weil im »Capitulare« viele »südländische« Pflanzen angeführt sind, haben manche Wissenschaftler seine Gültigkeit für das gesamte fränkische Reich angezweifelt. Inzwischen geht man aber von einer sehr weit reichenden Gültigkeit aus, denn die meisten der aus südlichen Regionen stammenden Pflanzen können auch in Mitteleuropa, wenngleich nicht überall, gedeihen.

Auch die Vermutung, dass der Verfasser des »Capitulare«, wohl ein gelehrter Mönch, die Pflanzennamen einfach von den antiken Schriftstellern wie Plinius übernommen hat, dürfte unzutreffend sein, denn viele Namen sind gegenüber den in der Antike verwendeten stark verändert, andere sind durch neue Namen ersetzt. Zudem wurden Pflanzen aufgenommen, die bei den antiken Autoren überhaupt nicht erwähnt werden wie »tanazita« (Rainfarn). Dies wie auch die in den Pflanzenlisten von Asnapium und Treola erwähnten Heilkräuter Heilziest und Odermennig sind Hinweise, dass aus heimatlichem Pflanzenbestand und Wissen geschöpft wurde.

Der »St. Gallener Klosterplan«

Dieses Dokument ist zwischen 816 und 830 auf der Reichenau als idealer Plan einer Klosteranlage für den Abt

In der Stiftsbibliothek von St. Gallen (Schweiz) befindet sich der im frühen 9. Jahrhundert entstandene »St. Gallener Klosterplan«. Er ist die älteste Skizzendarstellung eines Gartens in Mitteleuropa.

mierten Klosterschule von Fulda, war Erzieher Karls des Kahlen, eines Sohnes Ludwigs des Frommen, und schließlich Abt in seinem Heimatkloster Reichenau. Auf einer Reise ertrank er 849 in der Loire.

Mit seinem aus 444 Hexametern bestehenden Gedicht über den Gartenbau (»Liber de cultura hortorum«), dem so genannten »Hortulus« schuf Walahfrid ein botanisch

von St. Gallen entstanden und wird noch heute in der dortigen Stiftsbibliothek aufbewahrt. Es ist die älteste Skizzendarstellung eines Gartens in Mitteleuropa. Der Arzneigarten, der zweckmäßigerweise neben dem Spital vorgesehen ist, besteht aus 16 regelmäßig angelegten Beeten, die ein Quadrat bilden. Im rechteckigen Gemüsegarten sind 18 Beete mit jeweils einer Gemüseart vorgesehen. Der als Friedhof genutzte Obstgarten hat in der Mitte ein Kreuz und im Plan heißt es dazu: »Unter den Bäumen der Erde ist stets das Kreuz der heiligste, an dem Äpfel des ewigen Heils duften.« So dienten also auch diese Nutzgärten zugleich der Meditation und Einkehr.

Während frühere Autoren die Ansicht vertraten, der Plan sei nicht eigentlich zur Ausführung bestimmt gewesen, nimmt man heute an, dass die Pflanzenauswahl durchaus den Klostergärten des frühen Mittelalters entspricht.

Der »Hortulus« des Walahfrid Strabo

Walahfrid Strabo, geboren 808 oder 809, Mönch des Klosters Reichenau, ausgebildet in der renom-

Der »Hortulus« des Walahfrid Strabo von der Reichenau ist in der ersten Hälfte des 9. Jahrhunderts entstanden. Dieser Holzschnitt mit der anmutigen Darstellung eines mittelalterlichen Gartens schmückt den ersten Wiener Druck vom Jahre 1510.

wie poetisch bedeutsames Werk, das gleichzeitig wichtiges Zeugnis des Klostergartens ist. Heutige Autoren wie Hans-Dieter Stoffler sind meist der Auffassung, dass Walahfrids Aussagen auf eigener Erfahrung beruhen, auch wenn ihm selbstverständlich die antiken Schriften, »Capitulare« und »St. Gallener Klosterplan« bekannt waren.

Walahfrid stellt die Pflanzen seines Kräutergartens vor, sieht diese in erster Linie als Heilpflanzen und beschreibt ihre medizinischen Wirkungen, aber er würdigt auch ihre Schönheit und ihre mythologisch-symbolische Seite. Ebenso stellt er vor allem die praktische Gartenarbeit dar, lässt daneben aber auch Freude und Behagen im Garten durchscheinen. So preist er die später als Zierpflanzen gezogenen Rose, Lilie und Schwertlilie nicht nur wegen ihrer Heilkraft, sondern hebt im jeweiligen Gedicht Farbe und Duft hervor und feiert die Rose als »Blume der Blumen«.

Alle bei Walahfrid genannten Pflanzen gedeihen heute in einem vor einigen Jahren von Stoffler angelegten Klostergarten in Mittelzell auf der Reichenau.

KLOSTERMEDIZIN

Für die Kranken muss man vor allem und über alles besorgt sein. Man soll ihnen dienen wie Christus selbst, dem man ja wirklich in ihnen dient. Denn Er hat gesagt: Was ihr einem von diesen Geringsten getan habt, das habt ihr Mir getan.

AUS DER ORDENSREGEL DES HEILIGEN BENEDIKT VON NURSIA (480–547)

Zwischen dem 9. und dem 13. Jahrhundert liegt die Epoche der Klostermedizin, die sich in Erfüllung der Ordensregel Benedikts von Nursia entwickelte. Wichtig für ihre Entstehung wurden 3 Männer. Flavius Magnus Aurelius Cassiodorus (um 470–583) gründete nach seinem Rückzug aus dem Staatsdienst in Süditalien das Kloster »Vivarium« mit einer Mönchsakademie, in der auch Medizin gelehrt wurde. Isidor, Bischof von Sevilla (um 570–636), schrieb eine Enzyklopädie und andere Werke, in denen er das Wissen der Antike – soweit noch vorhanden – sammelte und verarbeitete. Karl der Große schließlich, seit 800 Kaiser des Heiligen Römischen Reiches Deutscher Nation, ordnete an, dass Medizin an allen Klosterschulen zu lehren sei.

Das medizinische Wissen und Können der Ordensleute wurde bald nicht nur intern eingesetzt, sondern Beratung und Pflege in den Klosterspitälern gab es auch für die Bevölkerung der jeweiligen Gegend und für Reisende. Klostermedizin war weitgehend Kräutermedizin, umfasste aber auch Ratschläge für eine gesunde Lebensführung mit den Bereichen Ernährung, Hygiene, Arbeit und Seelenwohl.

Nachdem im 11. Jahrhundert die medizinische Hochschule von Salerno als erste Universität Europas gegründet worden war, verlagerten sich medizinische Forschung und Lehre allmählich von den Klöstern zu den Hochschulen. Bereits um 1130 verbot das Konzil von Clermont dem Klerus, ärztlich tätig zu sein. Obwohl weitere Verbote folgten, bestand die Klostermedizin in der Praxis noch jahrhundertelang weiter.

Quellen der Klostermedizin

In den Klöstern wurde das Wissen der Antike tradiert und studiert. Man befasste sich mit den medizinisch-botanischen Schriften der Griechen und Römer, die ihrerseits auch von dem Heilwissen der ägyptischen und mesopotamischen Hochkulturen beeinflusst waren. Die ältesten heilkundlichen Schriften Griechenlands stammen von *Hippokrates* (460–378 v. Chr.) und seinen Schülern. *Theophrast* (370–285 v. Chr.) bringt in seinen botanischen Werken nicht nur Beschreibungen von Pflanzen, sondern auch ihrer Heilkräfte und Anwendungen.

Von größter Bedeutung bis weit in die Neuzeit hinein war die Heilmittellehre des griechischen Arztes *Pedanios Dioskurides* (um 30–80 n. Chr.) aus der kleinasiatischen Provinz Kilikien. Er beschreibt Hunderte vor allem in seiner Heimat wachsende Heilpflanzen und ihre medizinische Verwendung. Sein Werk genoss bei den Arabern und im Westen so großes Ansehen, dass immer wieder neue Ausgaben und Neubearbeitungen erschienen. Ein Zeitgenosse des Dioskurides war *Caius Plinius Secundus* (23–79 n. Chr.), der beim Ausbruch des Vesuvs ums Leben kam. In seiner in 37 Bänden niedergeschriebenen Naturgeschichte (»Naturalis historia«) behandelt er etwa 1000 Arzneipflanzen, die jedoch nicht in allen Fällen den gleichnamigen Pflanzen der heutigen Systematik entsprechen.

Der aus Pergamon in Kleinasien stammende griechische Arzt *Claudius Galenos* (129–199 n. Chr.) schuf eine Zusammenschau des medizinischen Lehrgebäudes und prägte als nicht anzweifelbare Autorität die

Medizin bis in die Neuzeit hinein nachhaltig. Er fasste die antike Säftelehre in ein System, das größte Bedeutung für die Klostermedizin hatte.

Besonders wichtig für die Medizin des Mittelalters waren die arabisch schreibenden Gelehrten im Orient und in Spanien, die durch ihre Übersetzungen antiker Werke diese nicht selten vor dem Verschwinden bewahrten und sie zudem mit eigenem Wissen und eigenen Erfahrungen anreicherten. Ein berühmter Vertreter ist *Ibn Sina* (980–1037), genannt Avicenna, dessen »Canon medicinae« eine bedeutende wissenschaftliche Grundlage der Medizin wurde und bis 1500 in vielen Ausgaben erschien. *Ibn Beithar* aus Malaga (1197–1248) beschreibt in seiner Arzneimittellehre 1400 Pflanzenarten.

Auch wenn in diesem Kontext nur selten genannt, weder auf wissenschaftlicher Bildung beruhend noch aufgrund schriftlicher Quellen direkt nachweisbar, soll der Beitrag des keltisch-germanischen Kulturkreises für die mittelalterliche Medizin nicht unerwähnt bleiben. Als Heilerinnen, Hebammen, Seherinnen, Zauberinnen hatten Frauen großen Einfluss – worüber auch Tacitus in seiner »Germania« erstaunt berichtet – und behielten als Weise Frauen noch lange Zeit eine wichtige Rolle in der Gemeinschaft.

Frauen hatten als Hebammen und Heilerinnen bis ins hohe Mittelalter großen Einfluss. Geburtsszene in einem Medizinbuch des 13. Jahrhunderts.

Vermutlich haben die Mönche und Nonnen ihre medizinischen Kenntnisse mit diesem Erfahrungsschatz bereichert. Darauf weist auch die Verwendung von Pflanzen wie Akelei, Rainfarn oder Maiglöckchen insbesondere bei Hildegard von Bingen hin, die in den antiken Schriften nicht erwähnt werden. *Paracelsus* (1493–1541) bekannte an der Schwelle zur Neuzeit, dass er sein ganzes Wissen den Weisen Frauen verdanke. Bereits zu seinen Lebzeiten begann man jedoch kirchlicher- und staatlicherseits mit ihrer Vernichtung als so genannte Hexen auf den Scheiterhaufen.

Viersäfte- und Signaturlehre

Der griechische Arzt Galen brachte die alte Viersäftelehre (Humoralpathologie) in ein System, das der Medizin über eineinhalb Jahrtausende als Grundlage diente. Sie lässt belebte und unbelebte Natur aus 4 Grundbausteinen – Feuer, Wasser, Erde, Luft – bestehen, die sich zueinander in einem bestimmten Verhältnis befinden. Im menschlichen Körper entsprechen ihnen 4 Säfte: Blut (Luft), Schleim (Wasser), schwarze Galle (Erde), rote Galle (Feuer), die beim gesunden Menschen in einem ausgewogenen Verhältnis zueinander stehen. Bei Krankheit ist das Gleichgewicht gestört und man versucht, es mit Arzneien und verschiedenen Maßnahmen wiederherzustellen.

Auch den Heilpflanzen werden 4 Eigenschaften zugeordnet: heiß, kalt, trocken, feucht. Eine Störung beispielsweise, die als durch Kälte verursacht gilt, behandelt man mit einem Arzneimittel, das als »warm« klassifiziert ist. Auch Hildegard von Bingen beschreibt ihre Heilpflanzen nach diesen Kriterien. Ganz ähnlich sind die Prinzipien in noch heute praktizierten indischen und chinesischen Gesundheitslehren, dem Ayurveda und der Traditionellen Chinesischen Medizin (TCM).

Vermutlich bereits aus der Frühzeit der Menschheit stammt die auch bei den antiken Autoren zu findende Vorstellung, dass Ähnlichkeiten den Weg von der Krankheit zu der heilenden Pflanze weisen. Danach sind beispielsweise gelb blühende Pflanzen gegen Gelbsucht wirksam oder solche mit herzförmigen Blättern nützlich für das kranke Herz. Im Mittelalter und der frühen Neuzeit wurde dieses Prinzip von Ärzten wie Paracelsus und Giambattista Della Porta zur so genannten Signaturlehre ausgebaut.

Schriften der Klostermedizin und ihres Umfelds

Sehr bekannt und beliebt war das gesamte Mittelalter hindurch der bereits im 4. Jahrhundert von einem unbekannten Verfasser verfasste »Pseudo-Apuleius«, ein Kräuterbuch, in dem 131 Pflanzen abgebildet und mit den ihnen zugeordneten Heilanzeigen beschrieben sind.

Gegen Ende des 8. Jahrhunderts entstand im Kloster Lorsch bei Worms das »Lorscher Arzneibuch«. Es basiert zu einem großen Teil auf antiken Quellen, berücksichtigt aber auch die heimische Pflanzenwelt und ist Ausdruck eines Neuansatzes in der Medizin. Die Einleitung bringt eine Rechtfertigung der Medizin.

Diese Wissenschaft galt zunächst als suspekt, weil sie einerseits auf heidnischen Quellen basierte und andererseits auch als ein Eingreifen in Gottes Willen gesehen wurde. Der Hauptteil des Buchs umfasst Rezeptsammlungen und Anweisungen zur Ernährung (vgl. S. 50).

Im 11. Jahrhundert verfasste der Benediktiner Odo Magdunensis (aus Meung-sur-Loire) ein botanisch-medizinisches Lehrgedicht, das in 2000 lateinischen Hexametern die Wirkung von rund 80 Pflanzen beschreibt. Dieses Kräuterheilbuch, das den Titel »Macer floridus« trägt, hatte das gesamte Mittelalter große Bedeutung. Die Texte basieren deutlich auf den antiken Autoren und

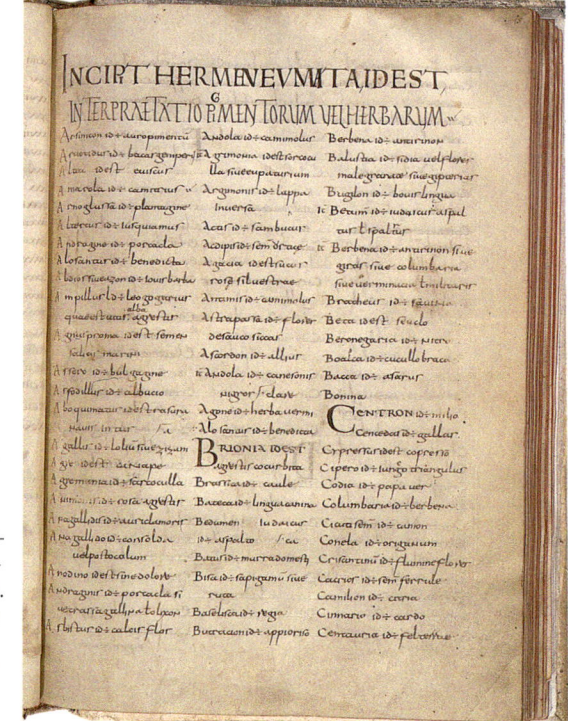

Das »Lorscher Arzneibuch« aus dem 9. Jahrhundert ist das älteste in Deutschland entstandene medizinische Lehrbuch. Die Handschrift wird in der Staatsbibliothek Bamberg aufbewahrt.

erstmals wird in einem Buch der Klostermedizin die Viersäftelehre konsequent berücksichtigt.

Auf dem Hintergrund der an der Universität von Salerno gelehrten Medizin entstand um 1150 die Schrift »Circa instans«, deren Name von den Anfangsworten dieser Sammlung von Einfachheilmitteln abgeleitet war. Die Schrift gibt sowohl botanische als auch pharmakologische Merkmale an, dazu Vorkommen, Erntezeit, die zu verwendenden Pflanzenteile, Lagerung sowie Hinweise zur Bereitung der Arzneien. Sie wurde in vielen Handschriften und später in Drucken verbreitet, beeinflusste noch die Kräuterbücher der frühen Neuzeit und kennzeichnet den Beginn der an medizinischen Hochschulen gelehrten Medizin und den allmählichen Verlust der Vormachtstellung der Klostermedizin. Die zahlreichen Schriften aus Salerno fanden aber auch in den Klöstern Interesse und Aufnahme.

In ihrem botanisch-medizinischen Werk »Liber subtilitatum diversarum naturarum creaturarum« (Buch von dem inneren Wesen der verschiedenen Naturen der Geschöpfe) berücksichtigte die Benediktineräbtissin *Hildegard von Bingen* (1098–1179) ebenfalls die Viersäftelehre. In dem meist unter dem Namen »Physica« bekannten Teil beschreibt sie die den Pflanzen, Elementen, Bäumen, Steinen, Tieren und Metallen innewohnenden Heilkräfte. Die Namen sind teils in deutscher, teils in lateinischer Sprache angegeben. Sie vereinigt schriftliche Traditionen, eigene Beobachtungen und Erfahrungen sowie Volksüberlieferung.

Hildegard von Bingen befasste sich in ihren heil- und naturkundlichen Schriften mit der Wiederherstellung eines gestörten Gleichgewichts der Säfte. Besonders wichtig waren Auswahl und richtige Zubereitung von Nahrungs- und Heilpflanzen.

Dass sie aus diesem reichen Fundus verschiedener Quellen schöpft, macht ihr Werk einzigartig und auch für heutige phytotherapeutische Forschungen interessant, auch wenn ihre Aussagen keinesfalls unkritisch übernommen werden dürfen, sondern vor dem Hintergrund der Zeit zu sehen sind. Dass sie religiöse und moralische Betrachtungen einfließen lässt und bisweilen magische Praktiken empfiehlt, zeigt die große Eigenleistung und schöpferische Kraft der Autorin. Auch in dem als »Causae et curae« (Ursachen und Behandlung

der Krankheiten) bekannten Teil des Buches geht es um das Heilen, unter anderem mit Pflanzen.

Albertus Magnus (um 1200 bis 1280), als Albert Graf von Bollstädt in Lauingen geboren, baute wie Hildegard auf dem antiken Erbe auf und war ebenfalls ein eigenständiger Beobachter und Denker. Dieser umfassend gebildete, experimentierfreudige Dominikaner, der »Doctor universalis« genannt wurde, war Theologe, Philosoph und Naturforscher und galt als der größte Gelehrte des Mittelalters. Er schrieb eine Botanik in 7 Bänden, in der er auch medizinische und gartenbauliche Aspekte behandelte. Auf den von ihm entworfenen Ziergarten wurde schon im vorhergehenden Kapitel hingewiesen.

Seinen Studien und seinen eigenen Beobachtungen, die er auch auf Fußreisen durch ganz Europa machte, verdankt der als »Doctor universalis« verehrte, aber auch der Zauberei verdächtigte Albertus Magnus sein umfassendes naturkundliches Wissen.

Der Regensburger Domherr und Lehrer an der Universität von Paris, *Konrad von Megenberg* (1309 bis 1374) schrieb mit dem um 1350 entstandenen »Buch der Natur« die erste Naturgeschichte in deutscher Sprache. Sie basiert auf verschiedenen älteren lateinischen Werken des Mittelalters und enthält auch Konrads eigene Beobachtungen und Gedanken. Die botanischen Kapitel des Buches beschäftigen sich mit Bäumen und Kräutern, wobei die medizinische Verwendung im Vordergrund steht, aber auch Erbauliches enthalten ist. Das Buch wurde 1475 als erstes naturwissenschaftliches Buch in Augsburg gedruckt.

Zwischen 1435 und 1450 verfasste der bayerische Arzt *Johannes Hartlieb* am Hof Herzog Ludwigs des Bärtigen in Burghausen eine Kräuterbuch-Handschrift. Seine Ausführungen basieren insbesondere auf Konrad von Megenbergs »Buch der Natur« sowie den Handschriften des »Circa instans«. Auch er hat eigenes Gedankengut eingearbeitet und wie Hildegard von Bingen und Albertus Magnus die alten Heilpflanzen aus der keltischen und germanischen Tradition berücksichtigt.

Der umstrittene Arzt, Naturforscher und Alchemist *Theophrastus Bombastus von Hohenheim*, genannt *Paracelsus* (1493–1541), widmete sich der Signaturlehre und kombinierte pflanzliche, metallische und

Bauerngärten in Mitteleuropa zeigen neben regionalen Besonderheiten viele Gemeinsamkeiten in Anlage und Pflanzenauswahl. Bauerngarten im Freilandmuseum Finsterau im Bayerischen Wald.

mineralische Heilmittel. In zahlreichen Schriften stützte er sich auf die Bibel, die antiken Autoren sowie auf Volkswissen und Volksglauben.

BAUERN-, BURG- UND BÜRGERGÄRTEN IM MITTELALTER

In meinem Bauerngarten
da stehn viel schöne Blum.
Stiefmütterchen, die zarten,
Narziß und Lilium.

Und schlanke Pappelrosen
am Rand von Kraut und Kohl,
Goldlack und Skabiosen
und Nelken und Viol.

JOSEF WEINHEBER (1892–1945): AUS DEM GEDICHT »BAUERNGARTEN«

Der Klostergarten und seine Pflanzen haben im Verlauf des Mittelalters auch andere Gärten be-

einflusst oder sie überhaupt erst entstehen lassen.

Der Bauerngarten

Weitaus weniger als über die Klostergärten sind wir über das Aussehen mittelalterlicher Bauerngärten informiert, da bildliche Darstellungen, schriftliche Aufzeichnungen und archäologische Befunde weitgehend fehlen.

Vielleicht traf bereits auf sie zu, was Fischer-Benzon im 19. Jahrhundert über die Bauerngärten schreibt:

… dass die Gärten in ganz Deutschland, in Deutsch-Österreich, und zwar bis in die entferntesten Gebirgsthäler hinein, in den östlichen und westlichen Grenzländern, in Dänemark, Norwegen und Schweden dieselbe Physiognomie zeigen: sie sind arm an eigentlichen Zierpflanzen, reich an Nutzpflanzen der mannigfaltigsten Art, denn ausser denjeni-

gen Pflanzen, die zur Speise und zur Würze der Speise dienen, begegnen uns auch solche, die als Heilmittel etc. benutzt werden.

Der Autor merkt auch an, dass die Namen vieler Bauerngartenpflanzen aus dem Lateinischen übernommen (wie Rose von »rosa«) oder verballhornt sind wie etwa Liebstöckel aus »ligusticum«. Tatsächlich sind viele der Pflanzen bereits in »Capitulare«, »St. Gallener Klosterplan« und »Hortulus« angeführt. Durch Klostergründungen und Missionstätigkeit brachten die Mönche ihre Pflanzen und Gartenanlagen in fast alle Gegenden Europas. Sicher haben sie auch umgekehrt sich die eine oder andere Pflanze von den Bauern einer Gegend zeigen und ihren Nutzen erklären lassen und sie in den Klostergarten aufgenommen.

Bauerngartenpflanzen spielten in Brauchtum und Volksglauben eine Rolle. Ein Beispiel dafür ist der sehr alte Brauch der Kräutersegnung an Mariä Himmelfahrt (15. August), für die auch zierende und heilkräftige Pflanzen des Bauerngartens verwendet wurden.

Burggärten

Anders als die Lust- und Liebesgärten, in deren idealisierender Darstellung sich die adelige Welt des hohen und späten Mittelalters gefiel, sind die realen Burggärten aus einer Notwendigkeit heraus entstanden. Burgen – vom Beginn des 10. Jahrhunderts bis zum Ende des Mittelalters von Adeligen als verteidigungsfähige Wohnsitze errichtet – waren oft auf Höhen gelegen und bis zum 12. Jahrhundert so eng, dass ein Gar-

Einen an die schützende Burgmauer außen angrenzenden schlichten Burggarten zeigt diese nach dem Stich Matthäus Merians d. Ä. (»Burg Landscron im Suntgaw«) angefertigte Darstellung.

ten innerhalb der Burgmauern kaum Platz hatte und deshalb meist außerhalb lag.

Später legte man innerhalb der Burgmauern Nutz- und Ziergärten an. Diese Gärten waren, gerade auch während einer Belagerung der Burg, wichtig für die Versorgung der Burgbewohner mit Nahrungs- und Heilmitteln. Vermutlich gehörten Gartenbau und Gartenpflege zu den Aufgaben der Burgherrin, auch wenn die verklärenden Bilder der deutschen Ritterromantik des 19. Jahrhunderts wohl nicht ganz der Realität entsprachen.

Ein umfangreicher paläoethnobotanischer Fund von der Niederungsburg Haus Meer, einer ab der Jahrtausendwende bis ins 13. Jahrhundert bestehenden Niederungsburg nördlich von Neuss, legt einen umfangreichen Anbau von Kulturpflanzen nahe. Gefunden wurden

nicht nur Reste mehrerer Obstarten, sondern auch verschiedene Gemüse, Heil- und Gewürzkräuter sowie Färbepflanzen. Auch bei Untersuchungen der spätmittelalterlichen Burg Brüggen im westlichen Rheinland hat man Reste von Gartenpflanzen gefunden.

Städtische Nutzgärten

In den Städten des Hochmittelalters legten die Bürger zunächst bei ihrem Haus Gärten an, später verlegte man diese aus Platzmangel vor die Stadtmauern. Für manche Städte wie beispielsweise Neuss, Lübeck oder Göttingen weisen paläoethnobotanische Funde auf das Vorhandensein von Gärten hin.

Die Gärten dienten in erster Linie der Versorgung der Stadtbewohner mit Nahrungsmitteln, erst später waren sie auch Orte der Repräsentation und Geselligkeit sowie – bei

*Auch die Bürger in den Städten des
ausgehenden Mittelalters und der
frühen Neuzeit legten Gärten an –
zur Nahrungserzeugung, aber auch
aus Freude und Interesse an der
Pflanzenwelt. Holzschnitt aus dem
Kräuterbuch des Adamus Lonicerus
(1528–1586).*

wohlhabenden und botanisch inte-
ressierten Bürgern, bei Ärzten und
Gelehrten – der Forschung. Wie Abbildungen zeigen, waren viele Städte
von breiten Gürteln von Obst- und
Gemüsekulturen umgeben. Hausbü-
cher wie das der Veroneser Familie
Cerruti aus dem späten 14. Jahrhundert zeigen, wie sehr auch vornehme
Städter mit und vom Garten lebten.

Nicht immer konnten oder wollten die reicheren Bürger den Arbeits-
aufwand für ihren außerhalb der
Mauern liegenden und immer größer
gewordenen Garten bewältigen. So
hat wohl manch weniger wohlha-
bende Bürger die Pflege mehrerer
Gärten übernommen. Das Berufs-
gärtnertum hat sich in Mitteleuropa
allmählich ab dem 12. Jahrhundert
entwickelt, Nachrichten von Gärt-
nerzünften gibt es ab der 2. Hälfte
des 13. Jahrhunderts. Für die alte
Gärtnerstadt Bamberg sind Gemüse-
felder im ehemaligen Dorf Theuer-
stadt für die Mitte des 14. Jahrhunderts erwähnt.

DIE KRÄUTERBÜCHER DER RENAISSANCE

*Nun fahr' hin in alle Lande,
du schöner, edler Garten, du,
eine Ergötzung den Gesunden,
ein Trost, Hoffnung und Hilfe
den Kranken; der deinen Nutzen,
deine Frucht, genugsam aussprechen
möge, lebt kein Mensch.*

JOHANN VON CUBE: VORREDE ZUM
»GART DER GESUNTHEIT« (1485)

Nachdem in Europa in der 2.
Hälfte des 14. Jahrhunderts der
Holzschnitt und in der Mitte des 15.
Jahrhunderts der Buchdruck aufge-
kommen waren, konnte man Bücher
samt Abbildungen relativ leicht herstellen und vervielfältigen. Dies war
eine wichtige Voraussetzung für die
Entstehung und Verbreitung einer
neuen Art von Kräuterbüchern, die
neben medizinischem Wissen auch
den Pflanzen selbst und ihren botani-

schen Eigenschaften große Aufmerksamkeit widmen.

Die Vorläufer

Bei Peter Schöffer in Mainz, einem
früheren Mitarbeiter Gutenbergs, erschien 1484 in lateinischer Sprache
der »Herbarius«. Der nicht genannte
Autor beschreibt Kräuter aus Gärten,
Wäldern und Wiesen und gibt
Anleitungen für das Anlegen eines
Kräutergartens sowie einer Haus-
apotheke. Das Buch enthält 150
Abbildungen in der neuen Holz-
schnitttechnik. Es handelt sich um
eine reine Kompilation, also eine
Zusammenstellung aus Werken früherer antiker und mittelalterlicher
Autoren.

Ebenfalls bei Peter Schöffer kam
schon ein Jahr später der »Gart der
Gesuntheit« des Frankfurter Stadtarztes Johann von Cube heraus. Dieses auch als »Kleiner Hortus sanitatis« bezeichnete Kräuterbuch bringt
ebenfalls kaum Neues. Es erfreute
sich eines noch breiteren Leserkreises
als der »Herbarius«, weil es in
Deutsch geschrieben war, sehr viele
Pflanzen behandelte und ein Krank-
heitsregister hatte.

Das umfangreichste unter diesen
frühen Kräuterbüchern ist der in lateinischer Sprache geschriebene »Ortus
sanitatis«, der auch »Großer Hortus
sanitatis« genannt wird. Das 1491 bei

Gelehrte Männer beschäftigten sich in der frühen Neuzeit auch gern mit Botanik und Pflanzenheilkunde. Holzschnitt aus dem Kräuterbuch »Gart der Gesuntheit« des Frankfurter Stadtarztes Johann von Cube, erschienen 1485 bei Peter Schöffer.

Das »Contrafayt Kreüterbuch« des Kartäusermönches, Lehrers und später in Bern tätigen Stadtarztes *Otto Brunfels* (1489–1543) erschien als Übersetzung einer lateinischen Ausgabe 1532 bei Hans Schott in Straßburg. Es enthält teilweise sehr naturgetreue Pflanzenabbildungen.

Hieronymus Bock, genannt Tragus (1498–1554) war protestantischer Pfarrer und Botaniker. Sein »Kreutterbuch« erschien 1539 bei Wendel Rihel in Straßburg, zunächst ohne Abbildungen, in der 2. Ausgabe von 1546 mit Holzschnitten illustriert. Bock beschreibt über 500 Pflanzen aus heimischer Natur, aus Gärten und fernen Ländern. Der populär gehaltene Text und die ansprechenden Bilder sicherten dem Werk viele Neuauflagen, deren letzte vermutlich 1630 in Straßburg erschien.

Leonhart Fuchs (1501–1566) war zunächst Arzt in Ansbach und dann Professor der Medizin in Ingolstadt und Tübingen. Seinem »New Kreütterbuch«, das 1543 bei Michael Isingrin in Basel erschien, war trotz der hervorragenden und naturgetreuen Abbildungen wohl wegen seines hohen Preises ein geringerer Erfolg als dem Buch des Hieronymus Bock beschieden. Trotzdem sind sein Ruhm

Jacobus Meydenbach in Mainz erschienene Werk ist eine erweiterte Ausgabe des »Gart der Gesuntheit« und stammt von einem ungenannten Verfasser. Es stellt Pflanzen, Tiere, Edel- und Halbedelsteine vor.

Alle 3 Werke dieser frühen Kräuterbücher wurden wiederholt nachgedruckt, bearbeitet, verändert und in neuen Ausgaben herausgebracht.

Die »Väter der deutschen Botanik«

Von kaum zu überschätzendem Einfluss auf Pflanzenheilkunde und Einstellung gegenüber der Natur sind die in der 1. Hälfte des 16. Jahrhun-

derts erscheinenden Kräuterbücher der als »Väter der deutschen Botanik« verehrten Autoren Otto Brunfels, Hieronymus Bock und Leonhart Fuchs.

Die neue Naturauffassung zeigt sich auch im »New Kreütterbuch« (1543) des Leonhart Fuchs. Wie der Holzschnitt verdeutlicht, bemühte man sich, dem Formschneider möglichst naturgetreue Vorlagen zu liefern.

Im Kräuterbuch des Adamus Lonicerus werden nicht nur Heilpflanzen in Aussehen und Verwendung vorgestellt, sondern auch die Tätigkeiten im Garten erläutert und illustriert (Ausgabe 1679).

und der seines Autors, der auch Leibarzt Kaiser Karls V. war und nach dem Linné die Fuchsie benannt hat, über die Jahrhunderte geblieben.

Weitere berühmte Kräuterbücher

In Venedig erschien 1554 von *Pietro A. Mattioli* (1501–1577), der sich latinisiert Petrus A. Matthiolus nannte und Leibarzt Kaiser Ferdinands I. war, ein mit Holzschnitten illustrierter Kommentar zu Dioskurides. Das Buch war ein großer Erfolg, es erschien in mehreren lateinischen Ausgaben und verschiedenen Übersetzungen, darunter unter dem Namen »Kreutterbuch« 1563 in deutscher Sprache.

Conrad Gesner (1516–1565), Arzt und Naturforscher in Zürich, konnte sein Kräuterbuch nicht vollenden. Ein Teil der von ihm hinterlassenen Pflanzenbilder erschien in einer Neuaus-

gabe von Matthiolus bei Camerarius in Frankfurt. Die Bilder wurden 1754 vollständig durch K. K. Schmiedel in Nürnberg herausgegeben.

Das »Kreuterbuch« des Frankfurter Stadtarztes *Adam Lonitzer* (1528–1586), der sich latinisiert Adamus Lonicerus nannte, erlebte viele Neuauflagen, ebenso das »New vollkommen Kraeuter-Buch« des Arztes *Jakob Theodor Tabernaemontanus* (gest. 1590).

Die Kräuterbücher der Renaissance hatten großen Einfluss auf die Naturheilkunde der folgenden Jahrhunderte und ihre Aussagen finden sich noch teilweise bei den Naturheilkundlern des 19. und 20. Jahrhunderts wie Sebastian Kneipp oder Kräuterpfarrer Künzle.

ASPEKTE NEUZEITLICHER NUTZGÄRTEN

Wir gingen aus der Halle in den Garten. Was ich zum Teile schon von ihm gesehen hatte, bestätigte sich in ganzem Umfange. Er war durchaus ein Nutzgarten, sehr viele Obstbäume, teils Zwerg- und Lattenobst, teils hohe reiche Stämme standen auf dem Raume umher und hatten die Blumen und eine große Menge verschiedener Gemüse unter sich.

ADALBERT STIFTER (1805–1868): STUDIEN

Mit der wachsenden Bevölkerung wurde ab dem Beginn der Neuzeit der Nutzgartenbau immer wichtiger. Neue Pflanzen und neue Verfahren hielten Einzug in die Er-

werbs- und Privatgärten. Man baute auf altem Wissen auf, setzte Bewährtes nach alter Überlieferung ein oder entwickelte es im Bedarfsfall weiter.

Gartenbücher

Ab dem Ende des 16. Jahrhunderts erschienen nach italienischen und französischen Vorbildern auch in Mitteleuropa Gartenbücher, die sich insbesondere mit dem Nutzgartenbau beschäftigten.

Das 1598 erschienene »Gartenwerk« für ländliche Güter oder Pfarrhöfe des Humanisten Johannes Colerus stellt den Baum-, Blumen-, Kräuter- und Küchengarten vor. Die Beete sind noch immer erhöht und geometrisch angelegt. Sie werden durch Bretter, Buchsbaum oder Rosmarin eingefasst. Ganz besonders beschäftigt sich Colerus mit dem Baumgarten und dem Pfropfen und Veredeln.

Peter Lauremberg (1585–1630), Medizinprofessor in Rostock, widmet sich in seinen lateinisch geschriebenen Gartenbüchern »Horticultura« (1631) und »Apparatus Plantarius« (1632) dem städtischen Bürgergarten.

Wolf Helmhard von Hohberg geht in seinem Hausbuch »Georgica curiosa« (1682) verstärkt auf den Nutzgarten ein, da Blumengarten und Orangerien, Labyrinthe und Wasserkünste, Grotten und Lusthäuser nur etwas für reiche Leute seien. Hohberg empfiehlt einen gut bestückten Arzneigarten und einen Gemüsegarten mit vielerlei Pflanzen und bespricht auch ausführlich das Pfropfen und Veredeln der Obstbäume.

In der Folgezeit erschienen viele weitere Gartenbücher, die sich an ein

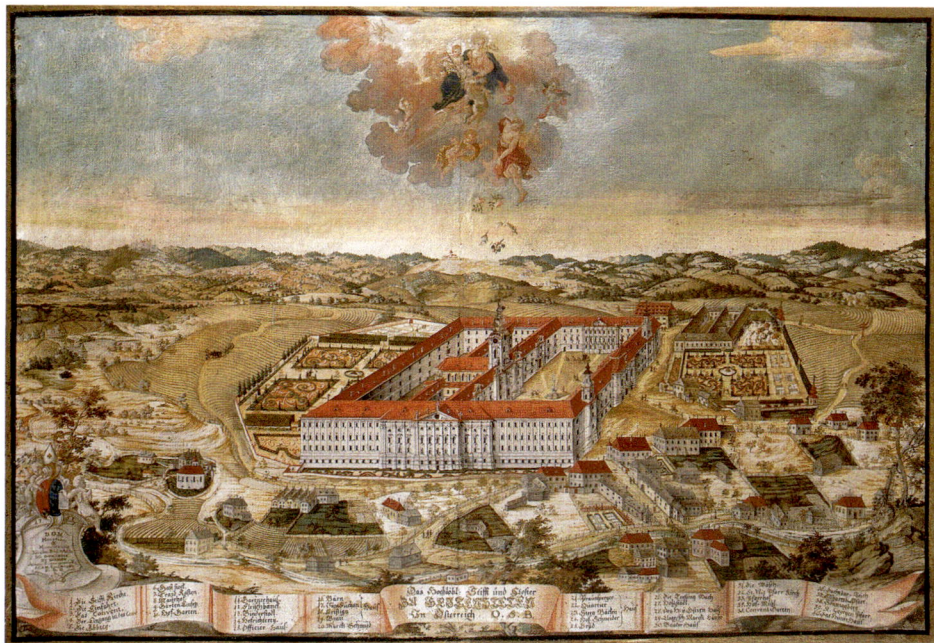

Idealbild von Stift Seitenstetten (Niederösterreich) mit den barocken Anlagen des den Klosterangehörigen vorbehaltenen Konventsgartens und des außerhalb der Klostermauern liegenden Hofgartens. Deckfarben auf Papier von Pater Joseph Schaukegl (1751).

bürgerliches Publikum wandten, dessen Vertretern es mehr auf den Nutzen als auf die Schönheit ankommen mochte.

Erwerbsgartenbau und Selbstversorgung

Nachdem zuvor schon in den Niederlanden insbesondere der Erwerbsgemüsebau große Bedeutung erlangt hatte, entwickelte sich der Erwerbsgartenbau in den deutschsprachigen Ländern verstärkt nach dem 30-jährigen Krieg und in größerem Umfang im 18. und 19. Jahrhundert. Gartenbaufirmen und Samenhandlungen wurden gegründet, es entstanden Zentren des Erwerbsgemüsebaus wie Erfurt oder Bamberg oder des Erwerbsobstbaus wie das Alte Land im Unterelbegebiet.

Über die Jahrhunderte spielte aber die Selbstversorgung in Stadtgärten und Bauerngärten auf dem Land eine unverzichtbare Rolle, die weitgehend erst nach dem 2. Weltkrieg aufgegeben wurde.

Fortbestand, Vergehen und Wiedererstehen der Klostergärten

Die Klostergärten hatten auch in Renaissance, Barock und später weiterhin die Funktion, Nutzpflanzen als Nahrungs- und Heilmittel zu ziehen. Die Klosterapotheken waren oft für die Arzneimittelversorgung großer Gebiete zuständig.

Ein Nutzgarten besonderer Art war der Garten des Augustinerklosters in Brünn, wo der Pater und Lehrer Gregor Mendel bei Kreuzungsversuchen an Erbsen und Bohnen Gesetzmäßigkeiten bei der Vererbung einzelner Merkmale entdeckt hatte, die er 1865 veröffentlichte. Die heute als Mendel'sche Gesetze bekannten bahnbrechenden Erkenntnisse wurden damals nicht beachtet und erst 1900 von 3 Forschern unabhängig voneinander noch einmal entdeckt.

Mit der Aufhebung von Klöstern in Österreich durch Kaiser Joseph II. (1782) und – viel umfassender – in Deutschland durch den Reichsdeputationshauptschluss (1803) verschwanden auch viele Klostergärten. Nach der Wiederherstellung vieler Klöster im 19. Jahrhundert wurden die alten Klostergärten oft nicht wieder angelegt. Im 19. und 20. Jahrhundert entstanden aber vielerorts Klostergärtnereien, die über den Eigenbedarf hinaus insbesondere Nahrungsmittel produzierten und verkauften. In jüngster Zeit erneuern manche Klöster ihre verschwundenen Klostergärten auf der Grundlage alter Dokumente und mit Unterstützung von Fachleuten und Behörden.

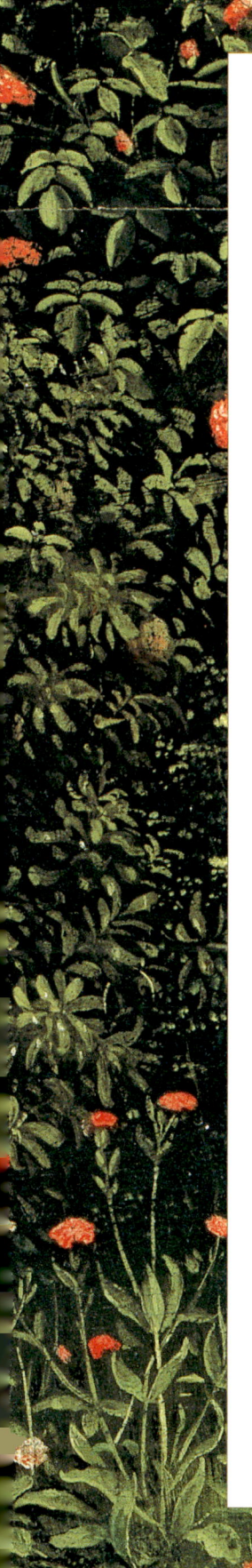

Pflanzen aus alter Zeit

VERBORGENE GEHEIMNISSE

In Hellbrunn
Wieder folgend der blauen Klage des Abends
Am Hügel hin, am Frühlingsweiher –
Als schwebten darüber die Schatten lange Verstorbener,
Die Schatten der Kirchenfürsten, edler Frauen –
Schon blühen ihre Blumen, die ernsten Veilchen
Im Abendgrund, rauscht des blauen Quells
Kristallne Woge. So geistlich ergrünen
Die Eichen über den vergessenen Pfaden der Toten,
Die goldene Wolke über dem Weiher.

GEORG TRAKL (1887–1914)

Gartenpflanzen als lebende Zeugen vergangener Zeiten, Menschen und Ereignisse bergen alte und neuere Geheimnisse. Diese beruhen teils auf Tatsachen, teils auf Vorstellungen des Menschen oder auch auf beidem und begründen die Verwendung als Zier- und Symbolpflanzen, Heil- und Gewürzpflanzen, Gemüse und Obst sowie Wasch- und Färbepflanzen.

Herkunft

Viele der heute noch beliebten Gartenpflanzen sind bereits vor Jahrhunderten oder gar Jahrtausenden meist aus dem Mittelmeerraum in mitteleuropäische Gärten gelangt. Ein Teil der Pflanzen wurde der Heimatnatur entnommen. So sind unter den Zierpflanzen, die zugleich Heilpflanzen waren, die Echte Schlüsselblume seit dem 10., Akelei und Christrose seit dem 12., der Blaue Eisenhut seit dem 13., Maiglöckchen und Vergissmeinnicht *(Myosotis spec.)* seit dem 15. Jahrhundert als Gartenpflanzen nachgewiesen.

Unsere heimische Flora ist andererseits durch verwilderte Kulturpflanzen wie Märzveilchen, Färberwau oder Meerrettich, die sich mancherorts eingebürgert haben, bereichert worden. Vielen dieser Relikte oder »Flüchtlingen« aus Gartenkultur ist keineswegs anzusehen, dass sie keine ursprünglich heimischen oder wenigstens in vor- oder

frühgeschichtlicher Zeit eingewanderte Wildpflanzen, sondern Kulturpflanzen sind.

Inhaltsstoffe

Heil- und Gewürzkräuter, Gemüse- und Obstpflanzen sowie die Wasch- und Färbepflanzen werden wegen ihrer Inhaltsstoffe gezogen. Auch die Düfte und Farben der Zier- und Symbolpflanzen beruhen auf bestimmten Inhaltsstoffen.

Primäre Pflanzenstoffe – Nucleinsäuren, Proteine, Fette, Kohlenhydrate – sind die Bauelemente der Pflanze oder dienen ihr zur Energiegewinnung. Sekundäre Pflanzenstoffe sind Produkte des Sekundärstoffwechsels und chemisch sehr unterschiedliche Verbindungen. Sie kommen meist nur in geringen Mengen vor und haben in der Pflanze unterschiedliche Aufgaben, beispielsweise die Abwehr von Fressfeinden, die Bekämpfung schädlicher Mikroorganismen oder die Anlockung von Tieren für die Bestäubung oder die Samenverbreitung.

Von der Wirkung auf den Menschen her betrachtet ist eine andere Einteilung sinnvoll: Nährstoffe (siehe S. 49), arzneilich wirksame Stoffe (siehe S. 45f.) und bioaktive Stoffe (siehe S. 49f.), auch wenn eine eindeutige Zuordnung nicht in jedem Fall möglich ist.

Nutz- und Zierpflanzen, Wildpflanzen und Kulturpflanzen

Im Bauerngarten wachsen Nutz- und Zierpflanzen einträchtig nebeneinander. Nicht wenige Zierpflanzen wie Rose und Madonnenlilie waren einst wichtige Arzneipflanzen, manche wie Wilde Malve oder Märzveil-

In der Renaissance nahm das Interesse am Obstbau zu. Bäume pflanzen und veredeln galt als sinnvolle Tätigkeit, auch für Adelige. Holzschnitt aus dem Kräuterbuch des Adamus Lonicerus (Ausgabe 1679).

chen sind es noch immer. Auf der anderen Seite sind etliche Nutzpflanzen wie Lavendel und Rosmarin zugleich Zierpflanzen.

Allein die Tatsache, dass sie als Nutz- oder Zierpflanze im Garten wächst, macht aber aus einer Wildpflanze noch keine Kulturpflanze. Diese unterscheidet sich nämlich in erblich bedingten Eigenschaften von der Wildart. Von diesen Eigenschaften sind bei den Gartenkulturpflanzen insbesondere wichtig:

- Größenzunahme der genutzten (z. B. Blätter des Kopfkohls), meist auch der nicht genutzten Teile. Diese Größenzunahme beruht im Allgemeinen auf Vermehrung der genetischen Substanz gegenüber der Wildform durch Polyploidisierung. In den Zellen ist dann statt des doppelten Chromosomensatzes ein 3facher (triploider), 4facher (tetraploider), 6facher (hexa-

ploider), 8facher (oktoploider) usw. Chromosomensatz vorhanden.

- Verminderte Fruchtbarkeit: Bei vielen Kulturpflanzen sind die Früchte größer und der Fruchtfleischanteil höher als bei den Wildformen, die Zahl der Samen und/oder der Früchte dagegen stark vermindert. So sind Wildapfel und Wildkirsche kleiner und haben einen geringeren Fruchtfleischanteil als die Kulturformen.

- Verlust der natürlichen Verbreitungseinrichtungen und -mechanismen: Ein Beispiel sind die Hülsenfrüchte wie Bohnen, Erbsen oder Linsen, deren Hülsen geschlossen bleiben, damit der Ernteertrag nicht gemindert wird.

- Verlust von Schutzeinrichtungen gegen Tierfraß: Solche Schutzeinrichtungen sind beispielsweise die Dornen des Wilden Apfelbaums,

Bei der Pfropfung wird das Edelreis in die meist wesentlich größere Unterlage gesteckt. Holzschnitt aus dem Kräuterbuch des Adamus Lonicerus (Ausgabe 1679).

während die Kulturformen weitgehend dornenlos sind.

- Verlust von Bitterstoffen und anderen Inhaltsstoffen: Wildobst beispielsweise ist durch seinen bitterherben Geschmack gewöhnungsbedürftig, da die Kulturformen weitgehend Bitter- und Gerbstoffe verloren haben.
- Formenmannigfaltigkeit: Ein besonders eindrucksvolles Beispiel sind die von der Stammform Wildkohl *(Brassica oleracea)* abgeleiteten Varietäten wie Weiß- und Blaukraut, Kohlrabi, Blumenkohl, Rosenkohl, Wirsing, Brokkoli. Bei den Zierpflanzen ist oft aus einer oder wenigen Stammformen eine kaum überschaubare Fülle an Sorten entstanden.

Die Veränderungen im Erbgut, die die Kulturpflanze gegenüber ihrer Wildform aufweist, gehen auf die züchterische Arbeit des Menschen zurück. Während am Anfang der Kulturpflanzenentwicklung nur zufällig entstandene Mutanten ausgewählt wurden (Auslesezüchtung), kamen im Lauf der Zeit andere Verfahren hinzu, z. B. Kombinationszüchtung, Hybridzüchtung, Mutationszüchtung. Der Mensch hat züchterisch die Pflanzenteile verändert, auf die es ihm ankam: Aus einfachen Blüten wurden »gefüllte« wie bei Rose und Pfingstrose, Speicherorgane wurden vergrößert wie zum Beispiel bei Mohrrübe, Pastinak oder Porree oder das Fruchtfleisch bei verschiedenen Obstarten vermehrt.

Durch gezielte Züchtung oder spontan sind manche Unterarten wie *Daucus carota* ssp. *sativus* (Mohrrübe) oder gar eigenständige neue Arten wie der Zitronenthymian *(Thy-*

mus citriodorus) entstanden. Am wissenschaftlichen Namen einer Gartenpflanze kann man oft erkennen, ob man die Wildform oder eine ihrer Kulturformen vor sich hat. Solche Sorten oder Varietäten werden durch einfache Anführungsstriche oder vorgesetztes »var.« oder »convar.« oder »cv.« gekennzeichnet, etwa: *Hyssopus officinalis* 'Alba' (Weißblühender Ysop). Ist die Kulturpflanze durch Kreuzung von Individuen unterschiedlicher Sorten, Unterarten oder Arten entstanden, so wird dies durch »×« kenntlich gemacht, wie zum Beispiel die Pfefferminze *(Mentha × piperita)*, die als Bastard aus den Arten *Mentha aquatica* und *Mentha spicata* entstanden ist.

Anders als Wildpflanzen brauchen viele Kulturpflanzen die Pflege des Menschen, da sie ohne diese, die auch Erhaltungszüchtung beinhalten kann, sich wieder in die Wildform zurückentwickeln oder der Konkurrenz der Wildflora nicht gewachsen sind und verschwinden.

Im Einfluss des Mondes

Unzählige Empfehlungen für den richtigen Zeitpunkt des Säens, Pflanzens und Erntens gibt es seit der Antike. Ein wichtiger Gesichtspunkt dabei war stets auch die Beachtung der Gestirne, insbesondere des Mondes.

Ohne Zweifel werden Vorgänge auf der Erde vom Mond und von seinen Phasen – Neumond, zunehmender Mond, Vollmond, abnehmender Mond, Neumond – beeinflusst. So sind die Gezeiten insbesondere durch die Anziehungskraft des Mondes bedingt. Man hat auch beobachtet, dass bei Vollmond Operationswunden stärker bluten, Pflanzengewebe was-

serreicher sind, bei Neumond geschlagenes Holz haltbarer ist.

Bereits in der Antike hat man Verbindungen zwischen Mond und Pflanzen hergestellt. So empfahl Plinius, für den Verkauf bestimmte Früchte während einer Vollmondphase zu ernten, zur Lagerung vorgesehene dagegen möglichst im Neumond, da sie dann länger halten würden. Diese Bewertung äußert auch Hildegard von Bingen in ihrem Buch »Ursachen und Behandlung der Krankheiten« und sie gibt noch weitere Empfehlungen: Bäume und Weinstöcke bei abnehmendem Mond schneiden, weil dann weniger Saft als bei wachsendem Mond aus den beschnittenen Stellen ausfließt; Heilkräuter bei wachsendem Mond sammeln, weil sie dann saftiger und besser für die Herstellung von Arzneien geeignet sind; Korn bei wachsendem Mond schneiden, weil es dann mehr Mehl liefert, zu speichernde Körner dagegen bei abnehmendem Mond ernten. Bei der Aussaat empfiehlt Hildegard zu beachten: Bei zunehmendem Mond Gesätes geht schneller auf, wächst rascher, bringt mehr Grün; dagegen keimen Samen, die bei abnehmendem Mond in die Erde kommen, langsamer aus, wachsen dann aber in guter Kraft weiter.

Albertus Magnus schließt sich der Lehre des Aristoteles über die Mondqualitäten an, wenn er schreibt, dass das 1. Viertel der Mondphase warm und feucht, das 2. warm und trocken, das 3. kalt und trocken und das 4. kalt und feucht sei und man deshalb im 1. Viertel säen solle. Man müsse auch auf den Tierkreis achten und säen, ehe die Sonne in den Widder eingetreten ist.

Empfehlungen über die Beachtung der Gestirne beim Umgang mit Pflanzen gibt es seit Jahrtausenden. Faksimile eines Holzschnitts von einer astrologischen Tafel (15. Jahrhundert) mit der Darstellung von Planeten, Sonne und Mond.

Paracelsus, der große Meister der Sympathiemedizin, greift auch den astralen Sympathieglauben der Antike auf, in dem die Entwicklung von Mensch, Tier und Pflanze in Parallele zu den kosmischen Vorgängen gesetzt ist.

In der ab dem 16. Jahrhundert erscheinenden Gartenliteratur spielt stets auch Mond- und Gestirnglaube eine große Rolle. Colerus und andere Autoren geben meist bei den einzel-nen Pflanzen an, wann sie zu säen oder zu pflanzen sind. Allgemein galt die Regel: Was viel Kraut bilden soll, wird bei zunehmendem Mond gesät, was in der Erde große Wurzeln bilden soll, säe man bei abnehmendem Mond.

Viele erfolgreiche Gärtner beziehen sich heute noch oder wieder auf den Einfluss von Mond und Gestirnen auf das Pflanzenwachstum.

Magische Kräfte

Seit der Frühzeit glaubt der Mensch an die Zauberkraft der Pflanzen. Der in der Pflanze wohnende Geist kann Wunderbares bewirken, wenn er zuvor durch bestimmte Handlungen günstig ge-stimmt worden ist. Zauberpflanzen waren in früherer Zeit zumeist Wild-pflanzen, später kamen auch Garten-pflanzen dazu. Mit Zeichen wie Farbe, Duft oder Blütezeit zeigen manche Pflanzen dem Menschen be-reits mögliche Wirkungen ihrer magischen Kräfte an. So galten bei-spielsweise viele Duftpflanzen als abwehrend auf alles Böse. Manche Pflanzen hielt man für so mächtig, dass sie sogar das Glück aktiv herbei-zwingen können, indem sie Schätze finden lassen wie die Schlüsselblume oder Liebe erwecken wie der Salbei. Andere wie beispielsweise der Nuss-baum oder die Betonie *(Stachys offi-cinalis)* heilen auf magische Weise, wobei es bisweilen schon genügt, die Pflanzen oder ihre Teile am Körper zu tragen.

Die Sympathiemedizin kennt viele solcher Pflanzen und weiß, wie man mit ihnen umgehen muss. Besonders groß ist die Auswahl apotropäischer Pflanzen, also solcher Kräuter, die bösen Zauber abwehren oder von ihm befreien können. So hält die Pfingstrose den nächtlich drücken-den Alb fern und und der aromatisch duftende Dill vertreibt Hexen und böse Geister. Auch um verborgenes Gegenwärtiges und Zukünftiges zu erfahren, befragte man Pflanzen, etwa im Liebesorakel mit »Stern-blumen« (Ringelblume, Gänseblüm-chen, Margerite).

»Hexenkräuter« wie Schlafmohn oder Blauer Eisenhut sind insbeson-dere Pflanzen mit betäubend und be-rauschend wirkenden Giftstoffen, meist giftigen Alkaloiden. Auch mit diesen Pflanzen wurde Erwünschtes aktiv herbeigezaubert, die Wirkung beruht jedoch in erster Linie auf den

Besenritt, Kochen von Zaubertränken, Hexentiere – wichtige Requisiten bei Hexenszenen – sind auf diesem Bild »Hexenküche« von Jakob de Gheyn (1565–1616) vereinigt.

*Die blauen Veilchen der Äugelein,
Die roten Rosen der Wängelein
Die weißen Lilien der Händchen
klein,
Die blühen und blühen noch
immerfort,
Und nur das Herzchen ist verdorrt.*

HEINRICH HEINE (1797–1856):
BUCH DER LIEDER

Inhaltsstoffen, die den Menschen körperlich und psychisch beeinflussen. Allerdings traute man gerade diesen Pflanzen auch große Zauberkräfte zu und bediente sich ihrer in magischer Weise. Es waren Pflanzen, mit denen die Weisen Frauen, die Heilerinnen und Hebammen, seit alten Zeiten Schmerzen linderten – und mit denen sich als Hexen bezeichnete Frauen so genannte Flugsalben herstellten, um vermeintlich durch die Lüfte zum Blocksberg oder zu anderen Hexentanzplätzen zu fliegen.

Die Alchemie, eine aus dem Orient mit Hilfe der Araber ins Abendland gekommene Geheimlehre, als deren Anhänger auch Albertus Magnus und Paracelsus galten, beschäftigte

sich unter anderem ebenfalls mit Pflanzenmagie.

Ganz besonders Heinrich Marzell (1885–1970), aber auch anderen Ethnobotanikern verdanken wir viele Informationen und ein besseres Verständnis der Vorstellungen der Menschen früherer Zeiten über die Zauberkraft der Pflanzen.

In den Gärten des frühen und hohen Mittelalters gab es wenig Zierpflanzen, wie uns »Capitulare«, »Hortulus« und »St. Gallener Klosterplan« zeigen, und diese wenigen – Rosen, Lilie, Schwertlilie oder Schlafmohn – waren in erster Linie Heil-

Etwas strapaziert von der alchemistischen Tätigkeit und ihren bisweilen überraschenden Folgen zeigen sich auf diesem Bild Alchemist, Helfer und Labor. Darstellung nach Hans Burgkmair (1473–1531).

pflanzen und Symbolpflanzen. Das Christentum war gegenüber den Zierpflanzen zunächst zurückhaltend, denn man verabscheute den Blumenluxus der römischen Kaiserzeit. Bald wurden aber Blumen als Altarschmuck verwendet und in den Klostergärten auch angepflanzt, zumal sie meist zugleich Heilpflanzen waren. Walahfrid Strabo besingt bereits die Schönheit von Rose und Lilie. Erst ab dem Spätmittelalter wuchsen in den Gärten viele Pflanzen, die nur wegen ihrer Schönheit gepflanzt waren.

Pflanzensymbolik

Vermutlich schon seit der Frühzeit der Menschheit werden Pflanzen mit auffallenden natürlichen Merkmalen auch als Symbole im Alltag benutzt, um etwas über ihre Wirklichkeit Hinausgehendes mitzuteilen oder zu bewirken. Die Verwendung von Symbolen ist uralt und im menschlichen Bewusstsein und im Unbewussten verfügbar, wie etwa auch die Traumsymbole zeigen. In der Volksdichtung, in Märchen, Sagen und im Volkslied geht es symbolisch zu: Sexualität, Liebe, Abschied, Treue, Tod und Jenseits werden auch mit Bildern aus der Pflanzenwelt thematisiert.

Im alten Ägypten war beispielsweise die Lotosblume Attribut der Götter Osiris, Isis, Horus und Hathor und stand in vielfältigen symbolischen Bezügen zu Leben und Tod. Altes und Neues Testament der Bibel verwenden viele Pflanzen als Symbole. Im antiken Griechenland und Rom liebte man bei Gastmählern und anderen Gelegenheiten Blütenkränze und Blütenschmuck, für die je nach Anlass unterschiedliche Pflanzen in-

frage kamen. Die Gräber wurden mit duftenden Blumen geschmückt und auch den Göttern ordnete man bestimmte Pflanzen zu, die ihre Eigenschaften symbolisierten. In den »Metamorphosen« des Ovid kommen symbolhafte Verwandlungen in Blumen vor.

Kelten und Germanen wiesen ihren Göttern Pflanzen zu. Eiche und Eberesche etwa waren Bäume des Vegetations- und Wettergottes Thor/Donar und viele liebliche Frühlingsblumen gehörten zur Liebes- und Fruchtbarkeitsgöttin Frija oder Freyja und symbolisierten deren Eigenschaften. Pflanzensymbole und -ornamentik findet man vielfach in der keltischen Kunst. Die Blumenwiese, die noch bis in die Neuzeit in Bildern

und Dichtung auftaucht, symbolisierte auch die jenseitige Welt.

In die Pflanzensymbolik des Mittelalters sind antike und heimische Quellen sowie Einflüsse des Islams eingeflossen. Besondere Bedeutung hatte die Pflanzensymbolik in der christlichen Malerei und der Mariendichtung des Mittelalters. So preist Konrad von Würzburg (ca. 1230–1287) in seiner Dichtung »Goldene Schmiede« die Gottesmutter Maria, indem er sie in einer Fülle von Bildern, darunter auch viele Pflanzen wie etwa Pfingstrose, Veilchen, Lilie, anspricht. Im Hoch- und Spätmittelalter erscheinen in den auf Tafelbildern dargestellten Gärten eine Fülle von naturgetreu dargestellter Zier- und Symbolpflanzen. Im

Ein »Himmelsgarten« mit 578 Heil- und Symbolpflanzen entstand als Abbild und Symbol des Paradieses 1610 auf den Gewölbefeldern des Lang- und Querhauses der damaligen Klosterkirche St. Michael in Bamberg. Gewölbe im Mittelschiff.

»Paradiesgärtlein« eines unbekannten rheinischen Meisters (vgl. S. 12f.) kann man unter anderen unterscheiden: Akelei, Erdbeere, Goldlack, Immergrün, Levkoje, Madonnenlilie, Märzenbecher, Märzveilchen, Maiglöckchen, Pfingstrose, Rose, Salbei, Schwertlilie, Stockrose, Vexiernelke. Meist sind es Heilpflanzen, die als Symbole für das ewige Heil angesprochen und dargestellt sind. Viele schön blühende Pflanzen sind Marienblumen, neben Rose und Lilie insbesondere solche mit blauen Blüten wie Borretsch oder Salbei, andere sind Attribute Christi oder mancher Heiliger.

Die weltliche Dichtung und Malerei des Mittelalters bediente sich ebenfalls der Pflanzensymbolik. Angeregt auch durch islamische Vorbilder, wies man den Blumen im gesellschaftlichen und erotischen Miteinander symbolische Aussagen zu. So konnte man Liebesbotschaften, aber auch weniger Erwünschtes »durch die Blume sagen«. In der Minnedichtung spielen Pflanzen als Liebessymbole eine wichtige Rolle und in den Burggärten wurden zu dieser Zeit nicht nur Nutzpflanzen, sondern auch Zier- und Symbolpflanzen gehegt.

In der Renaissance werden Blumen weiterhin symbolisch verwendet – man knüpft an die antiken Traditionen an –, aber auch bereits in ihrem eigenen Wert gesehen wie auf den Blumenbildern Albrecht Dürers. Beides, Pflanzensymbolik und botanisches Interesse, wurde durch die neu eingeführten Zwiebelblumen aus dem türkischen Reich und durch Zierpflanzen aus anderen Gegenden der »Alten Welt« sowie später auch der »Neuen Welt« stark gefördert.

Die geistliche Symbolik zeigt sich beispielsweise im »Paradeißgärtlein« des Conrad Rosbach (1588), in dem Pflanzen einigermaßen naturgetreu dargestellt werden und in Gedichten ihre Symbolik erläutert wird.

Der Doppelaspekt bleibt auch im Barockzeitalter bestehen. Nun bestechen Blumenstillleben, bei denen teils das botanische oder ästhetische Interesse im Vordergrund steht, teils die Symbolbedeutung der dargestellten Pflanzen. Die geistliche und weltliche Barockdichtung spielt mit Bildern aus der Pflanzenwelt.

Angeregt auch durch die in der orientalischen Dichtung beliebte Pflanzensymbolik und den unter dem Begriff »Selam« verbreiteten angeblichen Blumencode orientalischer Haremsdamen entwickelte sich im 18. Jahrhundert eine Blumensprache, bei der insbesondere die Blütenfarben Symbolkraft hatten und die in höfischen Kreisen und später in den bürgerlichen Salons zu einer Art Gesellschaftsspiel wurde.

Die Romantik entdeckte erneut die Volksdichtung und die mittelalterliche Malerei mit ihrer Natursymbolik und entwickelte sie weiter. Im Jugendstil wurde die dekorative Pflanze zum Symbol von unterdrückten Kräften im Menschen und eines freien, auch sexuell befreiten Lebens in und mit der Natur.

Farbensymbolik und Dufterleben

Symbolpflanzen zeichnen sich durch auffällige Merkmale wie Größe und Gestalt aus, insbesondere aber durch Farbigkeit und/oder Duft, der oft zugleich Heilkraft anzeigt.

Wie die Pflanzen selbst hatten auch die Farben Symbolwert und die

Das Gnadenbild »Mutter der schönen Liebe« zeigt Maria mit ihren Symbolblumen Rose und Lilie. Es wurde vom Prüfeninger Benediktinermönch Innozenz Metz 1706 geschaffen und befindet sich in der Kirche St. Johann Baptist in Wessobrunn.

Blütenfarbe war oft sogar bestimmend für die symbolische Bedeutung der Pflanze. In verschiedenen Kulturen und Zeiten besteht teilweise auch unterschiedliche Farbensymbolik. So war Gelb in vielen Kulturen eine angesehene Würdefarbe, im christlichen Mittelalter dagegen vornehmlich Teufels- und Schandfarbe. Viele Zuordnungen allerdings sind ähnlich oder gleich, vielleicht weil bestimmte Farben ähnlich auf Psyche und vielleicht auch Körper wirken. So steht Grün für Kraft, Hoffnung und Erneuerung sowohl bei den alten Ägyptern als auch im christlichen Mittelalter. Beispiele für unseren Kulturkreis gibt die Tabelle unten.

Die im 16. Jahrhundert eingeführten Zwiebelblumen wie Hyazinthen, Kaiserkronen, Narzissen und Tulpen begeisterten vor allem durch ihre große Farbenmannigfaltigkeit.

Unter den Symbolpflanzen sind auch Duftpflanzen. Die Duftstoffe sind Produkte des Sekundärstoffwechsels der Pflanze, haben in ihr verschiedene Aufgaben und sind vor allem in Blüten und Blättern, manchmal auch in anderen Pflanzenteilen konzentriert. Sehr viele Pflanzendüfte beruhen auf Terpenen. Andere Duftstoffe sind etwa Harze, Balsame, Cumarine.

Riechen ist eine Sinneswahrnehmung, die tief in die Geschichte der Menschheit und des Individuums reicht. Die Nachricht über einen Duft gelangt nicht nur in die Wahrnehmungsfelder der Großhirnrinde, die den aufgenommenen Duft bewusst wahrnehmen und einordnen lassen, sondern auch in das an der Basis des Stammhirns liegende limbische System. Dieses uralte Erbe aus der Tier-vergangenheit beeinflusst Gefühle, ist an der Steuerung von Organen, der Produktion von Hormonen und an Vorgängen wie Flucht, Lernen, Sexualität beteiligt. Gerüche werden so auch in der vorbewussten Phase der frühen Kindheit aufgenommen und sie können deshalb das Gedächtnis aktivieren und längst vergessene Erlebnisse oder Ereignisse wachrufen, Gefühle der Trauer, Angst, Verlassenheit oder Freude scheinbar spontan entstehen lassen. Auf diese Weise können Düfte auch psychisch-körperliche Reaktionen hervorrufen, was man sich in der Phytotherapie, etwa bei Lavendelbädern, zunutze macht.

Stärker als in der Reaktion auf Farben unterscheiden sich die Menschen in ihren Reaktionen auf Gerüche. Da Geruchseindrücke nur teilweise bewusst und rational wahrgenommen werden, ist der Wortschatz dafür sehr begrenzt. Es gibt verschiedene meist unbefriedigende Klassifikationsversuche, ein bekanntes Schema unterteilt in die 6 Klassen blumig, fruchtig, würzig, harzig, brenzlig und faulig.

Den Rosenduft würdigt Konrad von Megenberg (1309–1374) und vergleicht die Jungfrau Maria mit einem »rôsenpaum, der seinen smack millicleich umb sich sträut mit voller genâd«.

Der Duft mancher Pflanzen wird auch von weither getragen, bei anderen kann man ihn erst aus der Nähe wahrnehmen. Einige Pflanzen entfalten insbesondere nachts ihren Duft zur Anlockung von Nachtschmetterlingen.

Duftpflanzen unter den Zier- und Symbolpflanzen sind etwa Bartnelke,

Farbe	Mögliche psychische Wirkungen	Christliche Symbolik	Weltliche Symbolik	Symbolpflanzen des Gartens
Rot	anregend, belebend, aufputschend	Blut, Opferbereitschaft, Liebe, Teufel	Liebe, Sexualität	Apothekerrose, Vexiernelke
Gelb	aufmunternd, beunruhigend	Heiligkeit, Allwissenheit, das Böse	Optimismus, Geiz, Schande	Ringelblume
Grün	ausgleichend	Barmherzigkeit, Hoffnung	Lebenskraft, Hoffnung	Efeu, Lorbeer
Blau	beruhigend, entspannend	Göttlichkeit, Unendlichkeit	Treue, Sehnsucht	Akelei, Lavendel, Veilchen
Weiß	besänftigend, beunruhigend	Unschuld, Erhabenheit, Jenseits	Klarheit, Herrschaft	Madonnenlilie, Maiglöckchen, Weiße Rose

Gartennelke, Goldlack, Levkoje, Lorbeer, Madonnenlilie, Märzveilchen, Maiglöckchen, Nachtviole, Pfingstrose, Rose, Rosmarin, Schwertlilie. Unter den Arznei- und Gewürzpflanzen findet man besonders viele Duftpflanzen.

ARZNEI- UND GEWÜRZPFLANZEN

Lernet deshalb die Wirkkräfte der Heilkräuter und die Mischungen der Spezereien mit sorgfältiger Überlegung anzuwenden. Aber setzt die Hoffnung nicht in die Kräuter und die Rettung nicht in die menschlichen Ratschläge, wird doch jener heilen, der das Leben ohne Ende gewährt.

FLAVIUS MAGNUS AURELIUS CASSIODORUS (UM 470–583): INSTITUTIONES

Auf überliefertem und neuem Wissen beruhte die Herstellung von Pflanzenarzneien in den Klosterapotheken. Kräuterbuch »Plantae Medicinales« von Johann Evang. Elger (Metten 1800), Leihgabe des Benediktinerklosters Metten in der Dauerausstellung Sell'sche Apotheke im Stadtmuseum Deggendorf.

Gewürzpflanzen sind häufig auch Heilpflanzen. Die Würz- und Heilkraft beruht nicht selten auf denselben Inhaltsstoffen.

Gewürze werden aus Teilen von Gewürzpflanzen gewonnen: Meerrettich aus den Wurzeln, Dill aus den Blättern, Lavendel aus den Blüten (und Blättern), Kümmel aus den Früchten der gleichnamigen Pflanzen. In manchen Büchern findet man noch die Unterscheidung zwischen Gewürzen (Früchte oder Samen, Wurzeln, Rinde) und Würzkräutern (Blätter, Blüten, Knospen).

Heilpflanzen sind in der modernen naturwissenschaftlich orientierten Medizin Pflanzen, deren zubereitete Teile sich in experimentellen Untersuchungen oder durch wiederholte und langjährige Beobachtung an kranken Menschen als wirkend und wirksam erwiesen haben. Die Volksmedizin schöpft ihr Wissen über Heilpflanzen ebenfalls aus tradierten Erfahrungen, teilweise aber auch aus Sympathieglauben und überlieferten Aussagen, die manchmal ungeprüft aus alten Schriften übernommen worden sind.

Wichtige Wirkstoffgruppen in pflanzlichen Drogen

Wenn Pflanzen nicht als Nahrungspflanzen, sondern als Heilpflanzen verwendet werden, stellt man aus ihnen meist so genannte pflanzliche Drogen her: getrocknete Pflanzen beziehungsweise Pflanzenteile oder aus Pflanzen gewonnene Produkte wie ätherische Öle.

Die Wirkstoffe in den Drogen entstammen zum größten Teil dem Sekundärstoffwechsel der Pflanzen. Pflanzen mit giftigen Alkaloiden oder Glykosiden sind oft zugleich hochwirksame Arzneipflanzen. Als Nahrung oder Würze kommen solche Pflanzen allerdings nicht in Frage.

• Ätherische Öle sind leicht flüchtige, stark riechende Substanzgemische von ölartiger Konsistenz. Sie bestehen aus Monoterpenen, Sesquiterpenen oder Phenylpropanen. Sie wirken entzündungshemmend, verdauungsfördernd, harntreibend, hautreizend, hemmend auf das Wachstum von Mikroorganismen (Bakterien, Pilze, Viren). Ätherische Öle kommen insbesondere in den Familien der Doldenge-

wächse, der Lippenblüter und der Korbblüter vor. Beispiele für Ätherischöldrogen: Kümmelfrüchte, Lavendelblüten.

- Bitterstoffe sind unterschiedlich zusammengesetzte Verbindungen mit stark bitterem Geschmack. Sie wirken appetitanregend und verdauungsfördernd, zudem je nach Zusammensetzung keimtötend, harntreibend, beruhigend oder allgemein kräftigend. Beispiele für Bitterstoffdrogen: Wermutkraut, Hopfenzapfen.
- Gerbstoffe sind unterschiedlich zusammengesetzte Verbindungen mit herbem, zusammenziehendem Geschmack. Sie binden Proteine und machen sie unlöslich, wirken antibakteriell, entzündungswidrig, blutstillend und reizmildernd. Beispiele für Gerbstoffdrogen: Rosmarinblätter, Walnussblätter.
- Flavonoide umfassen bestimmte gelbe, rote, blaue und violette Farbstoffe. Sie haben unter anderem normalisierende Wirkung auf die Durchlässigkeit der Gefäßwände, sind Radikalfänger, wirken krampflösend sowie schützend auf Zellen und beeinflussen das Herz- und Kreislaufsystem positiv. Beispiel für Flavonoiddrogen: Süßholzwurzel.
- Saponine hemmen das Wachstum von Mikroorganismen, insbesondere Pilzen, wirken lokal gewebereizend und auswurffördernd. Sie sind in höherer Dosierung giftig. Beispiele für Saponindrogen: Süßholzwurzel, Märzveilchenwurzel.
- Schleimstoffe sind kohlenhydrathaltige Stoffe, die in Wasser aufquellen. Sie wirken reiz- und entzündungsmildernd. Beispiele für

Schleimdrogen: Eibischwurzel, Malvenblätter und -blüten.

- Verschiedene Mineralstoffe (Mengen- und Spurenelemente) und Vitamine können über ihre Nährstofffunktion hinaus auch arzneilich wirken.

Gewürze

In der Küche der Römer waren Kräuter und Gewürze unentbehrlich. Eine Art Universalgewürz war »Liquamen«, auch »Garum« genannt, eine fermentierte Flüssigkeit, deren Zutaten – Fisch, Salz und getrocknete Kräuter – einem Fermentationsprozess unterzogen wurden. Die Würzkräuter für diese Sauce waren unter anderem Betonie, Bohnenkraut, Dill, Fenchel, Koriander, Liebstöckel, Minze, Oregano, Sellerie. Ein anderes beliebtes und ebenfalls wenig angenehm duftendes Gewürz war »Laser parthicum«, das aus dem Stinkasant *(Ferula asa-foetida)*, einer in asiatischen Wüstengebieten beheimateten Pflanze, hergestellt wurde.

Viele Küchenkräuter, darunter auch Bohnenkraut, Eberraute, Kerbel, Knoblauch, Koriander, Liebstöckel, Raute, Schnittlauch oder Senf, findet man in »Capitulare«, »Hortulus« und »St. Gallener Klosterplan«. Bei Hildegard von Bingen, die in der »Physica« eine Fülle noch heute üblicher oder auch in Vergessenheit geratener Würzkräuter anführt, wird – etwa bei ihren Ausführungen zu Salbei – deutlich, dass die Kräuter nicht nur als Heilmittel, sondern zugleich als Gewürze verwendet wurden.

Ab dem Hochmittelalter änderten sich die Würzgewohnheiten und man bevorzugte nun Orientalisches wie Pfeffer, Muskat, Kardamon, Ingwer,

Pfarrer Kneipp empfahl Gewürze, »… welche man entweder im Garten bauen kann oder welche wenigstens in unserem Heimatlande wachsen.« Sebastian Kneipp mit Patienten.

Zimt, Galgant oder Nelken. Ihren schlechten Ruf bekamen die exotischen Gewürze im Spätmittelalter. Gerade Anhänger der Reformorden wetterten sowohl gegen die Verschwendung, die diese teuren, da von weither importierten Spezereien darstellten, als auch gegen ihre angeblich aphrodisierende Wirkung. Pfarrer Kneipp sprach sich deutlich gegen diese Gewürze aus und wies auf die gesunde Würzkraft der Küchenkräuter wie Anis, Fenchel oder Kümmel hin.

Gewürze waren wesentliche Bestandteile von Honigkuchen, die es schon in der Antike und bei den Germanen gab. In den mittelalterlichen Klöstern verfeinerte man das Backen von Honigkuchen zur Kunst des Lebkuchenbackens. Das Wort »Lebkuchen« (mittelhochdeutsch »lebekuoche«) ist entweder aus dem lateinischen »libum« (Fladen) entlehnt oder von »Laib« als Bezeichnung für ungesäuertes Brot abgeleitet. Lebkuchen wurden in den Klöstern zu Festtagen verzehrt, Gönnern und anderen wichtigen Persönlichkeiten geschenkt und vor allem den Kranken zur Stärkung gereicht. Lebkuchengewürze – zur Gesundheitsförderung und Geschmacksintensivierung – waren nicht nur fremdländische Spezereien wie Pfeffer, Zimt, Gewürznelken oder Kardamon, sondern auch im Klostergarten wachsende Kräuter wie Koriander und Anis.

Der Brauereibetrieb im Zisterzienser-Kloster Aldersbach ist bereits für 1268 urkundlich bezeugt. Nach der Aufhebung des Klosters erwarb 1811 Johann Adam von Aretin die Brauerei, die seither als mittelständischer Betrieb der Familie von Aretin besteht. Plakat von 1876.

Kräuter- und Lebenselixiere

Das Wissen um die Wein- und Bierbereitung ist Jahrtausende alt. Griechen und Römer schätzten vor allem den Wein, Bier war bei Kelten und Germanen beliebt. Die Klöster nahmen die alten Traditionen des Weinbaus und des Bierbrauens wieder auf. Wein und Bier waren Getränke und zugleich Heilmittel. Noch häufiger als Honig, Essig oder Öl würzte man Bier oder Wein mit Kräutern. Solche Medizinalbiere und insbesondere -weine erfreuten sich großer Beliebtheit und gehörten zum Stammrepertoire nicht nur der Klosterärzte und -apotheker sowie der Kräuterbuchautoren, sondern waren bis ins 20. Jahrhundert geschätzte Mittel der Volksheilkunde: Pflanzenteile werden in Wein oder Bier eingelegt und ausgezogen, manchmal auch darin gekocht oder als Pflanzensaft beigegeben.

Auch als Genussmittel waren Würzweine, Würzbiere und Kräuterschnäpse oder -liköre geschätzt.

Wein: Anthimus schreibt in seinem Brief an den Frankenkönig Theode-

rich (siehe S. 50), das Trinken von Met, Bier und Wermutwein sei für alle sehr bekömmlich.

Viele Weinanwendungen gibt es im »Macer floridus«, unter anderem: Beifuß mit Wein gegen Gelbsucht, Kreuzkümmel mit Wein gegen Atemnot, Pfingstrosenwurzeln mit Wein nach der Geburt zur Gebärmutterreinigung, Ysop mit Wein zur Entspannung von Herz und Brust, Iriswurzel mit Wein gegen Husten und Schlafstörungen oder: »Falls zufällig ein Schädelknochen durch einen Schlag eingedellt worden ist, so schlimm, dass der Betroffene seine Sprache verloren hat, so mache, dass er erst einmal gestampfte Veilchen mit Wein zu sich nimmt ...«

Hildegard von Bingen lobt in »Causae et curae« den Wein sehr: »Der Wein ist nämlich das Blut der Erde und ist in der Erde wie das Blut im Menschen und hat eine Art Gemeinschaft mit dem Blut des Menschen ...« Aber sie warnt vor Trunkenheit und rät wie immer zum rechten Maß. Vor dem Genuss von Wasser warnt dagegen die Äbtissin,

weil es schwach sei und keine große Kraft besitze. Entsprechend gibt es auch in der »Physica« bei vielen Heilpflanzen Empfehlungen, sie mit Wein oder als Medizinalwein zu sich zu nehmen, etwa Akeleiwein und Salbeiwein gegen Verschleimung, Wein mit Veilchen-, Rosen- und Fenchelsaft gegen Sehschwäche.

Auch die Kräuterbücher der Renaissance bringen bei vielen Pflanzen Anwendungen für Medizinalweine. Sebastian Kneipp schätzte besonders den Rosmarinwein oder den Wermutwein. In »Oertel-Bauer's Heilpflanzen-Taschenbuch« (1908) gibt es Rezepte für Salbeiwein, Malvenwein oder Wermutwein.

Der schon im frühen Mittelalter beliebte und noch heute geschätzte Maiwein war vor allem Genussmittel. Auch Met, so genannter Honigwein, diente als Getränk und als Auszugsmittel für Heilpflanzen.

Bier: Da in Mitteleuropa nur bestimmte Gegenden für den Weinbau geeignet sind, mussten viele Klöster Auswege ersinnen: dem Klima zum Trotz Anbauversuche wagen, Wein-

Klosterschnäpse und -liköre wie der seit 1922 hergestellte Schweiklberger Geist – heute wird er in einer modernen Anlage abgefüllt – stehen in einer alten Tradition.

berge in Weinbaugebieten erwerben, Wein importieren und schließlich: auf Bier ausweichen. Bier war aber kein Notbehelf, denn als »flüssige Nahrung« war es auch in Fastenzeiten erlaubt, und wie dem Wein wurden auch dem Bier verschiedene gesundheitliche Wirkungen zugeschrieben. Auch Hildegard von Bingen empfiehlt Bier als Getränk, da es das Fleisch des Menschen fett mache und dem Antlitz eine schöne Farbe gebe. Im »St. Gallener Klosterplan« sind 3 Braustätten verzeichnet.

Als Bierwürze verwendete man verschiedene Bitterstoffpflanzen wie Gundermann oder Schafgarbe. Die Benediktiner förderten die Verwendung von Hopfen (siehe S. 133f.) und dessen Anbau. Andere Bierwürzen sowie die Weiterverarbeitung des fertigen Bieres mit Hilfe verschiedener Kräuter zu Würz- und Medizinalbieren waren aber weiterhin üblich. Noch die bürgerlichen Kochbücher

des 19. und frühen 20. Jahrhunderts bringen Rezepte für Biersuppe, in die kräftigende Zutaten wie Eigelb und verschiedene Gewürze gegeben wurden. Viele Brauereien sind aus Klosterbrauereien entstanden, manche noch immer in klösterlichem Besitz.

Schnäpse und Liköre: Auch die Herstellung von Kräuterschnäpsen und -likören geht auf Überlieferungen und Rezepte der Klöster zurück. Berühmte Beispiele für wohlschmeckende und verdauungsfördernde alkoholische Getränke sind Chartreuse, Bénédictine oder der Ettaler Klosterlikör. Als Heil- und Genussmittel zugleich gedacht war wohl die in »Oertel-Bauer's Heilpflanzen-Taschenbuch« (1908) angegebene Tinktur, »die an Geschmack und Wirkung dem weltbekannten Benediktiner gleichkommt« und für die man Angelika (Engelwurz), Anis, Melisse, Pfefferminze, Rainfarn in Weingeist ausziehen lässt, den Auszug nach dem Filtern mit Wasser verdünnt, mit Zucker süßt und mit Safran färbt.

Die in der frühen Neuzeit vor allem von den Karmelitenorden als eine Art Universalheilmittel entwickelten Melissengeiste (vergleiche S. 105) sind auch heute noch geschätzt. Der Echte Regensburger Karmelitengeist wurde, basierend auf einem Rezept des 14. Jahrhunderts, 1721 kreiert. Der ebenfalls in der alten Melissengeist-Tradition stehende Schweiklberger Geist wird seit 1922 im Kloster Schweiklberg bei Vilshofen nach einer Rezeptur produziert, die Abt Cölestin Maier einem Schnapsfabrikanten abgekauft hatte. Das Hausmittel wird heute streng nach dem Arzneimittelgesetz

hergestellt: Gemahlene Gewürze – Muskat, Nelken, Zimt, Wacholder, Enzian, Kalmus und Ginseng – werden 2 Wochen lang in fast 100-prozentigem Alkohol eingelegt. Aus Melisse und unbehandelten Zitronenschalen hergestellte Essenzen werden beigemischt. Das Brennen dauert 2 Tage.

OBST UND GEMÜSE

Ferner glaube ich, behaupten zu können, dass die Leute, welche mehr an Vegetabilien gewöhnt sind, hierdurch größere Vorteile für ihre Gesundheit haben.

SEBASTIAN KNEIPP (1821–1897): SO SOLLT IHR LEBEN

In mittelalterlichen Gärten wuchsen bereits viele unserer traditionellen Gemüse- und Obstarten wie Zwiebeln und Kohlrabi, Lauch und Flaschenkürbisse, Melonen und Pfirsichbäume. Manch andere dort vertretene Arten wie Pastinak, Gartenmelde oder Smyrnerkraut sind fast oder ganz in Vergessenheit geraten.

Unter Gemüse versteht man Pflanzen oder ihre Organe, die in gekochtem oder konserviertem Zustand gegessen werden. Als Salate bezeichnet man sie, wenn man sie – roh oder gekocht und meist kalt – mit Essig und Öl sowie besonderen würzenden Zutaten isst. Je nach dem verwendeten Pflanzenteil unterscheidet man beispielsweise Wurzelgemüse wie Mohrrübe oder Schwarzwurzel, Knollengemüse wie Kohlrübe oder Radieschen, Stängelgemüse wie Spargel, Blattgemüse und Blattsalate wie Weißkraut oder Kopfsalat.

Als Obst fasst man Früchte und Samen zusammen, die vorzugsweise roh gegessen werden und meist süß oder säuerlich schmecken. Obst unterscheidet man – ohne Rücksicht auf botanische Kriterien – oft in Kernobst, Steinobst, Beerenobst und Schalenobst. Manche Obstsorten enthalten viel Zucker und können frisch oder getrocknet als Süßungsmittel dienen, was man sich früher, als Zucker teuer war, gern zunutze machte.

Nährstoffe für den Menschen

Nährstoffe für den Menschen werden in Grundnährstoffe (Kohlenhydrate, Proteine, Fette) und essenzielle Nährstoffe unterschieden. Essenzielle Nährstoffe kann der menschliche Organismus nicht oder nicht in ausreichendem Maße aus einfacheren Bausteinen selbst herstellen: essenzielle Aminosäuren, Vitamine, Mineralstoffe (Mengen- und Spurenelemente), essenzielle Fettsäuren. Obst und Gemüse sind insbesondere reich an Kohlenhydraten, Vitaminen, Mineralstoffen und ungesättigten und mehrfach ungesättigten Fettsäuren.

Vitamine sind in geringen Mengen benötigte und für bestimmte Lebensfunktionen unentbehrliche Wirkstoffe. Man unterscheidet fett- und wasserlösliche Vitamine. Beispiele fettlöslicher Vitamine: Axerophthol (Retinol, Vitamin A) wird direkt aus tierischen Nahrungsmitteln oder als Provitamin A, insbesondere als Beta-Carotin aus Obst und Gemüse, gewonnen. Tocopherol (Vitamin E) kommt in Pflanzenölen, Weizenkeimen, Schalenobst vor. Beispiele für wasserlösliche Vitamine sind Vitamin C oder Folsäure.

Mineralstoffe werden vom Menschen als Mengen- und als Spurenelemente benötigt. Beides liefern verschiedene Obst- und Gemüsearten. Wichtige Mengenelemente sind Kalzium, Kalium, Magnesium, wichtige Spurenelemente Chrom, Eisen, Jod, Selen, Zink.

Fettsäuren sind Bausteine der Fette. In Pflanzennahrung enthalten sind vor allem einfach ungesättigte und mehrfach ungesättigte Fettsäuren, die in Omega-3-Fettsäuren und Omega-6-Fettsäuren unterteilt werden. Essenziell sind die Omega-6-Linolsäure und die Omega-3-Alpha-Linolensäure. Der Anteil an Omega-6-Fettsäuren in der Nahrung sollte zugunsten der Omega-3-Fettsäuren, die in fettem Seefisch, aber auch in Leinöl, Rapsöl und Walnussöl enthalten sind, reduziert werden. Einfach und mehrfach ungesättigte Fettsäuren können helfen, den Cholesterinspiegel zu senken.

Bioaktive Pflanzenstoffe

In pflanzlichen Lebensmitteln sind auch so genannte bioaktive Stoffe enthalten. Anders als die Nährstoffe sind sie nicht primär lebensnotwendig, entfalten jedoch – regelmäßig und in ausreichenden Mengen genossen – vielfältige gesundheitsfördernde Wirkungen und verringern das Risiko für bestimmte Krankheiten. Zu den bioaktiven Substanzen gehören:

Substanzen in fermentierten Lebensmitteln wie Sauerkraut oder andere milchsauer vergorene Gemüse: Milchsäure und andere Substanzen hemmen schädliche Mikroorganismen, beugen Krebs vor, stärken das Immunsystem und senken den Cholesterinspiegel.

Ballaststoffe sind Kohlenhydrate, die im Darm des Menschen von den Verdauungssäften chemisch nicht zerlegt werden können. Ein Teil der Ballaststoffe wird von den Darmbakterien unter Bildung von darmfreundlichen Säuren abgebaut. Wichtige Ballaststoffe sind Cellulose, Hemicellulosen, Lignine und Pectine. Sie wirken vorbeugend gegen Krebs, stärken das Immunsystem und senken den Cholesterinspiegel.

Sekundäre Pflanzenstoffe: Die Kenntnisse über ihre wohltuenden Wirkungen auf den menschlichen Organismus, wenn sie mit pflanzlichen Nahrungsmitteln aufgenommen werden, sind relativ neu. Einen Anstoß, sich mehr mit den sekundären Pflanzenstoffen in unserer Nahrung zu beschäftigen, brachte insbesondere die Krebsforschung. In vielen Studien ergaben sich deutliche Hinweise für eine günstige Wirkung. Sekundäre Pflanzenstoffe sind auch Antioxidanzien, das heißt, sie können aggressive Sauerstoffverbindungen, die so genannten freien Radikale, unschädlich machen. Diese entstehen verstärkt bei Alterungsvorgängen, Krankheit, Rauchen, Ernährungsfehlern, überhaupt negativem Stress. Sie schädigen Zellen und Gewebe und werden verdächtigt, an der Entstehung verschiedener Krankheiten beteiligt zu sein. Auch manche Vitamine und Mineralstoffe wie Vitamin C oder Selen sind Antioxidanzien.

Im Folgenden sind die wichtigsten Stoffgruppen sekundärer Pflanzenstoffe in unserer Nahrung mit Beispielen für ihr Vorkommen in Obst und Gemüse aufgeführt.

*Mohrrüben enthalten neben Ballast-
stoffen, Vitaminen und Mineralstoffen auch die Gesundheit fördernde
bioaktive Stoffe, insbesondere Carotinoide und Polyphenole.*

- Carotinoide: gelb, orange, rot und
  dunkelgrün gefärbte Obst- und
  Gemüsearten wie Aprikosen, Kürbis, Möhren, Spinat.
- Phytosterine: fettreiche Samen wie
  Walnusskerne und Mandeln.
- Saponine: Hülsenfrüchte wie Bohnen, Erbsen, Linsen; Spargel, Spinat.
- Glucosinolate: Kohlgemüse, Meerrettich, Rettich.
- Polyphenole (beispielsweise Flavonoide oder Phenolsäuren): Äpfel, Auberginen, Kirschen, Pflaumen, Rotkohl (Flavonoide);
  Birnen, Erdbeeren, Walnusskerne
  (Phenolsäuren).
- Protease-Inhibitoren: Hülsenfrüchte wie Bohnen, Erbsen, Linsen.
- Monoterpene: Gewürze wie Anis,
  Fenchel, Kümmel, Lavendel, Rosmarin, Salbei, Ysop; Äpfel, Aprikosen.

- Phytoöstrogene: Hülsenfrüchte.
- Sulfide: Lauchgewächse wie Knoblauch, Lauch, Schnittlauch, Zwiebeln.
- Phytinsäure: Hülsenfrüchte, Mandeln, Walnusskerne.

Vorbeugend gegen Krebs wirken sämtliche Stoffgruppen. Andere
günstige Wirkungen: hemmend auf
Bakterien, Pilze und Viren (Saponine,
Glucosinolate, Polyphenole, Monoterpene, Sulfide), antioxidativ (Carotinoide, Polyphenole, Protease-Inhibitoren, Phytoöstrogene, Sulfide,
Phytinsäure), stärkend auf das Immunsystem (Carotinoide, Saponine,
Polyphenole, Sulfide, Phytinsäure),
Cholesterin senkend (Carotinoide,
Phytosterine, Saponine, Glucosinolate, Sulfide).

Küchengeheimnisse

Die Römer schätzten nicht nur Küchenkräuter, sondern auch Obst und
Gemüse, wie das so genannte Kochbuch des Marcus Gavius Apicius
zeigt, das gegen Ende des 4. Jahrhunderts n. Chr. in der heutigen Form
vorlag und wahrscheinlich ein Sam-
melwerk verschiedener Autoren und
aus verschiedenen Zeiten ist. Neben
Hülsenfrüchten werden darin unter
anderem Gurken, Kürbis, Pastinak,
Kohl, Lauch oder verschiedene Zwiebeln verwendet. An Obst sind aufge-
boten etwa Birne, Haselnuss, Feige,
Granatapfel, Quitte, Kürbis, Melone.
In den Klöstern wurde die römische
Kochkunst weiter gepflegt und wei-
terentwickelt.

Antike und germanische Traditionen berücksichtigt der griechische
Arzt Anthimus, der an der Wende
vom 5. zum 6. Jahrhundert am Hof
des Ostgotenkönigs Theoderich des

Großen in Ravenna lebte. Sein Brief
mit Ernährungsratschlägen an den
ebenfalls Theoderich heißenden frän-
kischen König ist Teil des »Lorscher
Arzneibuchs«. Anthimus widmet
Obst und Gemüse einen großen Teil
dieses Briefes. So schreibt er etwa,
dass Malve, Mangold und Lauch
immer zuträglich seien, Kohl dagegen
nur im Winter gegessen werden solle,
da er im Sommer schwarze Galle er-
zeuge. Er gibt verschiedene rezeptar-
tige Zubereitungsratschläge etwa für
Steckrüben, Spargel, Saubohnen, Linsen, Pastinak oder Quitten.

Gemüse und Obst hatten große Bedeutung für die Klosterküche, da es
viele Abstinenz- und Fastentage gab.
An Abstinenztagen war das Fleisch
warmblütiger Tiere zu meiden und an
Fastentagen hatte man sich auf eine,
meist fleischfreie, Mahlzeit zu be-
schränken. Im »Capitulare« und im
»St. Gallener Klosterplan« kommen
viele Obst- und Gemüsearten vor.
Walahfrid Strabo beschreibt im
»Hortulus« Flaschenkürbis, Melone
und Sellerie als Nahrungspflanzen.
Berühmt ist das »Kochrezept« für
den Kürbis:

*Ja, solange die Frucht des Kürbis
noch saftig und zart ist,
Ehe die Flüssigkeit, die sie im In-
nern birgt, beim späten
Nahen des Herbstes vertrocknet
und rings die Schale verholzet,
Sehen wir sie nicht selten mit an-
deren köstlichen Speisen
Umgehn am Tische; getränket im
Fett der dampfenden Pfanne,
Mögen fürwahr die wohlzuberei-
teten Stücke gar manchmal
Trefflich den Nachtisch versehen
als süße Delikatesse.*

Bei Hildegard von Bingen findet man schon manche rezeptähnliche Anweisung zur Zubereitung von Obst oder Gemüse, wobei vor allem gesundheitliche Wirkungen maßgebend sind. Sie schreibt etwa zu den Formen des »Latich« *(Lactuca sativa)*, wohl einer Vorform unseres Kopfsalats: »Wer sie daher essen will, der beize sie zuerst mit Dill oder mit Essig oder mit etwas anderem, sodass zweimal für kurze Zeit übergossen werde, bevor gegessen wird.« Im Mittelalter hielt man Rohkost für ungesund, sodass Hildegard mit ihrer Warnung vor dem Verzehr ungekochter oder ungebeizter Kost nicht allein steht. Auch die Kräuterbücher des 16. Jahrhunderts beschäftigen sich mit Obst und Gemüse in erster Linie unter medizinischen und weniger unter kulinarischen Gesichtspunkten.

Kochbücher als Schriften, in denen mehr oder weniger genaue Rezepte für die Zubereitung verschiedener Speisen gesammelt sind, gibt es in Europa ab dem 14. Jahrhundert. Aus dieser Zeit gibt es Werke französischer und englischer Autoren sowie die älteste erhalten gebliebene deutschsprachige Sammlung, das »Buoch von guter spîse«. Es entstand um 1350 in Würzburg und entstammt wohl der bischöflichen Hofhaltung. Aus dem 15. Jahrhundert sind eine Reihe von Handschriften aus klösterlichen oder fürstlichen Haushaltungen erhalten sowie erste gedruckte Kochbücher. Im 16. Jahrhundert haben sich unter den Kochbuchautoren auch zwei Frauen hervorgetan: die Arztgattin Anna Wecker und die Herzogin Philippine Welser. Beide fühlten sich nicht nur gutem Essen und fachkundiger Haushaltsführung verpflichtet, sondern auch dem Gesundheitswert der Speisen.

Anna Wecker führte in Colmar ein großes Haus und ihr Kochbuch, das auf Angehörige des wohlhabenden Bürgertums zielt, ist aus der Praxis entstanden. Ihre Rezeptsammlung kam erst 1597, nach ihrem Tod, in 1. und gleich darauf 1598 in 2. Auflage heraus. Sie ist in 4 Kapitel unterteilt: »Von Mandel / Gersten vnd allerley Gemüß«, »Von allerley dürrem und grünem Obs«, »Von allerhand Fleischwerck / wildes vnd zames« und »Von allerhand Fischen / Sülzen vnd Sössen«. Ungewöhnlich für die damalige Zeit ist, dass Obst und Gemüse vor dem Fleisch behandelt werden und das Fleischkapitel nur 20 Prozent des Rezeptteils einnimmt.

Philippine Welser (1527–1580) aus dem berühmten Augsburger Patriziergeschlecht vermählte sich 1557 heimlich mit Erzherzog Ferdinand, einem Sohn Kaiser Ferdinands I. Die glückliche, aber unstandesgemäße Ehe musste auf Befehl des erzürnten Kaisers geheim bleiben und wurde erst 4 Jahre vor Philippines Tod durch Papst Gregor XIII. legitimiert. Philippine interessierte sich für Heilkunde und gesunde Ernährung, was ihrem stets kränkelnden Gatten zugute kam. Die Rezeptsammlung hatte sie aus Augsburg mitgebracht und teilweise ergänzt. Auch in ihr nehmen entgegen den damaligen Essgewohnheiten reicher Bürger und Adeliger Gemüse und Obst – oft in Pasteten, Breien, Torten verarbeitet – einen großen, Fleisch einen geringen Teil ein.

Im 19. Jahrhundert entstanden bürgerliche Kochbücher, verfasst von Hausfrauen oder angestellten Köchinnen, später auch von Hauswirtschaftslehrerinnen. Beispiele sind Henriette Davidis' »Praktisches Kochbuch« oder Maria Anna Neudeckers »Die Bayerische Köchin«. Solche Kochbücher waren in den meisten bürgerlichen Haushalten vorhanden und sie erlebten oft bis ins 20. Jahrhundert viele Auflagen. Die Fleischspeisen nehmen einen großen Raum ein, aber man sieht auch, welche Gemüse- und Obstspeisen in der damaligen Zeit in wohlhabenderen

Obst- und Gemüsespeisen waren bereits in der bürgerlichen Küche der frühen Neuzeit geschätzt. Holzschnitt »Bürgerliche Familie« (16. Jahrhundert).

Haushalten oder in guten Lokalen gekocht wurden. Ausführlich behandelt werden meist auch Konservierungsrezepte für Obst und Gemüse wie Einlegen in Essig oder Öl, Marmeladebereitung, Trocknen – Verfahren, die vielfach bereits in den Klöstern praktiziert wurden.

Die Reformbewegung des 19. Jahrhunderts nahm sich erneut der richtigen Ernährung an. Auch Sebastian Kneipp verurteilte das in wohlhabenden Kreisen übliche zu üppige und mit tierischem Eiweiß überlastete Essen als gesundheitsschädlich und empfahl, mehr Gemüse und Obst zu essen, insbesondere als Rohkost. Diese Mahnung – überflüssig in den Kriegs- und Nachkriegszeiten – bekam im 20. Jahrhundert mit wach-

sendem Wohlstand und Rückgang der Lebensmittelpreise Bedeutung für fast alle Kreise der Bevölkerung und spiegelt sich in neueren Kochbüchern.

Obst- und Gemüsesorten

Vor allem durch Auslese und Kreuzungszüchtung sind über die Jahrhunderte spezifische, teilweise familieneigene Obst- und Gemüsesorten entstanden, die an bestimmte lokale Bedingungen angepasst sind. Im 17. und 18. Jahrhundert begannen zudem Unternehmen, Saatgut für Gemüse zu züchten und damit zu handeln. Ende des 19. Jahrhunderts gab es in Mitteleuropa eine sehr große Vielfalt an Sorten. In den 1930er-Jahren begann dann ausgehend von Deutschland eine Landwirtschaftspolitik, die mit Sortenbereinigung und restriktiven Bestimmungen für den Saatguthandel vor allem eine Produktionssteigerung erzielen wollte. Das Verschwinden vieler be-

währter Sorten wird inzwischen aus mehreren Gründen als problematisch erkannt und es gibt nationale und internationale Bemühungen, die regionale und überregionale Sortenvielfalt zu erhalten.

Durch Aussaat ist die Vermehrung von Pflanzen unter Beibehaltung ihrer Sortenmerkmale nicht möglich, da diese nach den Mendel'schen Gesetzen aufspalten. Bei Gehölzen wie Rosen und Obstbäumen werden die Sorten deshalb durch Veredeln vermehrt. Bei diesem Verfahren wird ein abgeschnittener Knospen tragender Teil der gewünschten Sorte (Edelreis) auf einen bewurzelten und entsprechend zugeschnittenen Spross einer verwandten Pflanze (Unterlage) übertragen. Die beiden Teile verwachsen unter Bildung eines Kallusgewebes miteinander. Die Veredelungstechniken sind: 1. Okulieren: Eine Einzelknospe des Edelreises wird unter die durch T-förmigen Einschnitt an einer Stelle gelöste Rinde der Unterlage geschoben. 2. Kopulieren: Gleich starke Sprosse von Edelreis und Unterlage lässt man miteinander verwachsen. 3. Pfropfung: Das Edelreis wird in die meist wesentlich größere Unterlage gesteckt.

Die Veredelungskunst haben die Römer nach Mitteleuropa gebracht. Entsprechend sind auch die Fachausdrücke pelzen (veredeln) vom lateinischen »impeltare« (einpfropfen), pfropfen von »propagare« (fortpflanzen), okulieren von »oculus« (Auge), kopulieren von »copulare« (eng verbinden) abgeleitet. Ab der Karolingerzeit wurde auf den königlichen Meierhöfen und in den Klostergärten dem Obstbau große Aufmerksamkeit geschenkt. Auch die

Bereits im 17. und 18. Jahrhundert war in den Niederlanden der erwerbsmäßige Gemüseanbau weit entwickelt und man züchtete auch neue Gemüsesorten und -arten. »Die schöne Gemüsehändlerin« von einem unbekannten Künstler des 17. Jahrhunderts nach einem flämischen Meister des 16. Jahrhunderts.

Bauern betrieben Obstbau, wenn auch die Veredelung meist den »Obezherrn«, die durch die Lande zogen, überlassen blieb.

Im 15. und insbesondere im 16. Jahrhundert nahm das Interesse am Obstbau zu, was sich auch im Erscheinen mehrerer »Pelzbücher« zeigt. Viele von ihnen basieren auf dem frühesten bekannten Pelzbuch des Obezherrn Gottfried von Franken aus der Mitte des 14. Jahrhunderts. Im Zeitalter der Renaissance galt die Beschäftigung mit Obstbau und Veredeln auch bei Vertretern höchster Kreise für angemessen. So erschien 1571 ein von Kurfürst August von Sachsen verfasstes »Künstlich Obst- und Gartenbuch«, das mehrere Auflagen erlebte. Auch Colerus widmet in seinem Gartenwerk dem Obstgarten und der Veredelung besondere Aufmerksamkeit. Um die Sortenvielfalt haben sich über viele Jahrhunderte Pfarrer mit ihrer Arbeit im Pfarrhausgarten verdient gemacht.

WASCH- UND FÄRBE-PFLANZEN

Das Bohnenstroh verbrennen sie,
mit der daraus entstehenden
Asche waschen sie die Leinwand.
Sie bedienen sich keiner Seife.
Auch die äußeren Mandelschalen
verbrennen sie und bedienen
sich derselben statt Soda.
Erst waschen sie die Wäsche
mit Wasser und dann mit
solcher Lauge.

JOHANN WOLFGANG VON GOETHE
(1749–1832):
ITALIENISCHE REISE

Auch technisch nutzbare Pflanzen hat man in Gärten, später teilweise auf Feldern angebaut: Faserpflanzen wie Hanf und Lein, Insektizide liefernde Pflanzen wie Walnuss oder Rainfarn oder Pflanzen, aus denen man Waschlaugen und Farbstoffe gewinnen konnte.

Waschen mit Pflanzen

Zum Waschen schmutziger Wäsche stellt man Waschmittellösungen her, legt die Wäschestücke darin ein und bearbeitet sie mechanisch – früher von Hand und mit Hilfe von Waschbrett, Stampfer, Bürste und ähnlichem Gerät, heute meist in der Waschmaschine.

Die Wirkung eines Waschmittels beruht auf seinem Gehalt an Tensiden. Diese waschaktiven Substanzen verringern die Oberflächenspannung des Wassers und wirken dadurch netzend und schmutzlösend. Da Seife besonders in hartem Wasser Ablagerungen und Vergilbungen auf der Wäsche entstehen lässt, hat man vor der Entwicklung der synthetischen Waschmittel gern die Tenside von Pflanzen genutzt, insbesondere die Saponine (siehe S. 46) verschiedener Arten. Diese sekundären Pflanzenstoffe haben seifenähnliche Merk-

Nicht mit synthetischem Waschmittel, sondern vielleicht mit Hilfe von Pottasche oder Seifenkrautwurzel wird hier gewaschen. Holzschnitt »Der Windeln waschende Mann« (16. Jahrhundert).

male und schäumen, wenn man sie in Wasser einrührt.

Zum Waschen verwendete man früher neben Seifenkraut und Efeu unter anderen die Samen von Rosskastanie *(Aesculus hippocastanum)* und Kornrade *(Agrostemma githago)* oder die Wurzel der heute in der Natur gefährdeten, bisweilen in Gärten gepflanzten Schlangenwurz *(Calla palustris)*, die auch »Seifer« hieß. Reling/Brohmer berichten, dass die Tataren die heute noch als Gartenpflanze beliebte Brennende Liebe *(Lychnis chalcedonica)*, die darum auch Tatarenseife heiße, verwendet hätten. Aus den Samen der Rosskastanie wurde vor allem für dunkle Textilien geeignete Waschbrühe hergestellt. Man hat dafür die Samen entweder getrocknet, zu Pulver vermahlen und dieses dem Waschwasser zugegeben oder die zerkleinerten Samen längere Zeit in Wasser gekocht. Die Kornrade nennt Albertus Magnus »nigella« (siehe S. 124), beschreibt sie als eine im Getreide wachsende Pflanze und als Waschpflanze, von deren Mehl manche Walker behaupten würden, dass es Wolle rein weiß wasche.

Färben mit Pflanzen

Seit Jahrtausenden färben Menschen Gegenstände oder den eigenen Körper. Erst im 19. Jahrhundert kamen synthetisch erzeugte Farbmittel auf, zuvor verwendete man Naturfarbstoffe. Anorganische Naturfarbstoffe erhielt man etwa aus Mineralien wie Lapislazuli oder Malachit, organische gewann man aus dem Tierreich – beispielsweise Purpur aus der Purpurschnecke – und insbesondere aus dem Pflanzenreich. Zahllose

Pflanzen haben färbende Inhaltsstoffe, verhältnismäßig wenige davon allerdings in zum Färben ausreichender Menge. Diese bezeichnet man als Färbepflanzen.

Die meisten Pflanzenfarbstoffe gehören folgenden Gruppen an: Carotinoide (Safran, Ringelblume), Flavonoide (Flavone: Färberwau, Färberginster, Färberscharte; Anthocyane: Stockrose, Kornblume, Heidelbeere), Indigo (Färberwaid), Betalaine (Rote Bete, Kermesbeere), Anthrachinone (Alizarin des Krapps).

Zahlreiche Namen von heute nur noch selten in der Wildflora vorkommenden einstigen Kulturpflanzen zeugen von ihrer Verwendung als Färbepflanzen, beispielsweise die gelb färbenden Färberkamille *(Anthemis tinctoria)*, Färberscharte *(Serratula tinctoria)*, Färberdistel *(Carthamus tinctorius)*, Färberginster *(Genista tinctoria)* und der rot färbendende Färbermeier *(Asperula tinctoria)* sowie Färberröte (siehe S. 203f.), Färberwaid (siehe S. 199ff.), Färberwau (siehe S. 209).

Auch andere Kultur- und Wildpflanzen wurden zum Färben gebraucht, etwa Zwiebelschalen für Brauntöne, Walnussschalen für Dunkelbraun, Kornblumenblüten für Blau, Holunderbeeren für Violett oder Brennnesselblätter für Grün.

Um einigermaßen licht- und waschechte Farben zu erhalten, war meist eine Vorbehandlung in Form des so genannten Beizens (siehe S. 204) mit Metallsalzen nötig, das zudem auch verschiedene Farbtöne bewirken kann. Färben mit Beizen war bereits in der Antike bekannt, in Mitteleuropa wurde es erst ab dem

Neben den Kunst- oder Schönfärbern, denen außer Blau die ganze Palette der Textilfarben zur Verfügung stand, gab es bereits früh das Gewerbe der Schwarzfärber, die auch Schlecht- oder Schlichtfärber hießen. Holzschnitt »Schwarzfärber« (16. Jahrhundert).

Mittelalter üblich. Beim Färberwaid wird mit Küpenfärbung gearbeitet (siehe S. 202).

Einfacher war das Färben der Speisen, das im Mittelalter und in der frühen Neuzeit in einem heutzutage unvorstellbaren Maß beliebt war. Da servierte man schwarz gefärbtes Apfelmus, grüne Spanferkel oder karmesinrote Hühnerpastetensauce. So wie man den natürlichen Geschmack einer Speise durch intensives Würzen zu überdecken trachtete, wollte man auch das naturgegebene Aussehen durch Form- und Farbveränderungen verfremden. Zum Gelb- oder Goldfärben wurde mit Vorliebe Safran verwendet. Grüne Farbe erreichte man beispielsweise mit Petersilie, Mangold oder Spinat, Blautöne mit Blüten der Akelei, der Kornblume oder des Märzveilchens, Rot mit dem Saft der Roten Bete, Violett- und Purpurtöne mit schwarzen Kirschen, Heidel-, Maul- und Holunderbeeren.

Pflanzen-Porträts

Ausgewählt wurden wichtige Zier- und Nutzpflanzen, die

- mindestens seit dem 16. Jahrhundert in mitteleuropäischen Gärten wachsen,
- aus der mitteleuropäischen Flora, dem Mittelmeerraum oder aus Asien stammen,
- früher bedeutsam waren oder heute noch geschätzt sind.

Die vorgestellten Arten gehören zu den Holzgewächsen oder den krautigen Pflanzen.

Holzgewächse sind als Bäume oder Sträucher ausdauernde Pflanzen mit verholzter Sprossachse. Bei den Halbsträuchern sterben die oberen, krautigen Teile alljährlich ab, während der untere, verholzte Teil des Stängels ausdauernd ist. Die meisten heimischen Laubgehölze sind sommergrün, werfen also im Herbst ihre Blätter ab.

Krautige Pflanzen sind in ihren oberirdischen Sprossteilen unverholzt. Stauden leben mehrere Jahre und haben zur Überdauerung unterirdische Organe oder der Erde anliegende oberirdische Erneuerungsknospen. 1-jährige Pflanzen überdauern als Samen und keimen, wachsen, blühen, fruchten und sterben in einem Jahr, 2-jährige Pflanzen keimen und wachsen im 1., überwintern oft mit einer Blattrosette und blühen, fruchten und sterben im 2. Jahr.

Anordnung der Pflanzen: Die Pflanzen erscheinen nach ihrer im vorherigen Kapitel beschriebenen Verwendung in Gruppen: Zier- und Symbolpflanzen, Arznei- und Gewürzpflanzen, Gemüse, Obst, Wasch- und Färbepflanzen. Manchmal war eine Zuordnungsentscheidung nach der Hauptverwendung nötig. Unter dem Namen einer Hauptart erscheinen ähnliche Pflanzenarten, wobei die Ähnlichkeit sich nicht auf botanische Merkmale, sondern auf vom Menschen hergestellte Verbindungen bezieht. Innerhalb einer Gruppe sind die Hauptarten nach ihrem Erscheinen in mitteleuropäischen Gärten angeordnet – so gut es nach heutigem Wissenstand nachvollziehbar ist. Die Porträts beschäftigen sich mit Namen und Geschichte, der Verwendung in Vergangenheit und Gegenwart, Mythologie und Brauchtum.

Botanik: Angaben dazu stehen bei den Hauptarten in einem Kasten, bei den der Hauptart zugeordneten Arten am Beginn des Porträts. Neben weiteren deutschen Namen und der Pflanzenfamilie sind Merkmale insbesondere der Blätter, Blüten und Früchte genannt. Vermerkt sind wichtige Standorte der wild wachsenden Populationen in Mitteleuropa, ein zerstreutes (das Verbreitungsgebiet hat größere Lücken) oder seltenes (nur an wenigen Orten des Verbreitungsgebiets) Vorkommen sowie natürliche Verbreitung beziehungsweise Kultivierung in verschiedenen Regionen der Erde.

Die Giftigkeit einer Pflanze ist der Fachliteratur folgend als »giftig«, »stark giftig« (es drohen schwere Vergiftungserscheinungen) und »sehr stark giftig« (in geringen Mengen bereits lebensbedrohend) angegeben. Der Schutzstatus der wild lebenden Populationen wurde der »Liste der in Deutschland besonders und streng geschützten Tier- und Pflanzenarten« des Bundesamtes für Naturschutz entnommen. Für Österreich und die Schweiz gelten teilweise andere Schutzbestimmungen.

Anbau im Garten: Ausführlichere Hinweise dazu stehen bei den Hauptarten in einem Kasten, bei den zugeordneten Arten gibt es knappere Angaben am Ende des Porträts.

Verwendung als Heilpflanze: Die Ausführungen sind nicht als Behandlungshinweise gedacht, sondern als Informationen zu einem Nutzungsaspekt der Pflanze. Wenn nicht anders angegeben, sind stets die getrockneten Pflanzenteile (Drogen) gemeint. Wichtige Inhaltsstoffe werden als Wirkstoffgruppen genannt. »Phytotherapie« meint die heutige Verwendung in der naturwissenschaftlich orientierten Medizin (Schulmedizin). Diese setzt Heilpflanzen als Drogen (getrocknete Pflanzenteile) oder in anderen Zubereitungen ein, wenn Wirkung und Wirksamkeit mit experimentellen Methoden erwiesen sind oder sich durch wiederholte und langjährige Beobachtung an kranken Menschen gezeigt haben.

Die auf Erfahrung und Tradition, manchmal auch auf Sympathieglauben und Pflanzenmagie gegründete Verwendung einer Pflanze als Hausmittel wird unter »Volksmedizin« angeführt. Auf Angaben zu Homöopathie, die eigenen Prinzipien folgt, wurde verzichtet.

Besonders gekennzeichnet (»Achtung!«) sind Warnungen hinsichtlich der Verwendung der Pflanze.

Essigrose

Rosa gallica, andere Gartenrosen und die
»Rose ohne Dornen«

*Ave gloriosa
Megede, Kuniginne,
Schone Himmelrose
Menschen Loserinne
Der Engel Kaiserinne.*

AUS EINEM ALTEN MARIENLIED

Gartenrosen wurden erstmals wahrscheinlich in Persien und Babylonien gezüchtet. Von dort gelangten sie nach Ägypten, Griechenland und Italien. Auch im Alten Testament werden verschiedentlich Rosen – etwa die »Rose im Tal« im Hohen Lied – erwähnt, bei denen es sich aber um Feuerlilien handeln soll. Die Essigrose, die man heute als Stammpflanze sehr vieler Gartenrosen betrachtet, und die Weiße Rose (*Rosa alba*) sind vermutlich die ältesten Kulturrosen.

Auch die bei den antiken Schriftstellern genannten Rosen waren – so wird allgemein angenommen – die auch in Mitteleuropa wild vorkommende Essigrose und daraus abgeleitete Züchtungen. Schon Herodot erwähnt Gartenrosen: Sie wuchsen in den Gärten des Midas in Mazedonien, hatten jeweils 60 Blütenblätter und waren äußerst wohlriechend. Vielblättrige – 12-, 20-, 100-blättrige – Rosen kannte auch Theophrast. Plinius erwähnt eine in Kampanien wachsende »centifolia«.

Sehr wahrscheinlich handelt es sich auch bei den in »Capitulare«, »Hortulus« und »St. Gallener Klosterplan« genannten »rosae« jeweils um die Essigrose und vielleicht bereits davon abgeleitete Züchtungen. Hildegard von Bingen kennt »rosa« (Gartenrose) und »hyffa« (wilde Rose). Albertus Magnus unterscheidet mehrere Rosen: rote und weiße Gartenrosen, Heckenrose und Weinrose. Die Kreuzfahrer sollen im 13. Jahrhundert die Damaszenerrose *(Rosa damascena)* nach Mitteleuropa gebracht haben. Leonhart Fuchs nennt weiße und rote, gefüllte und ungefüllte Gartenrosen sowie wilde Rosen. Die Zentifolie *(Rosa centifolia)* kam zwischen 1500 und 1700 in mitteleuropäische Gärten. Ihre Abstammung ist nicht bekannt.

DER ROSENGARTEN – PARADIES UND TODESSTÄTTE

Im Sagenkreis um Dietrich von Bern, der im Hochmittelalter aufgezeichnet wurde, dessen Wurzeln jedoch in vorchristliche Zeiten reichen, gibt es 2 berühmte Rosengärten: den Rosengarten des Zwergenkönigs Laurin in Tirol (»Kleiner Rosengarten«) und den der Königstochter Chriemhild in Worms (»Großer Rosengarten«).

Laurin hütete seinen wunderbaren Rosengarten, dessen Duft Kranke gesund machte und der nur von einer seidenen Schnur umgrenzt war. Von jedem, der sich an dem Garten vergreifen wollte, nahm Laurin als Sühne den rechten Fuß und die linke Hand. Um Künhild, die Schwester

Dietleibs, aus der Gewalt Laurins zu befreien, machten sich Dietrich und seine Getreuen nach dem Garten auf. Man hatte auf Dietrichs Wunsch zuvor gelobt, die Rosen nicht anzutasten. Dennoch konnten Dietrich und Hildebrand nicht verhindern, dass ihn 3 der Helden verwüsteten. Laurin wollte sich rächen, es kam zu Kämpfen, schließlich aber zur Versöhnung. Die Rosen erblühten im Mai des darauf folgenden Jahres wieder, aber Laurin verbarg hinfort den Garten, und bis zum heutigen Tag können nur manche Menschen ihn sehen.

In Worms, am Königshof der Burgunden, gab es einen Rosengarten, der eine Meile lang und eine halbe Meile breit war und den die Königstocher Chriemhild mit ihren Frauen pflegte. Auch dieser Garten war nur mit einer seidenen Schnur umgrenzt, aber 12 gewaltige Recken, darunter der Held Siegfried, bewachten ihn. Chriemhild schickte Boten zu Diet-

Dietrich von Bern gewann mit 11 starken Recken den Kampf im Rosengarten von Worms gegen Siegfried und 11 andere Helden. In ihrem verwüsteten Garten zeichnete Chriemhild die Sieger, darunter der Mönch Ilsan, mit Kranz und Kuss aus.

rich und forderte ihn auf, zusammen mit 11 anderen Helden nach Worms zu kommen und den Wettkampf mit diesen 12 Wächtern des Gartens aufzunehmen. Dietrich nahm gerne an und reiste mit seinen Recken – unter ihnen Rüdiger von Bechelaren und der Bruder Hildebrands, der fromme Mönch Ilsan – nach Worms. Nach heftigem und blutigem Kampf wurde schließlich Siegfried durch Dietrich bezwungen. Der Garten lag verwüstet und erstand nie mehr.

In beiden Sagen sind die Gärten als wunderbare Orte geschildert und in beiden geht es um Schlachtgetöse, Blut und Zerstörung. Im Mittelalter hießen auch Schlachtfelder und Friedhöfe »Rosengarten«. Der Rosengarten auf der Ebene Ida, die unter Walhalla liegt, gilt zugleich als Schlachtfeld und als Paradies.

Auf der anderen Seite ist der Rosengarten auch Sinnbild der Weltlust und Sinnenhaftigkeit. So heißt es in einer Strophe eines aus dem Mittelalter stammenden Volksliedes:

Jungfräulein, soll ich mit euch gahn
in euern Rosengarten?
und da die roten Röslein stahn,
die feinen und die zarten,
und auch ein Baum, der blühet,
von Ästen ist er weit,
und auch ein kühler Brunne,
der auch darunter leit.

Der Rosengarten auf Tafelbildern der Gotik und Renaissance vom Typus »Maria im Rosenhag« (vgl. auch S. 12) ist Sinnbild für die Unberührtheit der Gottesmutter und dafür, dass sie das Paradies durch die Geburt des Erlösers wieder geöffnet hat.

In der Dichtung dieser Zeit wird Maria selbst auch als Rosengarten bezeichnet; ein Beispiel ist die 3. Strophe des alten Marienliedes »Es gingen 3 heilige Frauen«:

Maria du zarte,
Du bist ein Rosengarte,
Den Gott selber gezieret hat
Mit dem, der von dir geboren ward!
Kyrioleison.

ROSE – SINNBILD DER FRAU UND DER LIEBE

So wie der Rosengarten Symbol des himmlischen Paradieses und zugleich der Weltlust ist, so steht die Rose für die Liebesfreuden spendende Liebes- und Muttergöttin, die Frau überhaupt sowie für die irdische und himmlische Liebe. Die Griechen der Zeit Alexanders des Großen (4. Jahrh. v. Chr.) bezeichneten die Geliebte und die weibliche Scham als Rose. Die Pflanze war der Liebesgöttin Aphrodite geweiht und zudem auch dem Frühlings- und Liebesgott Dionysos. Rosen schmückten bei den Römern das Haupt der Vermählten und das Hochzeitslager wurde mit Rosenblüten bestreut.

Auch das Mittelalter betrachtete die Rose als Liebesblume und diese Funktion wurde im Hochmittelalter durch den Einfluss des Rittertums noch weiter gestärkt. In den Liedern der Minnesänger erscheinen Rosen ebenfalls in diesem Zusammenhang. So heißt es in Walther von der Vogelweides berühmtem Lied »Under der linden an der heide« über das verräterische Blumenlager:

Bî den rôsen er wol mac,
tandaradei
merken wâ mirz houbet [Haupt]
lac.

Gottfried von Straßburg lässt in seiner romanhaften Bearbeitung (um 1210) der auf keltischer Überlieferung beruhenden Tristansage auf dem Grab des in ewiger und unauflöslicher Liebe verbundenen Paares Tristan und Isolde Rebe und Rose aufwachsen und sich ineinander ranken.

In späterer Zeit werden gepflückte oder entblätterte Rosen in frauenfeindlicher Weise mit so genannten gefallenen Mädchen gleichgesetzt. Freudenmädchen hießen mancherorts »Rosen«, und Straßen, in denen diese ihrem Gewerbe nachgingen, »Rosengasse«. Da gibt es das allgemein bekannte Gedicht »Heidenröslein« von Johann Wolfgang von Goethe, das eine mehr oder weniger gewaltsame Entjungferung beschreibt. Volkslieder wie »Der Rosengarten« bedienen sich ebenfalls des Bildes. In der 3. Strophe heißt es:

Ich wollte meinem Glück ver-
traun,
Stieg heimlich übern Gartenzaun;
Das rote Röslein war geknickt,
Ein anderer hatte es gepflückt.

Auch im Liebeszauber spielte die Rose von jeher eine Rolle. Schon die thessalischen Zauberinnen, deren berühmteste und berüchtigste Medea war, sollen für die Bereitung ihrer Liebestränke auch Rosen verarbeitet haben. Aigremont nennt ein Liebesmittel aus späterer Zeit: Das Mädchen trägt eine dunkelrote, eine hell-

rote und eine weiße Rose 3 Tage und 3 Nächte auf dem Herzen, danach hängt sie die Rosen ebenso lange in Wein. Wenn diesen der Geliebte trinkt, muss er sein Leben lang treu bleiben.

Rosen und ihre Blütenblätter wurden für Liebesorakel verwendet. Im Märchen von »Dornröschen« erblühen Rosen in der Hecke als Zeichen, dass der richtige Mann gekommen ist. Bis heute sind rote Rosen ein Zeichen der Liebe.

BLUME DER ERHABENEN UND TOTEN

Wegen des im antiken Rom mit Verschwendung und üblen Sitten einhergehenden Rosenkults wurde die Rose von den frühen Christen zunächst abgelehnt, aber das änderte sich bald. Sie galt dann als Symbol des Paradieses, wurde der Gottesmutter als Zeichen ihrer Anmut, Schönheit und Milde zugeordnet und in Legenden mit manchen Heiligen verbunden.

St. Dominikus (1170–1221), der die Rosenkranz genannte Gebetsschnur einführte, wälzte sich einst bei einer Bußübung in Dornen, und bald darauf erblühten Rosen an ihnen.

Die heilige Dorothea sagte vor ihrem zur Zeit Diokletians erlittenen Märtyrertod freudig, dass sie nun bald die Himmelsauen mit ihren blühenden Rosen schauen werde. Ihr Peiniger bat sie voller Spott, sie möge ihm doch einige dieser Rosen aus dem Jenseits schicken. Am Morgen

Der »verschlossene Garten« der Gottesmutter Maria ist auf Tafelbildern des späten Mittelalters oft von Rosen umgrenzt. »Die Muttergottes in der Rosenlaube« von Stephan Lochner (um 1400–1452).

Die Legende erzählt vom »Rosenwunder« der heiligen Elisabeth: Statt der Brote für die Armen konnte sie ihrem Gemahl Rosen, die sie in ihrer Notlüge genannt hatte, vorweisen und so unbehelligt die milden Gaben zu den Hungernden bringen.

nach dem Tode Dorotheas klopfte es an der Tür des Bösewichts. Draußen stand ein Knabe und reichte dem Erschauernden ein Körbchen mit herrlich duftenden Rosen: Christus selbst war mit dem Beweis erschienen.

Verschiedene Heilige wurden durch Rosen aus unangenehmen Situationen gerettet. Besonders populär wurde die Legende von den Rosen der heiligen Elisabeth (1207–1231). Als Landgräfin von Thüringen widmete sie sich voller Fürsorge den Armen. Eines Tages war sie wieder einmal mit Speisen zu ihnen unterwegs, als ihr der Gemahl den Weg verstellte und sie fragte, was in dem Korb sei. »Rosen«, antwortete sie, und als der Graf den Deckel

hob, war der Korb statt mit Brot mit Rosen gefüllt und Elisabeth konnte unbehelligt ihren Weg fortsetzen.

Die weiße Rose *(Rosa alba)* war ebenfalls schon in der Antike bekannt und zierte mittelalterliche Gärten. Sie ist möglicherweise aus einer Kreuzung von Essigrose und Hundsrose entstanden. Sie heißt auch Magdalenenrose, weil sie durch die Tränen der Reue entstanden ist, die einst die Sünderin Maria Magdalena auf eine rote Rose geweint hat, sodass diese entfärbt wurde. Nach türkischer Sage ist die weiße Rose bei der nächtlichen Himmelfahrt Mohammeds aus dessen Schweißtropfen entstanden.

Umgekehrt soll der Sage nach die rote Rose aus der weißen entstanden sein, als Aphrodite ihrem von einem Eber tödlich verwundeten Geliebten Adonis zu Hilfe eilte. In hastigem Lauf ritzte sie sich an den Dornen einer weißen Rose und färbte deren Blüte mit ihrem Blut rot. Auch weil Maria die Windeln des Jesuskindes auf einem Strauch mit weißen Rosen trocknete, sind diese rot geworden.

Homer berichtet, dass Aphrodite den Leichnam Hektors mit Rosen und Myrrhen gesalbt habe. Rosen wurden in der griechischen Antike bei Totenfeiern gestreut, Grabmäler zierte man mit Rosen. Ähnlich wie die weiße Lilie im Kloster Corvey spielte bei den Domherren von Hildesheim, Lübeck und Breslau die weiße Rose die Rolle der Todesverkünderin: Fand ein Domherr auf seinem Platz im Chor eine weiße Rose, so wusste er, dass er nach 3 Tagen sterben würde.

Rosen waren beliebte Wappenblumen. Martin Luther, der den Glauben

protestantisch-nüchtern von den alten, auch mit der Pflanzenwelt verbundenen Wurzeln abtrennte, hatte in seinem Wappen eine Rose und die Umschrift: »Ein Christenherz auf Rosen geht, wenn's mitten unterm Kreuze steht.« Erinnert sei auch an die englischen Adelshäuser York (weiße Rose) und Lancaster (rote Rose), die sich von 1455 bis 1486 blutige Kämpfe um die Thronfolge lieferten, die wegen der Wappenblumen als »Rosenkriege« in die Geschichte eingingen.

Bei den Römern war die weiße Rose Zeichen der Verschwiegenheit. Man befestigte sie an der Zimmerdecke, wenn bei einer Zusammenkunft Gesagtes und Gehörtes nicht nach draußen dringen sollte. Man tauschte sich »sub rosa« (unter der Rose) aus, das heißt unter dem Siegel der Verschwiegenheit. Papst Hadrian IV. (1154–1159) ließ mit gleichem Hintersinn Rosenzeichen an den Beichtstühlen anbringen und auch

Auch die Weiße Rose ist schon seit der Antike bekannt. Eine einmalblühende historische Strauchrose ist Rosa alba 'Semipiena'.

BOTANISCHER STECKBRIEF

Namen: Apothekerrose, Gallische Rose, Zuckerrose.
Familie: Rosengewächse (Rosaceae).
Merkmale: Strauch. Zweige und Stängel mit zahlreichen gekrümmten Stacheln besetzt. Blätter 3–5-zählig; Blattfiedern etwas lederartig, breit-eiförmig, am Rand stumpf gezähnt. Blüten hellrot bis purpurrot, groß, einfach oder gefüllt, einzeln an langen drüsig-stacheligen Stängeln. Scheinfrüchte rot, kugelig bis eiförmig. Blütezeit: Juni-Juli. Höhe: 50–200 cm.
Vorkommen: Wildform in lichten Laubwäldern und an Waldrändern; ganz Europa und Westasien. Gartenrosen werden weltweit kultiviert.
Verwandte Arten: In Mitteleuropa etwa 20 Wildrosenarten, beispielsweise die besonders häufige Hundsrose *(Rosa canina)*, deren Früchte arzneilich genutzt werden.

APOTHEKERROSE

Die Essigrose wurde als Apothekerrose *(Rosa gallica officinalis)* zu Heilzwecken verwendet. Hildegard von Bingen schreibt ihr die Kraft zu, Augen klar zu machen sowie gegen Jähzorn, Krämpfe und Lähmung wirksam zu sein. Konrad von Megenberg gibt Rezepte und Anwendungen für verschiedene Zubereitun-

IM HAUSGARTEN

Pflanzung: Container-Rosen ganzjährig, andere Rosen von Oktober bis April. Pflanzgrube: Breite mindestens 2facher Wurzeldurchmesser, Tiefe 2- bis 3fache Wurzellänge.
Standort: Sonnig; humoser, leicht lehmiger, kalkhaltiger Boden.
Pflege: Mit ausreichend Nährstoffen versorgen (Kompost oder gut verrotteter Stallmist); regelmäßig gießen, Staunässe vermeiden. Rosenschnitt nach Anleitung.
Wissenswertes: Die fast unübersehbare Fülle von Rosen teilt man ein in: Beetrosen, Edelrosen, Strauchrosen (dazu werden meist auch die »Alten Rosen« gezählt), Englische Rosen, Wildrosen, Kletterrosen, Bodendeckerrosen, Zwergrosen. Viele Beet-, Strauch- oder Kletterrosen gibt es auch als Stammrosen.

der deutsche Reimspruch »Was wir kosen, bleib unter den Rosen« nimmt darauf Bezug. »Weiße Rose« – abgeleitet von dem Roman »La Rosa Blanca« von B. Traven – nannte sich die Widerstandsgruppe um Hans und Sophie Scholl gegen Hitler und den Nationalsozialismus.

ROSENFESTE, ROSEN-SPEISEN, ROSETTEN

Für Griechen und Römer war die schnell verblühende Rose auch Sinnbild der kurzen Dauer des Lebens. Zum Andenken an die Verstorbenen feierte man zur Rosenblüte in Rom ein Rosenfest. In der römischen Kaiserzeit verbrauchten Kaiser und reiche Bürger bei ihren Festen ungeheure Mengen an Rosenblüten – für Dekorationen, Bäder und um sie von den Saaldecken regnen zu lassen. Ganze Schiffsladungen sollen damals aus Nordafrika nach Rom gebracht worden sein, um den riesigen Rosenbedarf zu decken. Damals wurde die Rose geradezu ein Sinnbild für Laster und Verschwendung. Rosenfeste gab es in späterer Zeit auch in Frankreich und Deutschland.

Die Römer liebten Rosengerichte und würzten den Wein mit Rosenblüten. Es gibt mittelalterliche und frühneuzeitliche Rosenrezepte wie Rosenmus oder -sirup. Selbst ältere bürgerliche Kochbücher enthalten noch interessante Rezepte für Rosenbowle, -pudding, -gelee, kandierte Rosenblüten und andere kulinarische Rosengenüsse. Das noch heute erhältliche, aus den Blütenblättern destillierte Rosenwasser würzte verschiedenes Backwerk und gehört ins Marzipan.

Aus einer stilisierten Rosenblüte wurde die Rosette als Ornament in Malerei und Baukunst entwickelt. Auch die Fensterrosen der spätromanischen und gotischen Kirchen sind von der Rosenblüte abgeleitet.

gen: Rosenhonig, -zucker, -öl, -sirup, -wasser. Auch in den Kräuterbüchern des 16. Jahrhunderts werden Blütenblätter der Gartenrosen als Heilmittel gewürdigt.

Die Blütenblätter enthalten ätherisches Öl, Gerbstoffe und Glykoside. Die Phytotherapie verwendet die Apothekerrose oder andere duftende Gartenrosen nicht mehr. In der Volksmedizin gilt der Tee aus den getrockneten Blütenblättern als nerven- und herzstärkend, als Badezusatz entspannend und hautpflegend. Das sehr teure Rosenöl gewinnt man vor allem aus den Blüten der Damaszenerrose. Es wird als Duftstoff, zur Entspannung und Stimmungsaufhellung sowie in der Hautpflege eingesetzt.

Echte Pfingstrose
Paeonia officinalis

Staude (Wurzelstock).
Familie der Pfingstrosengewächse (Paeoniaceae).
Stängel wenig verzweigt. Blätter doppelt 3-zählig; oberseits dunkelgrün glänzend, unterseits mattgrün. Blüten groß, leuchtend rot, duftend, endständig am Stängel. Balgfrüchte groß, behaart, mit vielen großen, schwarz glänzenden Samen. Blütezeit: Mai–Juni. Höhe: bis 1 m.
Stellenweise verwildert und eingebürgert, wild in den Südalpen. (Wenig) giftig.

Die auch Benediktenrose genannte Pfingstrose wurde im Mittelalter durch die Benediktiner

Als Symbol- und Heilpflanze wurde die Pfingstrose in den mittelalterlichen Klostergärten gezogen.

aus dem Süden in die Klostergärten gebracht.

Wie die Rose ist auch die »Rose ohne Dornen« Marienblume und -symbol. So wird Maria in dem Lobgesang »Die Goldene Schmiede« des Konrad von Würzburg (um 1220–1287) als »phingestrose an allen stift« angeredet. Auch auf spätmittelalterlichen Tafelbildern findet man die Pfingstrose häufig neben der Gottesmutter, etwa im »Paradiesgärtlein« (siehe S. 13) oder in »Madonna im Himmelsgarten« (um 1400), beides Werke eines rheinischen Meisters.

In der Antike verwendete man die Pfingstrose, um sich gegen Nachtdämonen zu schützen. Plinius gibt an, dass man sie nachts graben müsse, um den Angriffen des sie bewachenden Spechts zu entgehen. Im Mittelalter galten die Samen der Pfingstrose als wirksamer Schutz gegen den Alb, einen Albträume verursachenden Druckgeist. In Ketten um den Hals gehängt, schützten Pfingstrosensamen Kinder vor dem nächtlichen Aufschrecken und halfen ihnen beim Zahnen.

Die Sage erzählt, dass der Götterarzt Paeon ihre Heilkraft entdeckt und mit ihr Hades, den Gott der Unterwelt, von der Wunde geheilt haben soll, die ihm Herakles zugefügt hatte.

Eine auf der Herzgrube getragene Wurzel hielt man in der Sympathiemedizin als wirksam gegen die »fallende Sucht« (epileptische Anfälle). Hildegard von Bingen empfahl die Samen von »beonica«, um wieder Besinnung und Verstand zu bringen, die Wurzel gegen Drei- und Viertagefieber, Verschleimung, Epilepsie, Gicht.

Die getrockneten Blütenblätter enthalten Gerbstoffe, Schleim, Zucker, den Farbstoff Paeonin und Alkaloide. In der Phytotherapie verwendet man sie fast nur noch als Schmuckdroge in Teemischungen; die Volksmedizin hat sie früher gegen Nierenleiden, Gelbsucht und Gicht eingesetzt.

Achtung! Keine Selbsthandlung. Überdosierungen können zu Nierenkoliken, Schluckbeschwerden und Magen-Darm-Reizungen führen.

Im **Garten** mag die Pfingstrose einen warmen, sonnigen Platz und humose, nährstoffreiche Erde. In Ostasien sind verschiedene andere *Paeonia*-Arten beheimatet. Von ihnen stammen Züchtungen mit gefüllten roten, rosa, weißen oder gelben Blüten ab.

Weiße Lilie

Lilium candidum und Schwertlilie

Lilie ohnegleichen,
O Maria hilf!
Der die Engel weichen,
O Maria hilf!
Maria hilf uns allen aus unserer tiefen Not!

Aus einem alten Marienlied

Der östliche Mittelmeerraum, insbesondere die Gegend des Libanons, gilt als ursprüngliche Heimat der Weißen Lilie. Manche Autoren geben auch Persien an. Bei den Griechen der Antike hieß die Pflanze »leirion« (einfach, glatt, eben), die Römer nannten sie »lilium«, wovon das deutsche Wort Lilie, »Lilig« (Konrad von Megenberg) oder »Gilgen« (Kräuterbücher des 16. Jahrhunderts) entlehnt ist. Vielleicht schon seit der Römerzeit blüht die Weiße Lilie in mitteleuropäischen Gärten. Walahfrid Strabo besingt sie im »Hortulus« nicht nur um ihrer Heilkraft, sondern auch ihrer Schönheit und ihres Dufts willen.

Die Weiße Lilie erscheint im Alten Testament an mehreren Stellen, etwa beim Propheten Jesaia (35, 1), der voraussagt, dass das dürre Land blühen würde wie die Lilien, oder im Hohen Lied (7, 13). Lilienform hatten die Säulenkapitäle des Tempels und das Waschbecken der Priester, die Leuchter im Heiligtum waren mit Lilien geschmückt. Der Name Susanna ist vom hebräischen »shushan«, das die Weiße Lilie bezeichnet, abgeleitet. Die keusche Susanna kommt in einem der apokryphen Zusätze zum Buch Daniel vor: Von ihr zurückgewiesene einflussreiche Männer klagten sie aus Rache fälschlicherweise des Ehebruchs an und Daniel sorgte dafür, dass ihr Gerechtigkeit widerfuhr. Bei den Lilien, die Jesus in der Bergpredigt (Mätthäus 6; 28, 29) als Symbol der sorgenden Güte Gottes anspricht, handelt es sich nach Fischer-Benzon um Feuerlilien:

> *Und warum sorgt ihr für die Kleidung? Schauet die Lilien auf dem Felde, wie sie wachsen: sie arbeiten nicht, auch spinnen sie nicht. Ich sage euch, daß auch Salomo in aller seiner Herrlichkeit nicht bekleidet gewesen ist wie derselben eins.*

Im alten Ägypten war die Weiße Lilie Symbol der Würde und der Hoffnung, aber auch der Kürze und Vergänglichkeit des Lebens.

Eine der Hauptstädte des alten Perserreichs war Susa (»Lilienstadt«). Als Symbol der Schönheit führte sie die Lilie in ihrem Wappen. Sehr viel später besang der persische Dichter Hafis (1326–1390 n. Chr.) die Lilie:

Lilie hat der Zungen Zehne,
Doch es schlägt die Nachtigall,
Und da schweigt sie vor Ent-
zücken,
Und zum Dufte wird ihr Schall!

Auch für die Griechen wurde Schönheit durch die Weiße Lilie versinnbildlicht. Bei den römischen Blumenfesten (Floralia) im Frühling war die Weiße Lilie neben der Rose die wichtigste Blume und sie erschien auch auf römischen Münzen mit den Aufschriften »spes publica« oder »spes populi romani« als Zeichen der Hoffnung.

Nach der antiken Sage ist die Lilie aus der Milch der Göttin Hera entstanden: Um seinem mit Alkmene gezeugten Sohn Herakles Unsterblichkeit zu verleihen, versetzte Zeus die eifersüchtige Gemahlin Hera durch einen Schlummertrunk in tiefen Schlaf. Dann legte er den Kleinen der Göttin an die Brust, damit ihm durch die Milch Unsterblichkeit zuteil würde. Das Kind saugte so gierig, dass einige Tropfen der kostbaren Milch zur Erde fielen – und aus diesen entspross die Weiße Lilie.

In Darstellungen zur nordischen Mythologie hält Thor in der rechten Hand den Hammer oder Blitz und in der Linken manchmal ein mit einer Feuerlilie bekröntes Szepter. Der Elfenkönig Oberon und die Elfen schlafen im Kelch der Weißen Lilie und verwenden Lilienstängel als Zauberstab.

Über Jahrhunderte war die Lilie mit den Königen Frankreichs verbunden. Ludwig IX., der Heilige (1214–1270), trug das Lilienzeichen auch in seinem Wappen.

ABZEICHEN DER KÖNIGE FRANKREICHS

Von Chlodwig (466–511), dem Begründer des französischen Königtums, erzählt die Legende: Im Kampf mit den Alemannen (496) sah er sein Heer schon fast besiegt. In seiner Verzweiflung rief er Christus, den Gott seiner Gemahlin Chrodechilde, an. Darauf erschien dem König ein Engel und brachte ihm einen Lilienzweig. Nach seinem Sieg trat Chlodwig zum katholischen Glauben über und ließ sich vom Bischof Remigius von Reims taufen.

Später nahm König Ludwig VII. (Louis-le-jeune) die Lilie wieder als Zeichen auf, führte sie ab 1150 als Gegensiegel und sein Wappenbanner trug 3 Lilien. Ludwig IX., der Heilige (1214–1270), führte Lilie und Gänseblümchen (oder Margerite) in seinem Wappen.

Das Herrscherhaus der Bourbonen, die über viele Jahrhunderte die Könige Frankreichs stellten, soll sein Lilienwappen von König Franz I. von Frankreich (1494–1547) übernommen haben. Ludwig XVIII., mit dem 1814 nach der Abdankung Napoleons I. erneut ein Bourbone auf den Thron gelangte, stiftete einen Lilienorden (»Ordre du Lys«), der zum Abzeichen der Bourbonischen Partei gegen die Napoleonische wurde.

Von den Dichtern wurde Frankreich als »L'Empire des Lis« (Lilienreich) besungen, etwa von Voltaire:

Là, sur un trône d'or Charle-
magne et Clowis,
Veillent du haut des cieux sur
l'Empire des Lis.
(Auf goldenem Thron im Himmel
wachen Karl der Große und
Chlodwig über das Lilienreich.)

HEILIGENATTRIBUT UND TODESBLUME

In der spätmittelalterlichen Tafelmalerei und in der Mariendichtung erscheint die Jungfrau Maria oft zusammen mit der Weißen Lilie, dem Sinnbild der Jungfräulichkeit und Reinheit. Mit »du bluender lylienstengel!« spricht Konrad von Würzburg in seiner Dichtung »Goldene Schmiede« die Gottesmutter an. Eine Weiße Lilie hält auf vielen Verkündigungsbildern der Erzengel Gabriel in der Hand. Als Zeichen der Keuschheit ist die Lilie auch Symbol manch anderer Heiliger wie Josef, Antonius von Padua oder Gertrud von Nivelles. Entsprechend erscheint sie gegenüber dem Liebessymbol der Rose auch in dem Lied »Die Nonne«, das Hermann Löns in seine Sammlung »Der kleine Rosengarten« aufgenommen hat:

Ach Reiter, junger Reiter,
Behalt die Rosen dein;
Mir blühen bloß die Liljen,
Doch nicht die Röselein.

In verschiedenen Sagen erscheint die Weiße Lilie als Verkünderin des Todes und als Seelenblume.

Nachdem Karl V., Kaiser des Heiligen Römischen Reiches Deutscher Nation, sich krank und verbittert in das Kloster St. Juste zurückgezogen hatte, soll er dort im August 1558 eine Weiße Lilie gepflanzt haben. Diese Lilie, so erzählt die Sage, soll in der Todesstunde des Kaisers am 21. September 1558, also außerhalb der Blütezeit, einen 10 Fuß hohen Stängel mit einer reichen Blütenkrone schlagartig emporgetrieben haben.

Von manchen Klöstern, insbesondere dem von Corvey an der Weser, erzählt die Sage: Den Mönchen wurde ihr bevorstehender Tod angekündigt, indem derjenige, der sterben sollte, 3 Tage vor seinem Tod eine Weiße Lilie in seinem Chorstuhl fand. Einst gab es im Kloster einen von Ehrgeiz besessenen Mönch, der unbedingt Prior werden wollte. Er schnitt im Garten eine Lilie und legte sie heimlich in den Chorstuhl des 70-jährigen Priors. Dieser erschrak so sehr, dass er erkrankte und bald darauf starb. Nun wurde der ruchlose Mönch Prior, aber er hatte keine

Botanischer Steckbrief

Namen: Gilg(n), Ilg(n).
Familie: Liliengewächse (Liliaceae).
Merkmale: Staude (Zwiebel). Grundblätter lanzettlich, groß; Stängelblätter kleiner, breit-lanzettlich, anliegend. Blüten blendend weiß, groß, trichterförmig, in Trauben; Perigonblätter an der Spitze etwas zurückgebogen; Staubbeutel 6, grellgelb. Blütezeit: Juni–Juli. Höhe: 100–180 cm.
Vorkommen: Wild an sonnigen und geschützten Böschungen Südosteuropas und im südöstlichen Mittelmeerraum.
Verwandte Arten: Feuerlilie *(Lilium bulbiferum)*: Blüten orangerot, braunrot gefleckt; Brutknospen in den Achseln der Laubblätter zur vegetativen Vermehrung. Zerstreut bis selten im Alpen- und Voralpenraum auf Wiesen und an Waldrändern; weiter nördlich nur verwildert. Die durch den französischen Botaniker Clusius in Wien verbreitete Pflanze soll von dort zu Beginn des 17. Jahrhunderts in viele Gärten gelangt sein. Die Gelbe Taglilie *(Hemerocallis lilioasphodelus)* ist in Italien und Slowenien beheimatet, während die Gelbrote Taglilie *(Hemerocallis fulva)* aus China in mitteleuropäische Gärten gelangt ist.
Wissenswertes: Weiße Lilie und Feuerlilie sind besonders geschützt.

Der Lilienstängel ist Attribut des Erzengels Gabriel, der Maria die Botschaft ihrer unbefleckten Empfängnis und der Geburt Christi verkündet. Abbildung nach der Armenbibel (»Biblia pauperum«).

Freude an der Erfüllung seines Wunsches und die Gewissensqualen vergällten sein Leben. Erst auf dem Totenbett bekannte er seine Tat.

Von keinem Menschen gepflanzte Lilien wachsen oft nach 3 Tagen, so heißt es, aus den Gräbern Verstorbener, insbesondere gewaltsam zu Tode Gekommener oder unschuldiger Jungfrauen. So heißt es in dem Volkslied »Die schwarzbraune Hexe« am Ende:

Es wuchsen drei Lilien auf ihrem Grab,
Die wollte ein Reiter wohl brechen ab.
Ach, Reiter, lass die drei Lilien stahn,
Es soll sie ein junger frischer Jäger han.

Die Lilie kommt als Seelenblume sogar in 2 der wenig blumenfreudigen Kinder- und Hausmärchen der Brüder Grimm vor. In »Die zwölf Brüder« findet die Königstochter nach langer Wanderung endlich das Haus ihrer Brüder. Sie sieht im Garten 12 weiße Lilienblumen stehen, will sie den Brüdern schenken und bricht die Blumen ab. Kaum hat sie das getan, verwandeln sich die 12 Brüder in Raben und fliegen davon. Auch in »Die Goldkinder« sind Lilien Seelenblumen.

LILIENÖL UND ANDERE ARZNEILICHE ZUBEREITUNGEN

Im »St. Gallener Klosterplan« wachsen Lilien auf den Rabatten um den Kräutergarten. Der »Macer floridus« berichtet über eine Fülle von Anwendungsmöglichkeiten, beispielsweise: die Zwiebel, gebraten, gestampft und mit Öl vermischt gegen Brandwunden; ein Pflaster aus den gesottenen Blättern gegen Muskelverspannungen, Verbrennungen, Schlangenbiss; die Zwiebel, mit Wein genossen, als menstruationsregulierendes, mit Wachssalbe vermischt als Falten glättendes und die Haut verschönerndes Mittel.

Konrad von Megenberg schreibt: »der lilien wurz macht diu antlütz schoen, wenn man daz antlütz dâ mit wescht, und vertreibt die rünzeln.« Zudem lobt er die Lilie als hilfreich bei Gebärmutterschmerzen, zum Vertreiben von Schlangen, Heilen von Tierbissen und zur Unterstützung der Geburt.

Hildegard von Bingen empfiehlt eine Salbe aus der Zwiebel gegen rote und weiße Lepra und den mit Fett zu einer Salbe verarbeiteten Saft aus Stängel und Blättern gegen Ausschläge. Die Äbtissin schreibt zudem: »Auch der Duft des ersten Aufbrechens, das heißt der Lilienblüte, und auch der Duft ihrer Blumen erfreut das Herz des Menschen und bereitet ihm richtige Gedanken.«

Die Kräuterbücher des 16. Jahrhunderts unterscheiden weiße und gelbe oder goldene Lilien (meist Lilgen oder Gilgen genannt) und geben Rezepte insbesondere für Lilienöl und -salbe an. Leonhart Fuchs nennt das Wesen der Lilien teils zart und subtil, teils grob und irdisch.

In der Volksmedizin war noch bis in die jüngere Vergangenheit bei Brandwunden und gegen Insektenstiche das aus den Blütenblättern hergestellte Lilienöl beliebt.

IM HAUSGARTEN

Anbau: Im August Zwiebeln in Dreiergruppen 3–5 cm unter die Erdoberfläche legen (andere Lilienarten 20–25 cm), Abstand zwischen den Gruppen etwa 40 cm.
Standort: Sonnig; humose, nährstoffreiche Erde.
Pflege: Lilien wollen Kühle für ihre in der Erde befindlichen oder erdnahen Teile, daher: niedrige Stauden pflanzen, die den unteren Bereich der Lilie umschatten.
Wissenswertes: Vermehrung durch Tochterzwiebeln.

Deutsche Schwertlilie
Iris germanica

Staude (Wurzelstock).
Familie der Schwertliliengewächse (Iridaceae).
Blätter schwertförmig, oben sichelförmig gekrümmt; vom Stängel überragt. Blüten groß, endständig; äußere Perigonblätter dunkelviolett, zurückgeschlagen, mit Längsstreifen dicht stehender gelber Haare; innere Perigonblätter heller; Blütengrund gelb. Kapselfrucht groß. Blütezeit: Mai–Juni. Höhe: bis 100 cm.
Selten verwildert an sonnigen Hängen und Mauern.
Besonders geschützt.

Geschätzt zur Aromatisierung von Likören, als Duftzutat für Parfüms oder verarbeitet zu Rosenkranzperlen war die Florentinische Schwertlilie (Iris florentina oder Iris germanica var. florentina). Holzschnitt im Kräuterbuch des Adamus Lonicerus (Ausgabe 1679).

Die im Mittelmeerraum beheimatete Deutsche Schwertlilie wurde wahrscheinlich im frühen Mittelalter nach Mitteleuropa gebracht.

Dioskurides schreibt, dass die von ihm als »iris« bezeichnete Pflanze bei den Römern auch »gladiolus« heiße.

Iris war im antiken Griechenland die Göttin des Regenbogens und eine Götterbotin. Fischer-Benzon vermutet hinter »iris illyrica« der antiken Autoren *Iris germanica* oder die ihr sehr ähnliche *Iris florentina*. Auch unter »gladiolus« des »Capitulare« ist die Deutsche Schwertlilie zu verstehen und nicht die Gladiole. Wegen der schwertförmigen Blätter wurden die beiden Gattungen immer wieder verwechselt. Auch Walahfrid besingt im »Hortulus« die Deutsche Schwertlilie als »Gladiola«. Er rühmt ihre Schönheit, die Wirksamkeit gegen Blasenschmerzen und ihre Verwendung als Wäsche-Appretur:

Du gibst dem Walker das Mittel, mit dem er das Leinengewebe Glänzend und steif appretiert und ihm Duft wie von Blumen verleihet.

Bei Albertus Magnus ist die Deutsche Schwertlilie eine der Blumen im Lustgartenrasen. Auf mittelalterlichen Madonnenbildern findet man die Pflanze, ebenso auf Darstellungen der Taufe Jesu, denn mit seiner Taufe bestätigt Christus den Bund Gottes mit den Menschen, dessen Sinnbild der Regenbogen ist.

Hildegard von Bingen empfiehlt eine Salbe aus dem Blättersaft gegen Krätze, den Blättersaft vermischt mit Wasser, um »eine angenehme Haut und gute und schöne Farbe im Gesicht« zu bekommen. Auch einen »Verrückten« könne man heilen, wenn man aus Wurzeln und Blättern den Saft auspresst und sie dann um dessen Haupt windet. Zudem setzte die Äbtissin »swertula« gegen Harnsteine und Lepra ein.

In den Kräuterbüchern des 16. Jahrhunderts erscheint die Pflanze als »blaw Schwertel«, »blaw Gilgen« sowie »Veielwurz«. Beschrieben wird insbesondere die auswurffördernde Wirkung, etwa von Mattioli:

So man gedörrte Veielwurtz zerstöst / ein halb Lot des Pulvers in einem Trunck Meth / oder Gerstenwasser warm einnimpt / vnd sittiglich hinab lest schleichen / hilfft es denen / welchen die Brust vnd Lungen verschleimpt sind / stets husten / oder schwerlich Athem ziehen.

Der Wurzelstock, der wegen seines veilchenartigen Dufts auch »Veilchenwurzel« genannt wird, enthält ätherisches Öl, Flavonoide, Gerbstoffe und Polysaccharide. Er wird als Bestandteil von Hustentees verwendet sowie als Kaumittel für zahnende Kinder, was jedoch aus hygienischer Sicht nicht unbedenklich ist.

Das ätherische Öl dient als Aromastoff in der Kosmetik, auch in der Likör- und Tabakindustrie. »Veilchenwurzelpulver«, das aus den getrockneten Wurzelstöcken gewonnen wird, ist Grundlage von Zahnpulvern und Körperpuder und wird in der Kosmetik verarbeitet. Man kann es für Duftsäckchen verwenden sowie als Duftstabilisator in Potpourris. Auch als Wäsche-Appretur hat man es eingesetzt, wie bereits von Walahfrid Strabo erwähnt.

Im **Garten** bevorzugt die Deutsche Schwertlilie einen sonnigen Platz und lockeren, durchlässigen Boden. Es gibt sehr viele Sorten mit unterschiedlich gefärbten Blüten.

Rosmarin

Rosmarinus officinalis und andere
Kübelpflanzen

*Da ist Vergissmeinnicht, das ist zum Andenken: ich bitte Euch, liebes Herz, ge-
denket meiner! und da ist Rosmarin, das ist für die Treue.*

WILLIAM SHAKESPEARE (1564–1616): HAMLET, 4. AUFZUG, 5. SZENE

Der Rosmarin gehört zu den »klassischen Kübelpflanzen«. Man versteht darunter Holzgewächse und höher wachsende Stauden der Tropen und Subtropen (darunter viele aus dem Mittelmeerraum), die den Sommer über in einem großen Kübel draußen stehen und den Winter im Haus – kühl (5–10 °C) und hell – verbringen. Unter diesen Wärme liebenden Südländern gibt es viele immergrüne Pflanzen, das heißt solche, die ihre Blätter auch den Winter über behalten.

Schon Otto Brunfels schreibt in seinem Kräuterbuch zur Pflege des Rosmarins: »Will wol gewartet sein, get sunst bald ab über winterzeit.« Leonhart Fuchs stellt den Rosmarin als Kübelpflanze vor: »Bey vns Teütschen zilet man den Roßmarin in gärten vnnd scherben.« Erst ab der Renaissance gab es – in reicheren Gärten – Gewächshäuser und Orangerien, die eine Kübelpflanzenkultur größeren Stils ermöglichten (vergleiche auch S. 18).

Bei Dioskurides heißt der Rosmarin »libanotes«. Die Römer nannten ihn »ros maris« oder »ros marinus«.

Zur Römerzeit oder im frühen Mittelalter mit den Mönchen kam der Rosmarin nach Mitteleuropa. Im »Capitulare« erscheint er als »rosmarinus« – im »St. Gallener Klosterplan« als »rosmarino« – und mit diesem lateinischen Namen wurde er ins Deutsche übernommen. Unsicher ist die Namensdeutung: Handelt es sich, wie die wörtliche Übersetzung nahe legt, um den »Tau des Meeres« (weil die Pflanze an den Küsten besonders gut gedeihe) oder um eine Ableitung vom griechischen »rhops myrinos« (balsamischer Strauch)?

PFLANZE DER LIEBE

Rosmarin als stark aromatisch duftende Pflanze hatte in der Antike eher geringe Bedeutung in Heilkunde oder Küche, große dagegen im Kult der Aphrodite/Venus, deren Bilder man mit dem Laub bekränzte. Aigremont gibt an, die früh in den germanischen Kulturkreis gelangte Pflanze sei dort der Liebesgöttin Frija/Freyja geweiht worden. Die enge Beziehung zu Liebe und Ehe blieb über die Jahrhunderte erhalten und Rosmarin war unverzichtbarer Schmuck von Braut und Bräutigam, Brautjungfern und Hochzeitsgästen, ehe er in dieser Funktion im 17. Jahrhundert von der Myrte (siehe S. 70f.) abgelöst wurde. Als erste Braut soll eine Tochter aus dem Augsburger Handelshaus der Fugger bei ihrer Hochzeit 1583 statt eines Rosmarinkranzes einen Myrtenkranz getragen haben.

Rosmarin wurde im Liebeszauber verwendet. So nähten sich in Posen Mädchen Rosmarin in den Brustlatz, weil dann der Geliebte von ihnen nicht mehr lassen konnte.

Bei einem Liebesorakel, das zu Beginn des 19. Jahrhunderts in der Bretagne geübt wurde, war folgendermaßen zu verfahren: Das Mädchen steht am 1. Mai vor Tagesanbruch auf, nimmt einen zuvor mit einem Rosmarinzweig gereinigten Eimer und geht zu einer einsam gelegenen Quelle. Dort steckt die junge Frau den Rosmarinzweig in einen Busch und füllt den Eimer mit Wasser. Bei Sonnenaufgang rührt sie das Wasser mit der linken Hand um, spricht die Beschwörungsworte »ami, rabi, rochie« und wiederholt diese Beschwörung 9-mal, noch ehe die Sonne ganz sichtbar ist. Falls sie bei ihrer geheimen Verrichtung von niemand beobachtet wurde, wird die junge Frau nun am Eimergrund das Gesicht des Mannes sehen, den sie heiraten wird. Mancherorts steckten Brautleute nach der Hochzeit ihren Rosmarinzweig in den Garten. Wuchs er an, so bedeutete dies Glück für die Ehe.

Auch als Fruchtbarkeit verleihende Lebensrute diente Rosmarin in verschiedenen Gegenden Mitteleuropas. In der Coburger Gegend schlugen damit am 1. Weihnachtstag die Burschen die jungen Frauen. Der einst in Belgien und in anderen europäischen Ländern verbreitete Volksglaube, dass die Kinder aus einem Rosmarinstrauch geholt würden, gehört ebenfalls in diesen Zusammenhang.

Als Dämonen vertreibende Duftpflanze war Rosmarin auch mit dem Tod verbunden und wurde Verstorbenen mit ins Grab gegeben. »Bestattung« nach Hans Burgkmair (1473 bis 1531).

PFLANZE DES TODES

Nur auf den ersten Blick mag es befremden, dass eine so innig mit Liebe und Fruchtbarkeit verbundene Pflanze zugleich eine Todespflanze ist. Aber an allen wichtigen Stationen des Lebens – insbesondere Geburt, Hochzeit, Tod – lauern dem Menschen übel gesonnene Geister auf und diese können mit dem stark aromatisch duftenden Rosmarin abgewehrt werden. Gerade die Volksdichtung verbindet nicht selten Liebe und Tod, wie im Volkslied über den Rosmarienbaum:

*Ich hab' die Nacht geträumet
wohl einen schweren Traum.
Es wuchs in meinem Garten
ein Rosmarienbaum.*

*Ein Kirchhof war der Garten,
das Blumenbeet ein Grab
und von dem grünen Baume
fiel Kron und Blüte ab.*

*Die Blüten tät ich sammeln
in einem goldnen Krug,
der fiel mir aus den Händen,
daß er in Stücke schlug.*

*Drauß sah ich Perlen glimmen
und Tröpflein rosenrot.
Was mag der Traum bedeuten?
Herzliebster bist du tot?*

Schon Vergil berichtet, dass auf die Stätten, wo man die Toten einäscherte, Rosmarin- und Olivenzweige gestreut wurden. Rosmarin gab man in Mitteleuropa den Verstorbenen mit in den Sarg.

In England war es Sitte, die Leichen mit Rosmarin zu bestreuen. So lässt William Shakespeare in »Romeo und Julia« Lorenzo am Bett der toten Julia nach Rosmarin zum Bestreuen der »schönen Leiche« verlangen. Diese Sitten mögen nicht nur mit der Geister abwehrenden Funktion des Rosmarinduftes zusammenhängen, sondern auch mit der keimwidrigen Kraft des ätherischen Rosmarinöls.

Nach einem Schweizer Volksglauben stirbt der Rosmarin nach dem Tod des Hausherrn ebenfalls, und im südlichen Westfalen musste nach dessen Tod der Rosmarin bewegt werden – eine Vorstellung, die es auch für andere Topf- und Kübelpflanzen gibt.

KEIMTÖTEND UND ANREGEND

Die Heilkräfte des Rosmarins fanden lange Zeit geringe Beachtung. Dioskurides erwähnt in diesem Zusammenhang lediglich, dass Rosmarin erwärmend sei, Gelbsucht heile und kräftigenden Salben zugefügt werde. Rosmarin fehlt im »Hortulus«, bei Hildegard von Bingen und auch bei Konrad von Megenberg. In den Kräuterbüchern des 16. Jahrhunderts wird dann auf die Heilkräfte der Pflanze hingewiesen. So weiß etwa Otto Brunfels so einiges über das aus Rosmarin destillierte Wasser:

Stercket die Memory / das ist die gedächtnüssz – Behütet vor der pestilentz – Erwörmet das marck in den beynen – Bringet die sprach härwider – Macht keck und hertzhafftig – Macht jung geschaffen – Retardiert das Alter / so man es allen tag trincket – Ist ein theriacks für alles gyfft – Stillet die augenflüssz …

Sebastian Kneipp erinnert zunächst an die alte Sitte, dass sich die Hochzeitsgäste mit Rosmarinsträußchen schmücken, und lobt die Pflanze dann als verdauungsanregend, blähungstreibend, menstruationsfördernd, harntreibend. Neben Tee

Die früheste bekannte Darstellung von Rosmarin als Kübelpflanze ist dieser Holzschnitt von 1518.

empfiehlt Kneipp insbesondere den Rosmarinwein als beruhigend sowie entwässernd bei Herzbeschwerden.

Rosmarin galt als Verhütungs- und Abtreibungsmittel. Aigremont und andere Volksbotaniker wollen in dem Kinderlied einen verschlüsselten Hinweis darauf finden:

BOTANISCHER STECKBRIEF

Namen: Anthoskraut, Hochzeitsbleaml, Weihrauchkraut.
Familie: Lippenblüter (Lamiaceae).
Merkmale: Immergrüner Strauch. Zweige besonders im oberen Teil dicht beblättert. Blätter ungestielt, lineal, lederartig, oberseits grün, unterseits weißfilzig behaart, am Rand nach unten eingerollt. Blüten klein, blassblau (selten weiß), mit 2 lang herausragenden Staubblättern, in endständigen Scheintrauben. Blütezeit: Mai–Juni. Höhe: bis 1 m.
Vorkommen: Wild wachsend in den Mittelmeerländern. Gartenpflanze in subtropischem und tropischem Klima, sonst Kübelpflanze.
Wissenswertes: (Wenig) giftig.

Rosmarin und Thymian
Wächst in unserem Garten,
Unser Ännchen ist die Braut,
Will nicht länger warten.
Roter Wein und weißer Wein,
Morgen soll die Hochzeit sein.

Damit soll – so die Forscher – zum Ausdruck gebracht werden, dass die Mädchen während der Menstruation als empfängnisverhütend geltende Kräutertees tranken. Grundlage waren Pflanzen, die im Hausgarten wuchsen und einen hohen Gehalt an ätherischen Ölen haben. Neben Rosmarin und Thymian werden auch Petersilie, Myrte, Quendel oder Laven-

IM HAUSGARTEN

Anbau: Aussaat auf der Fensterbank möglich, sinnvoll ist Erwerb einer Jungpflanze.
Standort: Sonnig, warm; lockere, durchlässige, kalkhaltige Erde.
Pflege: Sparsam wässern, im Frühsommer wenig Langzeitdünger geben.
Überwinterung: Nur in mildem Weinbauklima im Freien mit Winterschutz. Sonst im Haus hell und kühl (5–10 °C); nur so viel wässern, dass der Wurzelballen nicht austrocknet. Im Frühjahr Pflanze zurückschneiden.
Wissenswertes: Vermehrung durch Kopfstecklinge im Sommer.

del genannt. Der Tee wurde getrunken, damit der nach dem Ende der Blutung wieder aufgenommene Geschlechtsverkehr folgenlos bleiben sollte.

Rosmarinblätter enthalten ätherisches Öl mit den Hauptbestandteilen Cineol, Campher und Pinen, außerdem Gerbstoffe, Bitterstoffe, Flavonoide. Anerkannt in der Phytotherapie ist die innerliche Anwendung der Blätter als Tee oder Wein zur Kreislaufanregung und bei Beschwerden aufgrund mangelnder Gallen- und/oder Magensaftproduktion. Indikationen für die äußerliche Anwendung (Bad, Spiritus) sind Muskel- und Gelenkschmerzen, Durchblutungsstörungen der Gliedmaßen, beim Bad auch Kreislaufbeschwerden aufgrund niederen Blutdrucks. In der Volksmedizin werden Zubereitungen auch bei Nierenleiden, Frauenkrankheiten und Krämpfen eingesetzt.

Schon eine längere Tradition hat Rosmarin auch in der Schönheitspflege. So soll eine Königin Isabella von Ungarn sich aus einer Mischung frischer Kräuter, darunter viel Rosmarin, ein Wasser für Gesicht und Körper hergestellt haben, das noch heute bekannte »Aqua Reginae Hungariae«. Es machte – so die Sage – die 72-Jährige so schön und jugendlich, dass der König von Polen völlig bezaubert war und um sie warb.

EIN ITALIENISCHES WÜRZKRAUT

In der bürgerlichen Küche Mitteleuropas hat man Rosmarin nicht verwendet, dagegen von jeher in der Mittelmeerküche – und ganz besonders in Italien. Rosmarinblätter passen – sparsam verwendet – zu Tomatensuppe und -sauce, zu Geflügel, Lammbraten, Fisch, in Kräutersaucen, Nudelgerichte und Gemüseaufläufe. Die Pflanze dient(e) zur Herstellung von Kräuterlikören und Parfüms und war sogar einst Biergewürz.

Achtung! Rosmarinblätter nicht auf Dauer einnehmen, nicht überdosieren, während der Schwangerschaft darauf verzichten. Das ätherische Rosmarinöl nur äußerlich verwenden.

Myrte, Brautmyrte
Myrtus communis

Immergrüner Strauch oder Baum. Familie der Myrtengewächse (Myrtaceae).
Blätter klein, eiförmig bis lanzettlich, lederartig, glänzend, zugespitzt, ganzrandig. Blüten klein, weiß, meist einzeln in den Blattachseln. Blüten und Blätter duftend. Früchte erbsengroß, bläulich oder weiß. Blütezeit: Juni–Oktober. Höhe: wild wachsend bis 5 m, in Kultur bis 1 m.
Blätter giftig.

Die Myrte, deren Name sich vom griechischen »myron« (Balsam) herleitet, ist ein typisches Gewächs der immergrünen Macchia des Mittelmeers. Im Mittelalter ist sie in die Gegenden nördlich der Alpen gebracht worden. Bei Albertus Magnus ist »mirtus« eine Pflanze des (südlichen?) Obstgartens, Hildegard und Konrad von Megenberg schreiben

Mit ihren duftenden weißen Blüten und dem dekorativen grünen Laub war die Myrte bis ins 17. Jahrhundert die Pflanze für den Brautkranz.

von einem »mirtelbaum«, aber es handelt sich dabei wahrscheinlich jeweils nicht um die Myrte, sondern um den heimischen Gagelstrauch (*Myrica gale*).

Nach einer arabischen Sage stammt die Myrte aus dem Paradies, denn Adam hatte ein Myrtenzweiglein mitgenommen, um durch den überirdischen Duft an das verlorene Paradies erinnert zu werden. Eine griechische Sage berichtet: Die Nymphe Myrsine war ein Liebling der Göttin Athene. Aber als Myrsine einmal beim Spiel im Laufen und Ringen die Göttin übertraf, wurde diese so zornig, dass sie Myrsine tötete. Zu spät kam die Reue, aber nach dem Rat der Götter entspross der liebliche

duftende Myrtenbaum dem entseelten Leib. Im antiken Griechenland war die Myrte als Sinnbild der Schönheit und Jugend insbesondere mit Aphrodite verbunden. Als die Göttin aus dem Schaum der Meereswellen geboren war, boten ihr die dichten Zweige der Myrte Schutz vor spähenden Blicken.

Die Myrte war bereits in der Antike Brautpflanze. In Mitteleuropa erschien der Myrtenkranz für die Braut im 16. Jahrhundert und löste den Rosmarin in dieser Funktion ab. Ähnlich wie dieser war die Myrte zugleich Totenblume, mit der Verstorbene bekränzt und Gräber geschmückt wurden.

In Dichtung und Volkslied erscheint die Myrte als Symbol der Jungfräulichkeit und ihres Verlusts, so auch in dem Lied »Gold und Silber« aus der Volksliedersammlung »Der kleine Rosengarten« von Hermann Löns. Da heißt es in der 3. Strophe:

Der Myrtenstock am Fenster
Der dauert mich so sehr;
Seine Zweige sind gefallen,
Nun ist er kahl und leer.

In der Antike verwendete man Myrte als Heilmittel und als Gewürz. Man aromatisierte Wein und benutzte die ätherisches Öl enthaltenden Früchte wie Pfefferkörner oder Wacholderfrüchte. Im Kochbuch des Apicius dienen Myrtenfrüchte unter anderem als Grillgewürz oder als Zugabe an Wildschweinbraten. Noch heute gibt man sie in Südeuropa an Fleisch- und Süßspeisen. Die Blüten dienen auch zur Herstellung von Duftwässern.

Achtung! Myrtenblätter nicht einnehmen.

Als **Kübelpflanze** gedeiht die Myrte an einem sonnigen bis halbschattigen Platz in kalkarmer, nährstoffreicher Erde.

Lorbeer
Laurus nobilis

Immergrüner Strauch oder Baum. Familie der Lorbeergewächse (Lauraceae).
Blätter kurz gestielt, lanzettlich, zugespitzt, am Rand wellig, dunkelgrün, glänzend. Blüten unscheinbar, gelbgrün, in kurz gestielten Blütenständen, 2-häusig verteilt. Steinfrucht beerenartig, eiförmig, schwarz. Blütezeit: April–Mai. Höhe: wild wachsend bis 10 m.

Der in Mitteleuropa meist als kugeliges Halbstämmchen gezogene Lorbeer ist im Mittelmeerraum und in Westasien beheimatet. Seit dem Mittelalter bemühte man sich um die Lorbeerkultur; die Pflanze erscheint bei Albertus Magnus in einem Plan für den Baumgarten. Wahrscheinlich konnte der Wärme liebende Lorbeer hier zu Lande – vielleicht abgesehen von mildesten Lagen – seit je nur als Kübelpflanze gezogen werden.

Der Lorbeer war dem Apollon geweiht. Als der Gott in Liebesabsicht die Nymphe Daphne verfolgte, verwandelte sich diese in einen Lorbeerstrauch. Nach der Tötung des um einen Lorbeerbaum geschlungenen Drachens Python reinigte sich der

Als Kübelpflanze verbreitet der Lorbeer auch hier zu Lande sein südländisches Flair.

Gott mit Lorbeer und zog, bekränzt mit Lorbeerzweigen, in Delphi ein. Bei den olympischen Spielen und anderen Wettkämpfen war der Lorbeerkranz Siegeszeichen, ebenso bekränzte man gefeierte Dichter damit. Siegreiche römische Feldherren trugen beim Triumphzug einen Lorbeerkranz. Noch im 19. Jahrhundert

wurden gefeierten Schauspielern auf der Bühne Lorbeerkränze überreicht, und auch heute kann sich mancher »auf seinen Lorbeeren auszuruhen«.

Diesen Vorstellungen und Bräuchen liegt wahrscheinlich die starke Dämonen vertreibende Kraft zugrunde, die man dem Lorbeer schon in der Antike zuschrieb. Abergläubische Personen sollen den ganzen Tag ein Lorbeerblatt im Mund getragen haben, und nach einer Leichenfeier ließ man sich in Rom gern von in Wasser getauchten Lorbeerwedeln besprengen, um die Totengeister zu verscheuchen. Auch als blitzabwehrend galt Lorbeer, deshalb soll sich Kaiser Tiberius bei Gewitter aus Furcht vor dem Blitzschlag mit Lorbeer bekränzt haben. Im frühen Christentum wurde der immergrüne Lorbeer zum Sinnbild der Auferstehung und deshalb – vielleicht auch wegen der keimwidrigen ätherischen Öle – wurden die Toten auf Lorbeerblätter gebettet. Vor allem in den Mittelmeerländern haben sich bis in die jüngste Vergangenheit Volksglaube und -brauch mit der abwehrenden Kraft des Lorbeers befasst.

Hildegard von Bingen schenkt dem Lorbeerbaum große Aufmerksamkeit. Sie empfiehlt etwa Rinde und Blätter zur Reinigung des Magens, Wurzel und Rinde als äußerliche Auflage gegen allerlei Schmerzen, die Beeren innerlich gegen Gicht und Fieber, äußerlich gegen Kopfschmerzen, das Öl aus den Beeren äußerlich gegen Gicht.

In der Phytotherapie wird Lorbeer nicht mehr verwendet. Lorbeeröl setzt man in der Tiermedizin ein.

Als Gewürz nimmt man die getrockneten Blätter, manchmal auch

die getrockneten Früchte. Die Blätter enthalten ätherisches Öl und Bitterstoffe, die Früchte ätherisches und fettes Öl, Stärke und Zucker. Man würzt mit den Früchten Fleisch, vor allem Wild. Die Blätter – sie werden mitgekocht und vor dem Servieren entfernt – eignen sich für Suppen, Eintöpfe, Weiß-, Blau- und Sauerkraut, Marinaden und Saucen. Auch Liköre werden damit aromatisiert. Die klassische französische Suppenwürze »Bouquet garni« besteht aus 1 Lorbeerblatt, 1 Zweig Thymian und 3 Stielen Petersilie.

Achtung! Früchte und Blätter können bei Berührung die Haut reizen.

Als **Kübelpflanze** mag der Lorbeer einen warmen, sonnigen bis halbschattigen Platz und lehmig-humose, etwas sandige, nährstoffreiche Erde.

Feigenbaum
Ficus carica

Sommergrüner Strauch.
Familie der Maulbeergewächse (Moraceae).
Zweige graugrün. Blätter groß, handförmig, 3–5-lappig, bisweilen auch ungelappt. Blüten klein, unscheinbar, zahlreich, von krugförmiger Blütenstandsachse umwachsen. Fruchtstand (Steinfruchtverband) birnenförmig und groß. Blütezeit: Juni–September. Höhe: wild wachsend 2–10 m.

Die Hausfeige, var. *domestica*, erzeugt nur weibliche, die Bocks- oder Holzfeige, var. *caprificus*, weibliche und männliche Blüten. Um die

Sehr drastisch stellt Adamus Loniceus in seinem Kräuterbuch (Ausgabe 1679) die Folgen zu ausgedehnten Feigengenusses dar.

Bestäubung durch eine spezifische Gallwespe *(Blastophaga psenes)* zu sichern, hat man seit alters in blühende Hausfeigenbäume Zweige der Bocksfeige gehängt. Die meisten Sorten der Hausfeige entwickeln heute ohne Befruchtung Fruchtverbände (Parthenokarpie).

Die Herkunft des Feigenbaums ist ungeklärt, möglicherweise ist eine kleinasiatische Wildart die Stammpflanze.

In der Bibel ist der Feigenbaum eine namentlich genannte Pflanze des Gartens Eden (1. Mose, 3,7): Nachdem Adam und Eva die Frucht vom Baum der Erkenntnis gegessen hatten, da »… wurden ihrer beider Augen aufgetan, und sie wurden ge-

wahr, dass sie nackt waren, und flochten Feigenblätter zusammen und machten sich Schurze«. Entsprechend seiner großen Bedeutung bereits in biblischer Zeit kommt im Alten und Neuen Testament der Feigenbaum verschiedentlich vor – etwa im Hohen Lied oder in einem Gleichnis Jesu (Matthäus 24, 32).

Der Baum wurde bereits um 3000 v. Chr. von den Assyrern genutzt und war in Griechenland um 700 v. Chr. bekannt. Der Feigenbaum erscheint im »Capitulare« und im »St. Gallener Klosterplan«, Albertus Magnus erwähnt ihn mehrfach.

Stets waren Feigenbaum und Feige erotische Symbole und standen für Fruchtbarkeit und Zeugungskraft. Bei den alten Ägyptern war der Baum dem Osiris heilig, die Frucht wurde mit dem Penis verglichen. Die Römer symbolisierten dagegen mit der Frucht die Vulva und auch im Deutschen wird in manchen Gegenden die weibliche Scham als »Feige« bezeichnet.

Wegen seines Milchsaftes galt bei den Römern der Feigenbaum als der Juno, der Milch spendenden Göttin, heilig. In der Sage von der Gründung der Stadt Rom säugt die Wölfin Romulus und Remus unter einem Feigenbaum. Auf dem Genter Altar der Brüder van Eyck vertritt der Feigenbaum den Apfelbaum als Baum der Erkenntnis. In Indien ist der Feigenbaum auch der kosmische Weltenbaum. Der Asket Gotama (560–480 v. Chr.) gewann unter dem Feigenbaum sitzend die erlösende Erleuchtung und wurde zum Buddha (»der Erleuchtete«).

Hildegard von Bingen verwendete Blätter und Rinde für eine Salbe gegen

Kopfweh, Augenentzündung, Brust- und Lendenschmerzen. Die Frucht wollte sie nur dem Kranken als Kräftigungsmittel zugestehen, nicht dem Gesunden,

…weil sie bewirkt, dass er genießerisch und wankelmütig wird, was schlecksüchtig und lüstern ist, sodass er Ehren erstrebt, dem Geize zuneigt und eine unbeständige Wesensart haben wird, sodass er nicht in einem steten Sinn verharrt.

Leonhart Fuchs bringt viele arzneiliche Verwendungen für die Früchte, ihren Saft, die Blätter und die Asche des Baumes.

Feigen enthalten reichlich Fruchtzucker, viele Ballaststoffe und Mineralstoffe. Sie können frisch oder getrocknet verwendet werden, beispielsweise in Obstsalaten, Müsli, süß-pikanten Vorspeisen und Hauptgerichten sowie Desserts, zudem als mildes Abführmittel.

Während man in den bürgerlichen Kochbüchern des 19. Jahrhunderts kaum fündig wird, enthalten mittelalterliche Rezeptsammlungen Rezepte etwa für »Feigen- und Weinbeerküchlein« oder für einen »Feigenpfeffer« als Beilage zu Wild oder Braten.

Achtung! Bei Einwirkung von Sonnenlicht Hautreaktionen möglich.

Im **Kübel** oder **Garten** mag der Feigenbaum einen sonnigen, warmen Platz und durchlässige, kalkhaltige Erde. Im Freien kann der Feigenbaum nur in mildem Klima und mit sorgfältigem Schutz überwintern; es gibt inzwischen auch frostharte Züchtungen.

Märzveilchen

Viola odorata und andere duftende »Violen«

Und endlich kam der Frühling. – Über der schwarzen Erde sprang an Gebüsch und Bäumen das frische Grün hervor; im Garten an den Grasrändern der Buchenhecke stand es blau von Veilchen und morgens und abends hörte man drüben vom Tannenwald die Amseln schlagen.

Theodor Storm (1817–1888): Im Schloss

Die Heimat des Märzveilchens ist das Mittelmeergebiet. Wahrscheinlich kam die Pflanze bereits im 9. Jahrhundert in mitteleuropäische Gärten, insbesondere in die Meditationsgärten der Klöster, wo sie neben Rosen und Lilien ihren Platz hatte. Von dort gelangte das Märzveilchen in die heimische Flora.

»Ion« nannten die Griechen und »viola« die Römer der Antike verschiedene Pflanzen mit angenehm veilchenartigem Duft. Durch Hinzufügungen wurde dann oft die Art näher bestimmt. Das »ion« Homers ist wahrscheinlich das Märzveilchen, ebenso das »ion porphyrun« (purpurfarbenes Veilchen) des Dioskurides. Theophrast spricht von »dunklen Veilchen«, Plinius von »viola purpurea«, Walahfrid Strabo im Vers über die Schwertlilie von »viola nigella« (dunkles Veilchen). Im Mittelhochdeutschen, etwa bei Konrad von Megenberg, heißt die Pflanze »Viol«, sonst auch »Veiel« oder »Mertzen-veiel«. Ab dem 17. Jahrhundert findet man für die liebliche Blume die Verkleinerungsform »Veilchen«.

GÖTTLICHEN URSPRUNGS

Antike Sagen rückten das Veilchen in Götternähe. Proserpina, die Tochter der Erdgöttin Ceres und des Göttervaters Jupiter, wurde einst vom Unterweltgott Pluto geraubt, als sie Narzissen und Veilchen pflückte, die zuvor Jupiter ihr zur Freude hatte sprießen lassen. Die gewaltsam Entführte ließ in ihrem Schreck die Blumen fallen. Die Veilchen fassten wieder Wurzeln und wurden zu Stammeltern aller Veilchen.

In einer anderen Sage wird eine Tochter des die Himmelskuppel tragenden Atlas vom Lichtgott Apollo verfolgt und ruft in ihrer Bedrängnis Zeus zu Hilfe. Dieser verwandelt das Mädchen in das duftende Veilchen.

Eher selten erscheint das Märzveilchen als Zauberpflanze, dann aber als kräftige Glückspflanze. Eine altwendische Sage erzählt: Als einst die christlichen Bekehrer die Macht des Gottes Zernebogh vernichteten, wurde seine prächtige Burg in einen Felsen, seine schöne Tochter in ein Veilchen verwandelt. Dieses blüht nur alle 100 Jahre, aber wer es findet und pflückt, der gewinnt eine besonders schöne Frau sowie Glück und Reichtum fürs ganze Leben dazu.

Weit verbreitet war in Mitteleuropa die Vorstellung, man müsse die ersten 3 Veilchenblüten, die man im Jahr findet, verschlucken, um das Jahr über gegen Fieber und andere Krankheiten gefeit zu sein.

Blume des Frühlings und der Gottesmutter

Als Pflanze der Persephone/Proserpina, die jeden Frühling aus der Unterwelt erneut zur Erde emporsteigt, war das Veilchen sowohl Totenblume als auch Zeichen für den Frühling und das Wiedergeborenwerden. Im Mittelalter wurde vielerorts im südlichen Mitteleuropa das erste Veilchen als Glück verheißend und als Symbol des Frühlings feierlich begrüßt. Man band es an eine Stange, richtete diese auf und veranstaltete um sie herum einen fröhlichen Tanz. Am Wiener Hof soll es bereits um 1200 Brauch gewesen sein, das erste Veilchen zu suchen, den Fund dem Herzog zu melden und anschließend ein Fest zu feiern. Der Nürnberger Meistersinger Hans Sachs geht in seinem Fastnachtsspiel (um etwa 1530) »Neithart mit dem Veilchen« auf diesen Brauch ein und lässt Bauern dem Veilchenfinder, dem Ritter Neithart, einen üblen Streich spielen.

Als demütig und bescheiden im Verborgenen blühende liebliche Pflanze war das Veilchen Symbol der Gottesmutter Maria. Sie preist Konrad von Würzburg (etwa 1230 bis 1287) in seiner Dichtung »Goldene Schmiede« als »viol-pusch in merzen«. Auf vielen Tafelbildern des Mittelalters und der Renaissance erscheint das Märzveilchen in Verbindung mit Maria, so etwa im »Paradiesgärtlein« des oberrheinischen Meisters (um 1410) oder auf dem Gemälde »Mutter Gottes mit dem Veilchen« von Stefan Lochner. Sehr bekannt geworden ist das Albrecht Dürer zugeschriebene Miniaturbild »Das Veilchensträußchen« (um 1503).

Das Märzveilchen war die Lieblingsblume von Josephine Beauharnais (1763–1814). Bei ihrer Hochzeit mit Napoleon Bonaparte am 9. März 1796 trug sie ein mit Veilchen besticktes Kleid und ein Veilchensträußchen in der Hand. Napoleon, der sich und seine Frau 1804 zum Kaiser krönte, soll ihr alljährlich zum Hochzeitstag einen Veilchenstrauß geschenkt haben. Auch nachdem der Kaiser sich 1809 nach kinderloser Ehe von Josephine hatte scheiden lassen, bewahrte er die durch sie geweckte Liebe zum Veilchen. Es wurde die Wappenblume Napoleons, seiner Anhänger und Namensnachfolger, und aus der Verbannung auf Elba verkündete er 1814, er käme mit den Veilchen wieder. Wirk-

Märzveilchen und Schneeglöckchen schrecken vor Schnee und Eis nicht zurück, wenn sie als erste Frühlingsboten beim Austreiben des Winters helfen.

lich zog er im März 1815 in Paris ein, wo ihn seine Anhänger mit Märzveilchen im Knopfloch begrüßten. Auch nach St. Helena in die Verbannung, wo er 1821 starb, soll Napoleon Veilchen vom Grab der unvergessenen Josephine mitgenommen haben.

Liebling der Dichter

Das Märzveilchen erscheint so überaus häufig als Symbolblume in der deutschen Dichtung – insbesondere in der Lyrik, aber auch in Prosatexten –, dass man sich fragt, wie Dichter und Sänger vor der Einführung der Pflanze in unsere Gärten zurechtkommen konnten. Johann Wolfgang von Goethe (1749–1832) hat die Pflanze besonders geschätzt, sie in verschiedenen Gedichten erwähnt und ihr eines gewidmet, das später von Franz Schubert vertont wurde:

Das Veilchen
Ein Veilchen auf der Wiese stand,
Gebückt in sich und unbekannt;
Es war ein herzigs Veilchen.
Da kam eine junge Schäferin
Mit leichtem Schritt und munterm Sinn
Daher, daher,
Die Wiese her, und sang.

Ach, denkt das Veilchen, wär ich nur
Die schönste Blume der Natur,
Ach, nur ein kleines Weilchen,
Bis mich das Liebchen abgepflückt
Und an dem Busen mattgedrückt!
Ach nur, ach nur
Ein Viertelstündchen lang!

Ach! aber ach! das Mädchen kam
Und nicht in acht das Veilchen
nahm,
Ertrat das arme Veilchen.
Es sank und starb und freut' sich
noch:
Und sterb ich denn, so sterb ich
doch
Durch sie, durch sie
Zu ihren Füßen doch.

Auch andere Dichter bedienen sich
des Veilchens als Symbol:

ER IST'S
Frühling lässt sein blaues Band
Wieder flattern durch die Lüfte
Süße, wohlbekannte Düfte
Streifen ahnungsvoll das Land.
Veilchen träumen schon,
Wollen balde kommen.
– Horch, von fern ein leiser
Harfenton!
Frühling, ja du bist's!
Dich hab ich vernommen!
EDUARD MÖRIKE (1804–1875)

Heinrich Heine besang es verschiedentlich romantisch-ironisch.

Die blauen Frühlingsaugen
Schaun aus dem Gras hervor;
Das sind die lieben Veilchen,
Die ich zum Strauß erkor.

Ich pflücke sie und denke,
Und die Gedanken all,
Die mir im Herzen seufzen,
Singe laut die Nachtigall.

Ja, was ich denke, singt sie
Lautschmetternd, daß es schallt;
Mein zärtliches Geheimnis
Weiß schon der ganze Wald.
HEINRICH HEINE (1797–1856)

IM FRÜHLING
Leise sank von dunklen Schritten
der Schnee,
Im Schatten des Baums
Heben die rosigen Lider Lie-
bende.

Immer folgt den dunklen Rufen
der Schiffer
Stern und Nacht;
Und die Ruder schlagen leise im
Takt.

Balde an verfallener Mauer
blühen
Die Veilchen,
Ergrünt so stille die Schläfe des
Einsamen.
GEORG TRAKL (1887–1914)

Als Vers fürs Poesiealbum war
noch in den 50er- und 60er-Jahren
des vorigen Jahrhunderts beliebt:

Sei wie das Veilchen im Moose
Bescheiden, sittsam und rein,
Nicht wie die stolze Rose,
Die immer bewundert will sein.

»IST GUT ZU DEM TRUCKEN HUSTEN«

In den hippokratischen Schriften
wird das Veilchen als Mittel gegen
die Folgen von Alkoholmissbrauch
gepriesen, ebenso bei Dioskurides.
Im Medizinischen Lehrgedicht der
Hohen Schule von Salerno (Regimen
Sanitatis Salerni) heißt es:

Rausch und Trunckenheit raubt
es,
Schmertzen und Schwere des
Hauptes.

Purpurnes Veilchen, du jagst in
die Flucht,
so sagt man, sogar die fallende
Sucht.

Der »Macer floridus« empfiehlt
die Bekränzung des Hauptes mit der
Pflanze gegen die Nachwirkungen
von Alkoholgenuss und das Veilchen-
blütenöl gegen Ohrenschmerzen und
Kopfschuppen. Hildegard von Bingen schätzt »viola« insbesondere bei
»Verdunkelung der Augen«, zudem
bei Kopfweh und dreitägigem Fieber. Konrad von Megenberg bringt
Rezepte für Veilchensirup und
Veilchenöl (äußerlich gegen Kopfweh).

Leonhart Fuchs nennt in seinem
Kräuterbuch eine ganze Reihe von
Anwendungen, darunter auch:

Man mag auch auß disen Violen
Conseruen oder zucker machen /
zu leschung des dursts / linderung
des stulgangs / vnd der rauhen ke-
len. Dieser zucker lescht auß vnd
dempfft die scherpffe der gallen /
vnd die überige hitz des febers. Ist
gut zu dem trucken husten. Deß-
gleichen auch der Juleb vnd Syrup
von Violen / welche bereytung
von andern genugsam ist angezeyt
/ hie on not widerumb zu erzelen.

Auch Sebastian Kneipp verwendete das Veilchen als Hustenmittel,
zudem in Essig gekocht äußerlich als
Auflage gegen Gicht.

In der Phytotherapie anerkannt ist
der Wurzelstock als auswurfförder-
des Mittel in Teemischungen. Wichtige Inhaltsstoffe sind Saponine, ätherisches Öl, Salizylsäuremethylester,
Schleim, das Alkaloid Violin. In der

BOTANISCHER STECKBRIEF

Namen: Marienstängel, Schwalbenblume, Veigerl.
Familie: Veilchengewächse (Violaceae).
Merkmale: Staude (Wurzelstock). Blätter in grundständiger Rosette, lang gestielt, 1,5–5 cm lang, sich nach der Blüte vergrößernd, fein behaart, rundlich bis eiförmig, am Grund herzförmig, Rand schwach gekerbt; Nebenblätter eiförmig, zugespitzt. Blütenstiele lang, in der Mitte mit 2 schuppenförmigen Vorblättern. Blüten wohlriechend; Kronblätter 5, dunkelviolett, am Grund weiß, das vordere Kronblatt mit dickem, geradem, dunkelviolettem Sporn. Lange, kriechende oberirdische Ausläufer. Blüte: März–April. Höhe: 5–10 cm.
Vorkommen: In lichten Laubwäldern, in Hecken, an Bach- und Wegrändern.
Wissenswertes: Im Sommer erscheinen unscheinbare Blüten, die sich nicht öffnen, in denen aber Selbstbestäubung stattfindet (Kleistogamie). Die fleischigen Samenanhängsel werden von Ameisen verschleppt, die so zur Ausbreitung der Pflanze beitragen. Halbschattenpflanze, Nährstoffzeiger.
Verwandte Arten: Es gibt verschiedene ähnlich aussehende Arten, die aber weder Duft noch eine nachgewiesene oder durch Erfahrung erprobte Arzneiwirkung haben, beispielsweise Hundsveilchen (*Viola canina*, ohne Grundblätter), Rauhaariges Veilchen (*Viola hirta*, stark behaart an Stängeln und Blättern). Das Wilde Stiefmütterchen (*Viola tricolor*) mit weiß-gelb-violetter Blüte ist dagegen eine bewährte Heilpflanze.

Volksmedizin wird Tee auch aus Blüten und Blättern insbesondere bei hartnäckiger Bronchitis verwendet, zudem soll der Tee aus den Blüten oder dem blühenden Kraut zusammen mit einem Fußbad, dem ein Wurzelabsud zugesetzt wurde, gegen Schlafstörungen helfen. Veilchentee zum Trinken und zum Gurgeln wird bei Halsentzündung empfohlen.

Der bereits von Konrad von Megenberg und Leonhart Fuchs erwähnte Veilchensirup blieb bis in die jüngere Vergangenheit ein beliebtes Mittel gegen Husten, insbesondere der Kinder, und zur Beruhigung und

Schlafförderung. Später wurde er in den Apotheken wegen seiner auf Anthocyanen beruhenden schönen Farbe noch als Korrigens für Mixturen verwendet.

FÄRBEN, AROMATISIEREN, DEKORIEREN, PFLEGEN

Ein Rezept für Veilchenwein – Veilchenblütenblätter in Wein ziehen lassen – findet man im Kochbuch des Apicius. Im »Buoch von guoter spîse« aus dem 14. Jahrhundert gibt es eine Anleitung für einen

Veilchenpudding aus Mandelmilch, Reismehl und Schmalz, der mit Veilchenblüten gefärbt wird.

Der Veilchensaft ist als Speisenfärbemittel in vielen bürgerlichen Kochbüchern des 19. Jahrhunderts enthalten. Er wurde ähnlich wie der Sirup zubereitet, zum Beispiel bei Margarete Völckel, die über diesen blauen Saft schreibt: »Zum Färben des Eises, zu Verzierungen auf Backwerken und dergleichen ist der Veilchensaft sehr zu empfehlen.« Beliebt waren früher Veilchenpastillen nicht nur gegen Husten, sondern auch als süßes Lutschbonbon und um einen angenehmen Atem zu erzielen.

Veilchenblätter können Frühlingssalaten, Wildkräutersuppen und -gemüsezubereitungen zugegeben werden. Die Blüten sind – auch kandiert – essbare Speisendekorationen und aromatisieren Süßspeisen, Honig, Essig und Öl.

Besonders im 19. Jahrhundert waren Veilchen in der Schönheitspflege beliebt. Duftwässer, Toilette-Essig, Gesichtscremes und Seifen hat man aus den duftenden Blüten hergestellt.

Goldlack
Erysimum (Cheiranthus) cheiri

Halbstrauch.
Familie der Kreuzblüter (Brassicaceae).
Stängel kantig. Blätter lanzettlich, spitz zulaufend, angedrückt behaart. Blüten in verschiedenen Gelb-, Orange- und Brauntönen, gefüllt oder ungefüllt, traubig angeordnet, duftend. Blütezeit: April–Juni. Höhe: 25–80 cm. Stellenweise – vor allem am Ober- und Mittelrhein aus Burggärten stammend – verwildert und eingebürgert. Giftig.

Goldlack stammt aus dem östlichen Mittelmeerraum. Plinius nennt die Pflanze »viola lutea«, Albertus Magnus »viola crocea«. Im 13. Jahrhundert kam Goldlack in mitteleuropäische Kloster- und insbe-

Der Name Goldlack für das Gelbveiglein, der sich auf die goldene Farbe der Blüten bezieht, ist erst seit dem 18. Jahrhundert bezeugt.

sondere in Burggärten. »Geel Veiel«, »gelb Veiel« oder »Gelbveiglein« wurde er im 16. Jahrhundert genannt. Tabernaemontanus schreibt in seinem Kräuterbuch, dass die Frauen die gelbe Veiel mit Vorliebe in ihren Wurzgärten gepflegt hätten. In England, Frankreich und Spanien hatte Goldlack die Bedeutung »Treue in der Not«. Das Gelbveigelein erscheint in alten deutschen Volksliedern als Symbol trauernder Liebe und in verschiedenen Variationen gibt es die Strophe:

Und um das Grab der Herzliebsten mein
Blüht Amarant und Gelbveigelein!

Der toxische Herzglykoside enthaltende giftige Goldlack galt früher auch als Heilpflanze. So heißt es bei Leonhart Fuchs über die »Veieln« unter anderem:

Auß gedachten blumen mit wachß
ein pflaster gemacht vnd übergelegt / heylet den zerschunden after.

Mit honig aber vermischt / die geschwär des munds.

Im **Garten** wird Goldlack 2-jährig gezogen. Er braucht einen sonnigen Platz, lehmreiche, möglichst leicht kalkhaltige Erde und verabscheut Staunässe.

Gartenlevkoje
Matthiola incana

2-jährig.
Familie der Kreuzblüter (Brassicaceae).
Stängel verästelt, Blätter lanzettlich, graufilzig behaart. Blüten in verschiedenen Farben, gefüllt oder ungefüllt, in Trauben, duftend. Blütezeit: Juni–September. Höhe: 30–90 cm.
Selten verwildert an Mauern und Ruderalstellen.
Die 1-jährige Sommerlevkoje (Matthiola annua) ist etwas kleiner.

Gartenlevkojen verströmen nostalgischen Duft und Charme. Aquarell von Caroline Burger (2004).

Im **Garten** schätzen die Levkojen einen sonnigen Standort und warmen, sandigen, eher trockenen Boden.

Nachtviole
Hesperis matronalis

2-jährig oder ausdauernd.
Familie der Kreuzblüter (Brassicaceae).
Stängel im oberen Bereich verästelt; Blätter gestielt, eiförmig bis lanzettlich, am Rand gezähnt, zugespitzt. Blüten violett, purpurfarben oder weiß, gefüllt oder ungefüllt, in dichtem Blütenstand, duftend. Blütezeit: Mai–Juni. Höhe: 50–100 cm.
An Waldrändern und in Auwäldern verwildert.

Die Nachtviole stammt aus Südeuropa. Plinius erwähnt eine Pflanze »hesperis«, die in der Nacht stärker dufte als am Tag. Im 14. Jahrhundert kam die Nachtviole in mitteleuropäische Gärten. Hieronymus Bock, der sie gegen Atembeschwerden und Husten empfiehlt, nennt die Nachtviole »winter Viole« und erklärt den Namen damit, dass sie im Winter nicht erfriere und den weiteren Namen »frawen Viole« oder »jungfrawe Viole« mit der Vorliebe der Frauen für diese Pflanze als Gartengewächs.

Im **Garten** mag die anspruchslose Nachtviole, die sich auch durch Selbstaussaat vermehrt, einen sonnigen und warmen Standort.

Mit dem lieblichen veilchenartigen Duft ihrer Blüten lockt die Nachtviole Nachtschmetterlinge zur Bestäubung an.

Der Name ist abgeleitet von der griechischen Benennung »leucoion« (weißes Veilchen). Die im Mittelmeerraum beheimatete Pflanze wurde bereits von den alten Griechen kultiviert. Im 15. Jahrhundert kam die Levkoje als Zierpflanze in mitteleuropäische Gärten, insbesondere wurde sie als Duftpflanze in Burggärten gezogen. Tabernaemontanus schreibt, die Pflanze sei erst kürzlich aus Welschland gekommen.

Levkojen wurden über Jahrhunderte in Bauerngärten gezogen und waren auch beliebte Grabblumen. Heute sind die auch in der Vase sehr dekorativen Pflanzen, die von den Burgfrauen in verschiedenen Farben und Formen gezüchtet worden sein sollen, aus der Mode gekommen.

Gewöhnliche Akelei

Aquilegia vulgaris und andere liebliche Blüten-glocken aus der heimischen Flora

Wie er die seltene Gestalt auf schmalem Pfade vor sich herwandeln sah, pries er in seinem Herzen jene schwanke Agleypflanze mit ihrem Glockenhaupt, die ihn auf einen so lieblichen Weg geführt hatte.

GOTTFRIED KELLER (1819–1890): ZÜRICHER NOVELLEN

Die Akelei, eine heimische Pflanze, die den Botanikern der Antike offenbar nicht bekannt war, ist seit dem 12. Jahrhundert für mitteleuropäische Gärten nachge-wiesen.

Umstritten ist die Deutung des Na-mens »Aquilegia«. Möglicherweise wurde er vom althochdeutschen Namen »agaleia« entlehnt oder er bezieht sich – so deutet Albertus Magnus – auf die gekrümmten Sporne der Honigblätter und stellt einen Vergleich zu den gekrümmten Krallen des Adlers (lateinisch »aquila«) her.

Es gibt noch andere Deutungs- und Erklärungsversuche: Akelei oder Aglei sei vom althochdeutschen »agana« (Spitze) abgeleitet, und zwar wegen der in spitzem Sporn auslau-fenden Kronblätter, oder das Wort sei aus den lateinischen Wörtern »aqua« (Wasser) und »legere« (schöpfen) zu-sammengesetzt, und zwar wegen der 5 trichterförmigen Honigblätter, in denen sich der Regen sammelt, oder statt »Aquilegia« müsse es eigentlich »Alleluja« heißen, und zwar wegen der 3-zähligen Blätter der Pflanze, die – wie die 3-zähligen Blätter etwa des Klees oder der Erdbeere – ein Symbol der heiligen Dreifaltigkeit sind.

Früher war der Name der Akelei meist mit männlichem Artikel verse-hen, so auch bei Goethe:

Schön erhebt sich der Aglei und
senkt das Köpfchen herunter.
Ist es Gefühl? oder ist's Mutwill?
Ihr ratet es nicht.

ÄSTHETISCHES OBJEKT UND SYMBOLBLUME

Manche Volkskundler und Kunsthistoriker insbesondere des 19. Jahrhunderts haben die Ake-lei als typisch germanische oder deut-sche Symbolblume bezeichnet. Tat-sächlich findet man die Pflanze vor allem auf Werken von Künstlern des deutschen Sprachgebiets aus der Zeit zwischen 1300 und 1550. Berühmte Beispiele der Darstellung um ihrer selbst willen, als ein Objekt, das naturkundliche und ästhetische Interessen befriedigt, sind Albrecht Dürers Aquarell der Akelei oder Hans Baldung Griens (1484–1545) Handzeichnung. Albertus Magnus empfiehlt die Akelei wegen ihrer Schönheit als Pflanze des Ziergar-tens.

Insbesondere aber war sie Symbolblume. Die großen, gespornten, blütenblattartigen Honigblätter hat man mit Tauben verglichen, deshalb heißt die Akelei auch Taubenblume oder Tauberlblume. Die Taube versinnbildlicht den Heiligen Geist und diesen wiederum kann die Akelei auf Tafelbildern symbolisieren. Ebenfalls Taubenblume, aber in anderer Bedeutung ist die Akelei auf einem Bild mit dem Titel »La Columbine« des italienischen Malers Francesco Melzi, auf dem die porträtierte junge Frau in der linken Hand eine Akelei hält. »Columbina« (Täubchen) ist die weibliche Hauptfigur der italienischen Commedia dell' Arte.

Emma M. Zimmerer schreibt in ihrem »Kräutersegen« (1896): »Es ist eine durchaus gotische Pflanze. Nicht nur zeigen die Blumen ein zierlich geordnetes Geschnörkel durch die einwärts gekrümmten 5 Spornen, sondern auch die doppelt dreiteiligen Blätter scheinen aus dem Laubwerk eines gotischen Kirchenfensters herausgeschnitzelt zu sein.« Beispiele für plastische Darstellungen der Pflanze sind die Kapitelle mit Akeleiblattwerk (geschaffen um die Mitte des 13. Jahrhunderts) im Altenberger Dom oder eine naturalistische Akeleidarstellung (um 1260) an einem Kapitell in der Kathedrale von Chartres in Frankreich.

Die Akelei, als eine der wichtigsten Symbolblumen Christi, findet sich auf Bildern der gesamten Heilsgeschichte, beispielsweise auf der vom Meister des Bartholomäus-Altars (um 1445 bis nach 1515) gemalten Taufe Christi oder dem Kreuzigungsbild des Bartholomäus Bruyn d. Ä. (um 1493–1555).

Auf verschiedenen Bildern ist die Akelei Sinnbild der Lobpreisung Gottes, etwa auf der »Hirtenanbetung« des Portinari-Altars (1473/75) von Hugo van der Goes. Die Symbolik soll von einem Zusammenhang des Wortes »Aglei« mit dem Kabbala-Wort »AGLA« herrühren. Mit Kabbala bezeichnete man seit dem 13. Jahrhundert eine mystische Geheimlehre, die aus verschiedenen christlichen und jüdischen Quellen entstanden war. Das Wort »AGLA« war einst auf Amuletten und Ringen weit verbreitet. Es ist eine Ligatur des hebräischen »Atha Gibbor Leolam Adonai« und entspricht somit einer Lobpreisung Gottes.

Das Aquarell »Akelei« wurde früher Albrecht Dürer (1471–1529) zugeschrieben.

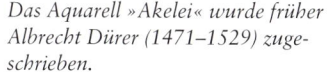

Botanischer Steckbrief

Namen: Gaggelei, Frauenschuh, Täubchen, Unser Lieben Frauen Handschuh.
Familie: Hahnenfußgewächse (Ranunculaceae).
Merkmale: Staude (Pfahlwurzel). Stängel aufrecht. Blätter oft blaugrün; untere doppelt 3-zählig; mittlere kleiner, 3-zählig; obere 3-lappig. Blüten blauviolett, lang gestielt; Honigblätter 5, blütenblattartig, mit einwärts gekrümmtem Sporn; Staubblätter zahlreich, aus der Blüte ragend. Blütezeit: Mai–Juli. Höhe: 30–80 cm.
Vorkommen: Laubwälder, Wiesen, Gebüsche; fast ganz Europa.
Verwandte Unterarten: Heute unterscheidet man 3 in Mitteleuropa vorkommende Unterarten: Die oben beschriebene Gewöhnliche Akelei (ssp. *vulgaris*), die in Nadelmischwäldern, Gebüschen, Säumen, Moorwiesen der Alpen und des Alpenvorlandes wachsende Schwarzviolette Akelei (ssp. *atrata*) mit schwarzvioletten oder purpurbraunen Blüten und weit aus der Blüte ragenden Staubblättern sowie die in Kärnten und der Steiermark auf steinigen Abhängen und Felsen selten vorkommende Dunkle Akelei (ssp. *nigricans*).
Wissenswertes: Giftig. Alle 3 Unterarten besonders geschützt.

Der Name »Unser Lieben Frauen Handschuh« bezieht sich auf die Gottesmutter Maria, die ebenfalls häufig mit Akelei dargestellt wird, beispielsweise auf Robert Campins (1375–1444) »Madonna auf der Rasenbank« (auch wenn die Akelei keine ausgesprochene Marienblume ist wie etwa die Weiße Lilie). Verschiedene Autoren geben an, dass die Akelei der Muttergöttin Frija/Freyja geweiht gewesen sei. In diesen vorchristlichen Kontext mag dann auch der Name »Elfenschuh« gehören.

GEGEN »FREISLICH«, SKROFELN, ZAUBEREI UND ANDERES

Hildegard von Bingen bewertet »agleya« positiv: gegen Krampfanfälle der Kinder (»freislich«), gegen Skrofulose (Schwellungen der Hals- und Nacken-Lymphknoten), in Honig gebeizt gegen Auswurf, den Saft mit Wein gegen Fieber.

Tabernaemontanus lobt die Pflanze fast als eine Art Allheilmittel und außerdem: »So einem Mann seine Krafft genommen und durch Zauberei oder andere Hexenkunst zu den ehelichen werken unvermöglich worden were, der trinck stätig von dieser Wurzel und dem Samen, er geniest und kompt wieder zurecht.«

Seit etwa 1800 wird die Akelei schulmedizinisch nicht mehr verwendet, dagegen war sie noch längere Zeit in der Volksmedizin beliebt. So empfiehlt »Oertel-Bauer's Heilpflanzenbuch« (1908): aus den Samen bereitetes Gurgelwasser bei Halsentzündungen, die Samen in Wein gekocht als schmerzstillendes Mittel für gebärende Frauen, den Blättertee gegen Verstopfung, »Mutterweh« (Gebärmutterschmerzen), Leibschmerzen und Gelbsucht.

Als Krebsmittel galt die Pflanze bis in die jüngere Vergangenheit in der Gegend von Siegen. Man sammelte dort zu einer bestimmten Zeit des Frühjahrs »Krebskraut« und dieses bestand aus einer bestimmten Anzahl von Blättern der Akelei, der Fetthenne *(Sedum telephium)* und des Waldgamanders *(Teucrium scorodonia)*. Die Blätter wurden getrocknet und zu Kräuterpulver verarbeitet. Mit den blauen Blüten wurden in alter Zeit Speisen blau gefärbt.

Akelei enthält Gerbstoffe sowie ein Glykosid, das Blausäure abspaltet, hat daher Giftwirkung, über deren Stärke ebenso wie über weitere Inhaltsstoffe wenig bekannt ist.

Achtung! Wegen der Giftigkeit der Pflanze keine arzneiliche oder kulinarische Verwendung.

Maiglöckchen
Convallaria majalis

Wie die Akelei wird auch das Maiglöckchen von den antiken Autoren nicht erwähnt. Im Mittelalter gaben gelehrte Mönche der Pflanze den Namen »lilium convallium« (Lilie der Täler) und spielten damit auf die Stelle im Hohen Lied (2,1) an: »Ich bin die Narzisse in Saron, die Lilie in den Tälern.« Damit war zwar die Weiße Lilie gemeint, aber weiße Blüten, Duft und Anmut kommen auch dem Maiglöckchen zu und rücken es deshalb in deren Nähe. Seit dem späten Mittelalter ist das Maiglöckchen eine beliebte Gartenpflanze. Die Blütezeit, der wonnevolle Monat Mai, ging offenbar frühzeitig in den Volksnamen ein. Hildegard von Bingen nennt die Pflanze »meygilana«, im »Paradeißgärtlein« des Conrad Rosbach (1588) erscheint sie als »Meyblumen«, in den Kräuterbüchern etwa

Im 19. und frühen 20. Jahrhundert waren Maiglöckchen und ihr Duft sehr beliebt. Alte Postkarte.

als »Meienblümlein« (Hieronymus Bock) oder »Meyenblümlein« (Otto Brunfels).

Auch das Maiglöckchen wurde bisweilen als typisch germanische oder deutsche Symbolpflanze bezeichnet. Man brachte sie mit Ostara in Verbindung, einer germanischen Frühlings- und Fruchtbarkeitsgöttin, von der nicht sicher ist, ob sie im Glauben der germanischen Völker wirklich existiert hat. Existiert haben aber Frühlings- und Maifeste und möglicherweise hat die duftende und liebliche Blume als Symbol des Frühlings und als Schmuck der Frauen dabei eine Rolle gespielt.

Auch Baldersblume wurde sie genannt und so mit Balder, dem germanischen Sonnen-, Licht- und Frühlingsgott, verbunden. Kronfeld erzählt eine Sage, nach der die Blume

auf Geheiß Balders auf dem Grab eines im Kampf gegen die Rämer gefallenen jungen Helden entsprossen sei, um die unglückliche Braut zu trösten.

Auf mittelalterlichen Tafelbildern ist das Maiglöckchen Marienblume, Symbol Christi und kann auch für die rechte Entscheidung zwischen Gut und Böse stehen.

Hildegard von Bingen empfiehlt Menschen mit Skrofeln, Ausschlägen oder Geschwüren sowie dem Epileptiker, oft nüchtern Maiglöckchen zu essen. Die Kräuterbücher der Renaissance bringen verschiedene Heilanzeigen für das Maiglöckchen, so beispielsweise Otto Brunfels: gegen Gift, Ohnmacht, Zittern, Leberentzündung, zur Stärkung von Hirn, Sinnen und Herz. In der Sympathiemedizin galten die wie Tropfen niederhängenden Maiglöckchenblüten als Mittel gegen Schlaganfall, auch Lonicerus bringt dafür ein Rezept.

Die vor Sonnenaufgang gepflückten Blüten verwendeten Frauen als Schönheitsmittel und – wohl weil das Blühen des Maiglöckchens den Beginn des Sommers verkündete – auch als Vorbeugungsmittel gegen Sommersprossen. Die Beliebtheit von Parfüms und Seifen mit Maiglöckchenduft ist gegenwärtig weniger groß als früher.

In der Phytotherapie verwendet man Fertigpräparate aus dem zur Blütezeit gesammelten Kraut. Heilanzeigen sind leicht eingeschränkte Herzleistung und nervös bedingte Herzbeschwerden. Wichtige Inhaltsstoffe sind Glykoside, darunter einige Hauptglykoside wie Convallatoxin, Convallosid, Convallatoxol. In der Volksmedizin hat man das

Maiglöckchen wegen seiner Giftigkeit schon seit längerem nicht mehr verwendet.

Achtung! Wegen der Giftigkeit der Pflanze keine Selbstbehandlung.

Im **Garten** schätzt das Maiglöckchen einen schattigen oder halbschattigen Platz und feuchte, humusreiche Erde.

Frühlings- knotenblume
Leucojum vernum

Staude (Zwiebel).
Familie der Narzissengewächse (Amaryllidaceae).
Stängel 2-schneidig zusammengedrückt. Blätter 2, grundständig, lineal, meist dunkelgrün. Blüten meist einzeln; selten zu 2; glockig; weiß mit grünem, gelbgrünem oder gelbem Saum; alle 6 Blütenblätter gleich lang. Blütezeit: Februar–April. Höhe: 5–25 cm.
Zerstreut, stellenweise häufig im mittleren und südlichen Mitteleuropa in feuchten Laubwäldern und auf Bergwiesen.
Das verwandte Schneeglöckchen *(Galanthus nivalis)*: Blätter 2, blaugrün. Blüten einzeln am Stängel stehend; 3 reinweiße äußere und 3 halb so lange innere mit grünem Fleck versehene Blütenblätter. Wild wachsend selten in Süddeutschland, Österreich, Schweiz; sonst stellenweise verwildert in Laub- und Auwäldern, Gebüschen.
Frühlingsknotenblume und Schneeglöckchen sind giftig und besonders geschützt.

Wegen ihres zeitigen Blühens im Jahr heißt die Frühlingsknotenblume auch Märzglöckchen und Märzenbecher sowie, abgeleitet vom alten deutschen Monatsnamen für den Februar, Hornungsblume.

Seit dem 15. Jahrhundert ist die Pflanze in mitteleuropäischen Gärten nachgewiesen. Schon blühend, während noch Schnee liegt, ist sie als einer der ersten Frühlingsboten Zeichen der Hoffnung. Als solches erscheint sie etwa im »Paradiesgärtlein« eines oberrheinischen Meisters (um 1410–1420) oder im Bild »Madonna in den Erdbeeren« (um 1410), das vom selben Meister stammt und einen zu Mariens Füßen in den Frühlingsknotenblumen geradezu versunkenen Stifter zeigt.

Das von Anton Perger in »Deutsche Pflanzensagen« erwähnte Schneeglöckchen, das einst ein Bauer am Untersberg gefunden, auf seinen Hut gesteckt und das sich dort in Kronentaler verwandelt haben soll, ist mit großer Wahrscheinlichkeit die Frühlingsknotenblume. Diese wird ebenfalls oft als Schneeglöckchen bezeichnet, während *Galanthus nivalis* in der Gegend von Berchtesgaden und Salzburg wild nicht vorkommt.

Die Mühe der Unterscheidung beider Arten hat sich Leonhart Fuchs nicht gemacht. Er hat seiner »Hornungsblum« 2 Blütenstängel gegeben: Der linke trägt eine Blüte der Frühlingsknotenblume, der rechte eine Schneeglöckchenblüte. Er schreibt dazu, dass die Pflanze bei Theophrast »Leucoion«, bei Plinius »Viola alba« heiße. Beide Autoren haben damit aber wahrscheinlich die Levkoje (siehe S. 78f.) bezeichnet. Seines Wissens, so fährt Fuchs fort, würden die Hornungsblumen noch nicht als Arzneipflanzen verwendet, er legt aber nahe, sie wie andere

Im Kräuterbuch des Leonhart Fuchs (1543) findet sich diese interessante Pflanze, die links eine Blüte der Frühlingsknotenblume und rechts eine Schneeglöckchenblüte trägt.

Zwiebeln »zu heylung der allten schäden« zu gebrauchen. Da die Pflanze ebenso wie das Schneeglöckchen aufgrund enthaltener Alkaloide giftig ist, sollte man diesem Rat des alten Botanikers besser nicht folgen.

Im **Garten** setzt man die Zwiebeln an einen sonnigen bis halbschattigen Platz mit feuchter, humusreicher Erde.

Manchmal schon im Februar – daher auch der alte Name Hornungsblume – erscheint in feuchten Laub- und Auwäldern wie hier an der Isarmündung die Frühlingsknotenblume.

Gartennelke

Dianthus caryophyllus und andere Nelken

Wie die Nelken duftig atmen!
Wie die Sterne, ein Gewimmel
Goldner Bienen, ängstlich schimmern
An dem veilchenblauen Himmel!

HEINRICH HEINE (1797–1856): NEUE GEDICHTE, NR. 26, 1. VERS

Eine geschichtliche Sage berichtet über Herkunft und Namen der Gartennelke: Im Jahre 1270 unternahm Ludwig IX., der später heilig gesprochene König von Frankreich, seinen 2. Kreuzzug. Mit 60 000 Mann und einer Flotte von 200 Schiffen startete er von Aigues-Mortes aus nach Afrika und belagerte nach seiner Ankunft Tunis. Da brach in Ludwigs Heer eine Seuche aus und der kräuterkundige König suchte nach einer Heilpflanze als Gegenmittel. Auf dürrem Boden entdeckte er eine zarte Blüte, deren starker Duft

ihn an den Geruch der Gewürznelke erinnerte und der er deshalb den Nelkennamen verlieh. Ludwig ließ aus der Pflanze ein Präparat bereiten, das viele Kranke genesen ließ. Die Kreuzritter brachten dann die Gartennelke nach Frankreich.

So weit die Sage. Tatsächlich ist damals der König selbst dieser Seuche erlegen und tatsächlich gelangte die wahrscheinlich aus Südeuropa stammende Gartennelke erst um 1460 von Valencia nach Frankreich, wo bereits die Federnelke *(Dianthus plumarius)* kultiviert wurde. Diese war, wie auch die Bartnelke, schon den Griechen und Römern bekannt.

Das deutsche Wort »Nelke« ist aus »Nägelein« entstanden, womit die Gewürznelke wegen ihrer einem kleinen Nagel ähnelnden Form bezeichnet wurde. Bereits seit der Antike hat man Gewürznelken aus Hinterindien nach Europa importiert, seit dem frühen Mittelalter auch nach Mitteleuropa. Die Benennung wurde bald nach dem Auftauchen der Gartennelken auf diese übertragen. Der von Linné gewählte wissenschaftliche Name bedeutet »nelkenartige Gottesblume«.

Mit seinem Kreuzfahrerheer landete Ludwig IX. 1270 bei Karthago und belagerte anschließend Tunis. Die Legende erzählt, der heilkundige König habe nach einem Mittel gegen die in seinem Heer ausgebrochene Seuche gesucht und die Gartennelke gefunden.

Die rote Nelke ist Festblume bei den Maifeiern.

ROTE BLUME DER BOURBONEN UND DER SOZIALISTEN

Ludwig II. (1621–1686), Prinz von Condé, der wegen seiner kriegerischen Heldentaten »Der Große Condé« genannt wurde, hatte die Gartennelke zu seiner Lieblingsblume erkoren und verfasste Pflegeanleitungen für sie, weshalb die Pflanze damals auch »Blume des Großen Condé« hieß. Während seiner durch Mazarin veranlassten Gefangenschaft in Vincennes kultivierte Condé Nelken, während seine Frau politisch tätig war. Dies soll den Prinzen zu der bewundernden Äuße-

rung veranlasst haben: »Wer sollte glauben, dass, während ich Nelken begieße und pflege, meine Frau Krieg führt und ehrenvolle Siegerin ist.«

Ein Enkel Ludwigs XV. soll sich in seinen jungen Jahren fast ausschließlich mit der Nelkenzucht befasst haben. Um dem Prinzen, der sich für gärtnerisch besonders begabt hielt, zu schmeicheln, tauschte ein Höfling jede vom Prinzen gepflanzte Nelke über Nacht gegen ein blühendes Exemplar aus. Der Prinz glaubte jedes Mal, dass sie in so kurzer Zeit erblüht sei und er folglich Macht über die Natur habe. Als er diese Macht an anderen Naturobjekten erproben wollte, scheiterte er allerdings kläglich.

Während der französischen Revolution trugen zur Guillotine geführte Anhänger des Königs und des Hauses Bourbon als Zeichen ihrer Treue und Todesverachtung rote Nelken. Offenbar konnte oder wollte Napoleon I. sich nicht von der Nelkentradition lösen, denn das Nelkenrot war Vorbild für die Farbe des Bandes der Ehrenlegion, des berühmten, vom Kaiser 1802 gestifteten Ordens.

Auch in England war die Gartennelke in erster Linie eine Pflanze der Aristokratie. Aus Polen wurden die ersten Exemplare für die Gärten Königin Elisabeths I. geliefert; in der Folgezeit handelte man in England Nelken zu Höchstpreisen und trug sie zu Kränzen verarbeitet bei Hofe.

In Belgien und Deutschland ging dagegen die rote Nelke immer stärker ins Volksleben über, und gerade die Steinkohlen- und Fabrikarbeiter befassten sich zur Entspannung von harter Arbeit mit Nelkenzucht. Vermutlich ist aus dieser Bindung der Arbeiter an die Pflanze auch ihre Rolle

als Symbol der Sozialisten entstanden. Seit dem 1. Mai 1890, den der Gründungskongress der II. Internationale als Kampftag gegen die Ausbeutung der Menschen und für den Frieden festgesetzt hatte, ist die rote Nelke Festblume bei die Maifeiern der Sozialisten und Sozialdemokraten.

SYMBOL DER GOTTESLIEBE UND DER IRDISCHEN LIEBE

Wegen der Form ihrer Blütenblätter, die in Platte und Nagel gegliedert sind, wurde die Nelke mit den Nägeln, die Christus am Kreuz durchbohrt haben, in Verbindung gebracht und erscheint auf verschiedenen Kreuzigungsbildern, etwa am Portinari-Altar von Hugo van der Goes.

Mit dem Ruf der Gewürznelke als Aphrodisiakum mag zusammenhängen, dass die rote Gartennelke zum Symbol der Liebe wurde. So erscheint sie auch in vielen Gedichten:

Ich breche Rosen, ich breche Nelken,
Zerstreuten Sinnes und kummervoll;
Ich weiß nicht, wem ich sie geben soll; –
Mein Herz und die Blumen verwelken.
HEINRICH HEINE: NEUE GEDICHTE, NR. 8, LETZTER VERS

NELKEN
Ich wand ein Sträußlein morgens früh,
Das ich der Liebsten schickte;

Nicht ließ ich sagen ihr, von wem,
Und wer die Blumen pflückte.

Doch als ich abends kam zum Tanz
Und tat verstohlen und sachte,
Da trug sie die Nelken am Busen-latz,
Und schaute mich an und lachte.

THEODOR STORM (1817–1888)

»Die Nelke« heißt eines der Kinder- und Hausmärchen der Brüder Grimm. Die Pflanze erscheint darin als Liebessymbol und als Seelenblume.

OBJEKT WECHSELNDER MODEN

Gegen Ende des 17. Jahrhunderts, als man der einst enthusiastisch gefeierten Zwiebelblumen überdrüssig geworden war, wurde die Gartennelke zur Modeblume. Im 18. Jahrhundert, an dessen Ende es bereits über 1000 verschiedene ungefüllte und gefüllte Sorten der Gartennelke gab, und bis ins 19. Jahrhundert hinein waren Nelkenkultivierung und Nelkenzucht sehr beliebt. Friedrich Rückert (1788–1866) feiert die Königin des Gartens:

DIE NELKE
O Nelke, die noch gestern
Im Kreise schöner Schwestern,
Gepflanzt von Gärtners Hand,
Als stille Knospe stand!

Schon aus der Knospe brachen
Die Schimmer und versprachen:
Es wird aus dir erblüh'n
Des Gartens Königin.

Du konntest kaum erwarten,
Zu prangen in dem Garten,
Und drängtest dich mit Macht
Hervor in einer Nacht.

Da barst die zarte Hülle
Von deines Stolzes Fülle.
O Blumenkönigin,
Dein Diadem ist hin!

Denn wenn nicht noch vom Baste
Ein Bändchen dich umfaßte,
So hing dein stolzes Haupt
Herab in niedern Staub.

Was willst du nun bei Schwestern,
Die deinen Stolz nur lästern?
O schätze dich beglückt,
Daß ich dich abgepflückt!

Zu Beginn des 19. Jahrhunderts wurde die Blume dann unmodern, sie galt als langweilig und gewöhnlich. Goethe gibt dieser

Als eitel und etwas langweilig erscheint die Gartennelke auch bei Grandville.

Stimmung Ausdruck und vergleicht Nelken mit schönen, aber wenig geistreichen Frauen:

Nelken, wie find ich euch schön!
Doch alle gleicht ihr einander,
Unterscheidet euch kaum, und ich
entscheide mich nicht.

Die Chinesische Nelke *(Dianthus chinensis)*, die zusammen mit anderen Pflanzen 1687 von einer Expedition mitgebracht und in die königlichen Gärten Ludwigs XIV. in Versailles gepflanzt worden war, verdrängte im Lauf der Zeit immer mehr die Gartennelke.

In der ersten Hälfte des 20. Jahrhundert, insbesondere in den 50erund 60er-Jahren erneut geschätzt als Zeichen der Liebe und Verehrung, im Knopfloch und beim Tangotanzen, galt die Nelke ab den 70er-Jahren als verstaubt, spießig und steif, als Relikt der restaurativen Nachkriegszeit. Erst in den letzten Jahren können sich Nelken – Gartennelken, Chinesische Nelken und andere – wieder eines positiveren Images erfreuen: als nostalgische Blumen einer vergangenen Zeit.

Das aus den Blütenblättern destillierte, ziemlich teure ätherische Öl wird in der Kosmetik- und Parfümindustrie als Duftstoff verwendet und ist, etwa für den Einsatz in der Duftlampe, im Fachhandel erhältlich.

Kulinarisch können die von ihrem bitteren weißen Ansatz (»Nagel«) befreiten Blütenblätter duftender Nelkenarten Obstsalate oder Sirup aromatisieren, frisch oder kandiert Speisen verzieren. Auch für Spirituosen Marmeladen oder Gelees werden sie verwendet.

Die Wärme liebenden, im Übrigen aber anspruchslosen Bartnelken schmücken jeden Garten und sind in der Vase lange haltbar.

Bartnelke
Dianthus barbatus

Staude, meist 2-jährig gezogen. Familie der Nelkengewächse (Caryophyllaceae).
Stängel rund, glatt. Blätter kurz gestielt, breit-lanzettlich. Blüten gefüllt oder ungefüllt, duftend, in abgestuften Weiß-, Rosa- oder Rottönen, oft auch 2-farbig, in dichten Büscheln am Stängelende; Blütenkronblätter vorn fein und unregelmäßig gezähnt, kurz gebärtet. Blütezeit: Juni–August. Höhe: 15–60 cm.
Verwildert selten bis zerstreut in Wäldern oder auf Wiesen. Besonders geschützt.

Die auch Studentennelke, Klosternelke oder Nägelein genannte Bartnelke stammt wie die Gartennelke aus Südeuropa. Sie kam im Mittelalter in die Klostergärten, ab dem 16. Jahrhundert in die Bauerngärten.

Ovid schreibt in den »Metamorphosen« über die Entstehung der Bartnelke: Die Göttin Diana kehrte einst missmutig von einer erfolglosen Jagd zurück. Auf dem Heimweg begegnete ihr ein junger Schäfer, der auf seiner Hirtenflöte fröhlich spielte. Diana beschuldigte ihn, mit seiner Flöterei das Wild vertrieben zu haben, und geriet so in Zorn, dass sie dem Unglücklichen die Augen aus dem Kopf riss. Bald packte sie bittere Reue über ihr Tun und sie bat Zeus, er möge ihre blutige Tat ungeschehen machen. Da erwuchsen aus den von der Göttin im Zorn weggeschleuderten Augen zwei Nelken, deren jede das Abbild eines Auges mit dunkler Iris in sich trug.

Im **Garten** schätzen Bartnelken einen warmen, sonnigen Platz und durchlässigen, humosen Boden. Sie säen sich auch selbst aus.

Vexiernelke
Lychnis coronaria

Staude.
Familie der Nelkengewächse (Caryophyllaceae).
Gesamte Pflanze dicht weißfilzig behaart. Blätter gegenständig, eiförmig, ganzrandig. Blüten einzeln in den Blattachseln, Kronblätter leuchtend dunkelrot, abgerundet oder leicht ausgerandet. Blütezeit: Juni–September.
Höhe: 50–70 cm.
In der Schweiz zerstreut, sonst selten verwildert.

Die auch Kronen-, Stech-, Samtnelke oder Margen- (Marien-) und Frauenröslein genannte Vexiernelke stammt aus Südeuropa. Der Name ist abgeleitet vom alten Wort »vexieren« (plagen, necken). Marzell erläutert dazu, dass die Kinder ihre Spielkameraden vexieren, indem sie ihnen die Blumen zum Riechen hinhalten und sie mit den stechenden Schlundschuppen der Kronblätter in die Nase stechen.

Theophrast, Dioskurides und Plinius erwähnen die Pflanze. Nach langem Vergessen erscheint sie dann erst wieder im späten Mittelalter. Als Mariensymbol findet man sie auf Tafelbildern, etwa dem »Paradiesgärtlein« des rheinischen Meisters (um 1410) oder der »Stuppacher Maria« von Matthias Grünewald. Leonhart Fuchs führt die Pflanze unter den »Wullkräutern«, zu denen unter anderem auch die Königskerzen gezählt werden.

Im **Garten** braucht die sehr wärmebedürftige, sonst aber anspruchs-

lose Vexiernelke einen sonnigen Platz und durchlässigen, trockenen Boden. Sie vermehrt sich selbst. Eine verwandte Art ist die Brennende Liebe *(Lychnis chalcedonica)*.

Vexiernelken siedeln sich selbst an extrem trockenen Standorten im Garten an und bezaubern mit ihren besonders in der Dämmerung intensiv leuchtenden Blüten.

IM HAUSGARTEN (GARTENNELKE)

Anbau: Aussaat im frühen Frühjahr auf der Fensterbank oder im Gewächshaus. Auspflanzen Mitte Mai auf 20–25 cm Abstand. Die *Dianthus-chinensis*-Hybriden kauft man zweckmäßigerweise als Jungpflanzen.
Standort: Sonnig; sandige, durchlässige, kalkhaltige Erde.
Pflege: Mäßig gießen, Staunässe vermeiden. Verblühte Nelken zurückschneiden. Die Blühfreudigkeit der Gartennelken lässt nach dem 2. Jahr nach.
Wissenswertes: Vermehrung durch im Herbst geschnittene und kühl überwinterte Stecklinge. Federnelken können durch Teilung vermehrt werden.

Hyazinthe

Hyacinthus orientalis und andere
Zwiebelblumen

Was heut noch grün und frisch da steht,
Wird morgen schon hinweggemäht;
Die edlen Narzissen,
Die Zierden der Wiesen,
Die schön' Hyazinthen,
Die türkischen Binden.
Hüte dich, schöns Blümelein!

AUS EINEM IM 17. JAHRHUNDERT ENTSTANDENEN VOLKSLIED (»ERNTELIED«)

BLUME DER TRAUER UND DER FREUDE

Eine griechische Sage erzählt über die Entstehung der Pflanze: Der Gott Apollon liebte den Sohn der Muse Klio, den schönen Hyakinthos. Beim gemeinsamen Diskuswerfen traf Apollon versehentlich den Jüngling und verwundete ihn so schwer, dass er in den Armen des untröstlichen Gottes sein Leben aushauchte. Aus dem Blut aber, das der Wunde enströmte, erhob sich bald die duftende Hyazinthe.

Nach einer anderen Sage ist die Blume aus dem Blut des Ajax entstanden. Dieser Held im Kampf gegen Troja stritt mit Odysseus um die Waffen des im Kampf gefallenen Achilles. Als Agamemnon diese dem Odysseus zusprach, geriet Ajax in Raserei und stürzte sich in sein Schwert.

Viele unserer schönsten Zwiebelblumen kamen in der frühen Neuzeit aus dem mächtigen Osmanischen Reich und seiner blumenfreudigen Hauptstadt Konstantinopel nach Mitteleuropa. Holzschnitt »Türkischer Kamelreiter« (16. Jahrhundert).

Möglicherweise ist die Hyazinthe nicht nur in Südwestasien, sondern auch in Südeuropa beheimatet oder kam bereits sehr früh aus dem Orient nach Griechenland. Der »hyakinthos« des Dioskurides und der »hyacinthus« Columellas entsprechen möglicherweise unserer Hyazinthe. Im Mittelalter hat man die Pflanze offenbar nicht kultiviert.

Ab der zweiten Hälfte des 16. Jahrhunderts gelangten aus Konstantinopel, das die Türken 1453 erobert und zur Hauptstadt ihres Reiches gemacht hatten, Hyazinthen wie auch andere Zwiebelblumen in europäische Gärten. Die blumenbegeisterten Türken hatten die Hyazinthe bereits längere Zeit zuvor aus der Gegend von Bagdad geholt.

Als Verkünderin des nahenden Frühlings erscheint die Hyazinthe auf dieser alten Postkarte zusammen mit Schneeglöckchen und Tulpe.

Während bei den Griechen der Antike die aus edlem Blut entstandene Hyazinthe ein Symbol der Trauer und des Todes war, stand sie im Orient für Lebensfreude und Schönheit. Dichter wie etwa der berühmte persische Poet Hafis (1326–1390) verglichen mit Vorliebe das lockige und duftende Haar schöner Frauen mit Hyazinthenblüten. Im Serail in Konstantinopel gab es einen Hyazinthengarten, dessen Beete nur mit Hyazinthen in verschiedenen Farben bepflanzt waren.

MODEBLUME

Zunächst begeisterte man sich vor allem in Wien für die Hyazinthe wie auch für andere Zwiebelblumen. Später, als sich in Holland das Tulpenfieber gelegt hatte, wurde die Hyazinthe insbesondere in Haarlem mit viel Sorgfalt kultiviert. Zu Beginn des 18. Jahrhunderts gab es dort geradezu eine Sucht nach neuen Hyazinthenvarietäten, die dann auch sehr teuer bezahlt wurden.

Ein weiteres Zentrum der Hyazinthenkultur wurde Berlin. Nach der Aufhebung des Edikts von Nantes 1685 durch Ludwig XIV. wurden die Hugenotten in Frankreich erneut verfolgt und viele flohen. Der Große Kurfürst nahm einen beträchtlichen Teil der Flüchtlinge auf, sodass um 1700 rund 30% der Bevölkerung Berlins französische Hugenotten waren. Sie brachten aus Frankreich Wissen über die dort ebenfalls ausgiebig betriebene Zwiebelblumenzucht mit. Der Sandboden Berlins erwies sich für die Anzucht dieser Gewächse als sehr geeignet, im Südosten der Stadt fanden die Züchter zudem feuchten Untergrund. Ein berühmter Züchter im 18. Jahrhundert, der Hauptphase der Zwiebelkultur in Berlin, war etwa David Bouché, der 1740 die erste größere und bedeutendere Hyazinthenausstellung organisierte. Auch viele Privatleute frönten mit Leidenschaft dem Hobby, Hyazinthen (und Tulpen) zu züchten. Im Frühling war es üblich, zu Fuß oder mit dem Wagen zu den riesigen Hyazinthenfeldern hinauszufahren und sich an Formen, Farben und Duft zu erfreuen. Bis in die 30er-Jahre des 19. Jahrhunderts währte in Berlin die Liebe zu den Hyazinthen, dann ließ plötzlich die Begeisterung nach und man fand die Blumenfelder auf einmal langweilig. Anfang der 40er-Jahre hörten mangels Interesse

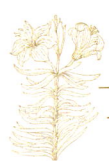
des Publikums die Schaustellungen ganz auf.

Auch der Hyazinthenduft kam in Misskredit. Minna von Strantz erwähnt die Geschichte eines reichen kranken Mannes, dessen junge und hübsche Frau das Krankenzimmer heimtückisch mit Hyazinthen bestückt und so ihren Mann umgebracht habe. Strantz selbst berichtet von einer tiefen Ohnmacht, in die sie durch Hyazinthenduft gefallen sei.

Johann Wolfgang von Goethe scheint Hyazinthen nicht geschätzt zu haben:

Viele duftende Glocken, o Hya-
cinthe, bewegst du,
Aber die Glocken ziehen, wie die
Gerüche, nicht an.

Gegenwärtig sind Hyazinthen durchaus wieder beliebt, auch die als nostalgisch geltende Treiberei auf speziellen Hyazinthengläsern. Diese

IM HAUSGARTEN

Anbau: Zwiebeln im Herbst vor dem Frost setzen: Tiefe 15–20 cm, Abstand 10–15 cm.
Standort: Sonnig; durchlässiger, etwas sandiger Boden.
Pflege: Während der Blütezeit auf ausreichend Feuchtigkeit achten, Staunässe vermeiden.
Wissenswertes: Vermehrung durch Tochterzwiebeln: im Sommer abtrennen, trocken lagern, im Herbst setzen.

wurden einst in Frankreich erfunden, um die Pflanze als Wasserblume zu ziehen, was ihr den poetischen Namen »über den Wassern schwebender Geist« brachte.

Achtung! Hyazinthen können bei Berührung die Haut reizen.

Weiße Narzisse
Narcissus poeticus

Staude (Zwiebel).
Familie der Narzissengewächse (Amaryllidaceae).
Blätter lineal, parallelnervig, blaugrün, fleischig. Blüten duftend, endständig, 3–6 cm breit; Perigonblätter weiß; Nebenkrone kurz, becherförmig, verwachsenblättrig, mit rotem krausem Rand. Blütezeit: April–Mai. Höhe: 20–40 cm. Besonders geschützt.
Unterart Dichternarzisse (ssp. *poeticus*): Perigonblätter deutlich sich überdeckend; außer in der Schweiz in Mitteleuropa meist nur verwildert zuweilen in Wiesen.
Unterart Sternnarzisse (ssp. *radiflorus*): Perigonblätter nicht oder kaum sich überdeckend; zerstreut auf feuchten Bergwiesen.
Gelbe Narzisse *(Narcissus pseudonarcissus)* mit gelben Perigonblättern und gelber Nebenkrone, selten auf Bergwiesen, mancherorts verwildert; streng geschützt.
Narzissen sind giftig.

Theophrast und Dioskurides nennen »narkissos«, Plinius »narcissus« – beide entsprechen möglicherweise der Dichternarzisse. Der Name

Die Blütenblätter der Narzissen sind in ihrem unteren Teil zu einer Röhre verwachsen. Die Dichternarzisse mit langer Blütenröhre wird von Schmetterlingen bestäubt, die Gelbe Narzisse mit kurzer Blütenröhre von Hummeln.

ist wahrscheinlich von »narke« (Lähmung, wegen narkotisierenden Dufts) abgeleitet. Von den mittelalterlichen Schriftstellern erwähnt nur Albertus Magnus »narcissus« und beschreibt die Pflanze als ein Kraut, das in seinen Blättern ein wenig dem Porree ähnlich sei. Im Mittelhochdeutschen heißt die Narzisse meist »zitenlose«. Die Dichternarzisse gelangte wahrscheinlich nicht aus der heimischen Flora, sondern wie die Hyazinthe aus dem Osmanischen Reich in die Gärten der Klöster, Bürger und Bauern. So erwähnt der Nürnberger Arzt und Humanist Camerarius (1500–1574) 2 Narzissenarten seines Gartens und gibt an, dass eine ihm ein Freund aus Konstantinopel geschickt habe.

Nach griechischer Sage ist die Narzisse so entstanden: Narkissos war ein schöner Jüngling, dem als Kind geweissagt worden war, er werde nur dann ein hohes Alter erreichen, wenn er sich selbst nicht kennen lernen würde. Als sich die Nymphe Echo in Narkissos verliebte, wies dieser sie mit Spott ab, und die Gedemütigte bat die Götter um Vergeltung. So geschah es, dass Narkissos, als er aus einer Quelle trinken wollte und zum ersten Mal sein eigenes Spiegelbild sah, in unstillbarer Leidenschaft zu sich selbst entbrannte. Der erst 16-jährige junge Mann siechte gramvoll dahin und starb schließlich. Damit er nicht vergessen werde, verwandelten ihn die Götter in die schöne Narzisse. In Anlehnung an diese Sage bezeichnet in der Tiefenpsychologie der von Sigmund Freud begründete Terminus »Narzissmus« ursprünglich eine Frühphase der psychosexuellen Entwicklung, in der das Selbst Sexualobjekt ist, in neuerer Sicht eine bestimmte Form der Persönlichkeitsstörung und im populären Sinn ist damit übersteigerte Selbstbezogenheit gemeint.

Persephone sammelte neben anderen Blumen auf einer Wiese Narzissen, als Hades auftauchte und sie in die Unterwelt entführte. Seitdem trägt Hades einen Narzissenkranz auf dem Haupt und die Narzissen wurden zu Totenblumen, die man zu Kränzen wand und auf Gräber pflanzte. Auf Madonnen- und Krippenbildern symbolisieren Narzissen Nahrung für die Seele. In Paul Gerhardts Sommerlied »Geh aus mein Herz und suche Freud« (1653) lautet die 2. Strophe:

Die Bäume stehen voller Laub,
Das Erdreich decket seinen Staub
Mit einem grünen Kleide;
Narzissus und die Tulipan,
Die ziehen sich viel schöner an
Als Salomonis Seide.

Über Montreux am Genfer See und in Alt-Aussee in der Steiermark gibt es berühmte Narzissenwiesen.

Achtung! Narzissen können bei Berührung die so genannte Narzissendermatitis auslösen.

Im **Garten** setzt man die Zwiebeln im Herbst 15–20 cm tief an einen sonnigen bis halbschattigen Platz mit durchlässigem, humosem Boden.

Gartentulpe
Tulipa gesneriana

Staude (Zwiebel).
Familie der Liliengewächse (Liliaceae).
Blätter parallelnervig, lineal bis breit-lanzettlich, ganzrandig, blaugrün, scheidenartig den runden Stängel umfassend. Blüten einzeln endständig; Perigonblätter 6, von weiß bis fast schwarz; Staubblätter 6; Fruchtknoten 3-fächerig. Blütezeit: April–Mai. Höhe: 15–70 cm.
Wilde Tulpe *(Tulipa sylvestris)* gelb blühend, stammt aus dem östlichen Mittelmeergebiet, ebenfalls im 16. Jahrhundert als Zierpflanze in Mitteleuropa eingeführt, selten verwildert in Weinbergen, Obstgärten und feuchten Wäldern.
Tulpen sind giftig und besonders geschützt.

Als Fluch der Götter musste sich Narkissos in sein eigenes Spiegelbild verlieben. Ölgemälde »Narziß« (um 1926) von Franz von Stuck.

Der Name der Tulpe ist vom türkischen »tulbent« oder persischen »dulbänd« für die aus einem Tuch gewundene Kopfbedeckung abgeleitet. Aus dem Vergleich der Tulpenblüte mit diesem Turban erhielt die Pflanze den mittellateinischen Namen »tulipa«, woraus dann Tulpe wurde.

Die erste Tulpe Westeuropas blühte 1559 im Garten des Augsburger Patriziers Johann Heinrich Herwart. Dieser hatte sie von dem kaiserlichen Gesandten am Hof in Konstantinopel, Ogier Ghiselin von Busbecq, einem begeisterten Pflanzensammler, erhalten. So berichtet der Botaniker Conrad Gesner, der eigens von Zürich nach Augsburg reiste, um die Tulpe zu sehen und sie mit einem Holzschnitt für sein Werk »De hortis Germaniae« (1561) verewigen zu lassen. Schon 1565 erregten die Gärten der Fugger in Augsburg mit ihren blühenden Tulpen Aufsehen.

Ende des 16. Jahrhunderts kam die Tulpe nach Antwerpen. In Holland brach bald danach, wahrscheinlich unterstützt durch geschickte Werbung der Händler und Spekulanten, ein Tulpenfieber aus, das sich auch in andere Gegenden Europas verbreitete. Maria Sibylla Merian beschreibt die eigenartige Erscheinung im Vorwort zu ihrem Werk »Neues Blumenbuch« (2. Auflage, 1680):

Eine Blume / von den Tulpenhändlern Semper Augustus genant / habe man für 2000 Niederländische Gülden verkaufft; welche ums Jahr 1637 für kein Geld mehr zu kauffen gewest / dieweil derer nur zwo / eine zu Amsterdam / die andere zu Harlem / vorhanden waren…

Die Künstlerin berichtet weiter, dass die Leute im Glauben reiche Geschäfte mit Tulpen machen zu können, teilweise sogar Hab und Gut verkauft hätten. 1637 schrieb die holländische Regierung die Tulpenpreise fest und der Markt brach zusammen.

Zwar spielt die Tulpe im Mythos keine Rolle, doch gibt es Geschichten, die um und über sie erzählt wurden: Die Antwerpener Bürger kosteten die neu eingeführten Tulpenzwiebeln, warfen sie angewidert auf den Abfall – und waren verblüfft, als sich aus ihnen herrliche Blüten entwickelten. Das Kind Maria Sibylla Merian schlich sich in Frankfurt nachts in den Garten des Grafen Ruitmer, um eine der kostbaren Tulpen auszugraben. Sie wurde vom Grafen persönlich erwischt, aber als sie wahrheitsgemäß erzählte, dass sie die Tulpe nach der Natur malen wolle, bat sich dieser lediglich das Bild aus.

Auf dem Schreibtisch eines Amsterdamer Kaufmanns lag als stolzer Besitz eine Tulpenzwiebel, die der reiche Mann für 500 Gulden gekauft hatte. Ein Bote, dem der Kaufmann eine Kanne Bier und einen Hering servieren ließ, wollte das Mahl etwas anreichern, griff unbemerkt nach der Tulpenzwiebel und verspeiste sie.

Achtung! Tulpen können bei Kontakt die Haut reizen.

Im **Garten** legt man die Tulpenzwiebeln im Herbst an einem sonnigen Platz mit durchlässiger, humusreicher Erde 10–15 cm tief.

Tulpen, in verschiedensten Formen und Farben und in verschwenderischer Fülle gepflanzt, geben im Frühling vielen Gärten ein fröhliches Gepräge.

Dill

Anethum graveolens und andere süß-
aromatische Würz- und Heilkräuter

*Kräftig sproß im jungen Garten
Akelei und Ros' und Quendel,
Blasse Salbei, Dill und Eppich,
Eberraute und Lavendel.*

FRIEDRICH WILHELM WEBER (1813–1894): DREIZEHNLINDEN

Bereits in vorgeschichtlicher Zeit kam Dill aus seiner ursprünglichen Heimat – wohl Persien und Indien – in die Mittelmeerländer. Möglicherweise handelt es sich bei der im altägyptischen Papyrus Ebers genannten Pflanze »amnest« um Dill. Jesus spricht (Matth. 23, 23): »Weh euch, Schriftgelehrte und Pharisäer, ihr Heuchler, die ihr verzehntet die Minze, Dill und Kümmel, und lasset dahinten das Schwerste im Gesetz, nämlich das Gericht, die Barmherzigkeit und den Glauben!« Die Griechen und Römer der Antike kannten und nutzten den Dill, und wie neuere Ausgrabungsfunde zeigen, brachten ihn die Römer zumindest als zeitweiligen Gast in Gebiete, die heute zu Deutschland gehören. Im »Capitulare« und im »St. Gallener Klosterplan« wird die Pflanze als »anethum« bezeichnet. Die deutsche Bezeichnung, die sich vermutlich auf die Blütendolde bezieht, erscheint im Althochdeutschen als »tilli«, im Mittelhochdeutschen als »tille« oder »dille«.

FÖRDERT MILCHBILDUNG UND VERDAUUNG

Dioskurides empfahl eine Abkochung der Früchte zur Förderung der Milchbildung und zur Linderung von Leibschmerzen und Blähungen, warnte jedoch vor anhaltendem Genuss, weil dadurch die Zeugungs- und Sehkraft geschwächt würde. Hildegard von Bingen hielt nicht besonders viel von »Dille«, denn sie schrieb: »Und auf welche Art immer er gegessen wird, macht er den Menschen traurig.« Lediglich Menschen mit Gicht empfahl sie, Dill in gekochtem Zustand zu sich zu nehmen. Die Kräuterbuchautoren der frühen Neuzeit wiederholen weitgehend die Empfehlungen der antiken Autoren. So schreibt Leonhart Fuchs: »Dyll samen ... in wasser gesotten/bringen den frawen die versigene milch wider/...«

Die Früchte enthalten ätherisches Öl mit dem Hauptbestandteil Carvon. In der Phytotherapie verwendet man die Droge und das daraus destillierte Öl nicht mehr. Die Volksmedizin empfiehlt den Früchtetee gegen Blähungen (auch bei Säuglingen), bei Schlafstörungen und zur Anregung der Milchbildung.

GURKENKRAUT UND FISCHGEWÜRZ

Die Römer würzten beispielsweise Geflügel und Wein mit Dillkraut. Im Kochbuch des Apicius findet man Saucen mit Dill zu gekochtem Huhn, etwa folgende:

Gib in einen Mörser Dillsamen, getrocknete Minze und Laserwurzel, gieße Essig dazu, gib Datteln hinein und gieße Liquamen [vgl. S. 46] hinzu und ein wenig Senf und Öl, schmecke mit Defritum [eingekochter Most] ab und gib es so darüber.

Anthimus empfiehlt in seinem Brief an den Frankenkönig Dill als Speisenzugabe. In späterer Zeit wurde das Kraut in erster Linie zu einem Gewürz des Nordens, denn man schätzte Dill in Norddeutschland und in den skandinavischen Ländern sowie auch in Polen und Ungarn viel mehr als im Süden. Die bürgerlichen Kochbücher des 19. und 20. Jahrhunderts haben meist auch Rezepte für Dillsauce. So gibt es in »Die bayerische Köchin« der Maria Anna Neudecker eine »Sauce von Till- oder Goppertkraut« und im Kochbuch der Henriette Davidis eine zu Fisch, Fleisch oder Gemüse zu reichende Dillsauce.

Die Blätter gibt man als Würze insbesondere an Gurkensalat und an Fischgerichte. Auch andere Salate, Suppen, Saucen, Kartoffelgerichte, Weißkraut und Blumenkohl kann man mit dem Kraut würzen. Die Früchte sind mancherorts beim Einlegen von Gurken unentbehrlich.

DILLDUFT – DEN HEXEN UNANGENEHM

Wie andere stark aromatisch duftende Kräuter galt Dill – insbesondere im nördlichen Deutschland – als Dämonen und Hexen fern haltend oder vertreibend. So war es in Sach-

Heimlich zur Trauung mitgenommener Dill sollte mancherorts nach altem Volksglauben der Frau die Vorherrschaft im Haus sichern. »Beglückwünschung nach der Eheschließung« nach Hans Burgkmair (1473–1531).

sen mancherorts üblich, dass Frauen Dill mitnahmen, wenn sie zum Backen gingen, damit ihnen der Teig nicht verhext werden konnte, und in manchen Gegenden Preußens band man in die Saattuchecke nicht nur Hausbrot, Kümmel, Salz und Geld, sondern auch Dill. In der Mark Brandenburg legte die Braut, ehe sie zur Trauung in die Kirche ging, Dill und Kreuzkümmel in die Schuhe, in der Magdeburger Gegend steckte der Bräutigam Dill, Salz und einen Schlüssel in seine Tasche.

Eine Sage aus der Gegend von Merseburg in Sachsen erzählt: Eine

Frau wollte ihr tüchtiges Dienstmädchen behalten, das gekündigt hatte, und fragte deshalb die Nachbarin um Rat. Diese war aber eine Hexe. Sie forderte die Frau auf, das Mädchen zu ihr zu schicken, sie werde ihm dann einen bösen Fuß anhexen, sodass es nicht fortgehen könne. Die Frau trug dem Mädchen eine Erledigung bei der Nachbarin auf, und als

BOTANISCHER STECKBRIEF

Namen: Dille, Gurkenkraut, Gurkenkümmel, Kappernkraut.
Familie: Doldengewächse (Apiaceae).
Merkmale: 1-jährig. Stängel fein gerillt, gestreift, bläulich bereift. Blätter 3–4fach gefiedert, bläulichgrün. Blüten klein, gelb, in bis zu 50-strahligen Dolden; Hülle und Hüllchen fehlen. Früchte linsenförmig, mit breiten Flügeln. Die gesamte Pflanze duftet stark würzig. Blütezeit: Juli–August. Höhe: 60–100 cm.
Vorkommen: Selten verwildert. Anbau in Europa, Teilen Afrikas und in Nordamerika.

es durch den Garten ging, pflückte es im Vorbeigehen und in Gedanken etwas Dill. Da konnte ihm die Hexe nichts anhaben, und den bösen Fuß bekam sie selbst.

Auch der Spruch »Dillen und Dust, dat hew ik nich gewusst!«, den verärgerte Hexen gern ausrufen, wenn sie sich durch die Anwesenheit von Dill und Dost in ihrer Arbeit behindert fühlen, zielt auf die Hexen abwehrende Kraft der Pflanze. Diese Kraft sollte auch Kinder vor Verzauberung schützen, wenn man ihnen Salz, Dill und Kümmel in einem Säckchen um den Hals hängte. Dill konnte Gewitter fern halten und bewahrte, unter das Futter gemischt, das Vieh vor bösem Zauber.

Wollte sich eine Braut die Vorherrschaft in der Ehe sichern, so musste sie mancherorts Senf und Dill heimlich mit zur Trauung nehmen und während der Ansprache des Pfarrers murmeln: »Ich habe Senf und Dille,

Mann, wenn ich rede, schweigst du stille!« Vielleicht auch um ihre Führungsrolle zu sichern, haben in der Slowakei die Frauen beim ersten Donnern im Frühjahr den Gartenzaun geschüttelt, weil dann viel Dill wachsen würde.

In der Niederlausitz konnte Dill noch anderes vollbringen: Vor einem Gerichtstermin steckte man sich Haferstroh und Dill in die Schuhe, um vor Gericht zu siegen und die Ankläger verstummen zu lassen, denn es galt: »Vor Haberstroh und Dille schweigen die Herren stille.«

Anis
Pimpinella anisum

Anis stammt wahrscheinlich aus dem östlichen Mittelmeerraum. Archäologische Funde zeigen, dass das Gewürz in Griechenland schon während des bronzezeitlichen 2. Jahrtausends v. Chr. verwendet wurde. Durch die Römer kam Anis nach Mitteleuropa. Im »Capitulare« erscheint die Pflanze als »anesum«.

Dioskurides schrieb dem Anis milchfördernde und aphrodisierende

Die Früchte des aus dem östlichen Mittelmeerraum stammenden Anis reifen in Mitteleuropa nicht immer aus.

Eigenschaften zu. Die Pflanze war Bestandteil des Theriaks, eines Wundermittels, das Apotheker und Ärzte von der Antike bis zur frühen Neuzeit herstellten. Plinius bezieht sich auf eine Behauptung des Pythagoras, dass man nicht von der fallenden Sucht ergriffen würde, wenn man Anis in der Hand halte. Die Angaben in den botanischen Schriften des Mittelalters fußen wie so oft auf Dioskurides und Plinius. So schreibt etwa Konrad von Megenberg:

*ez mêrt auch der frawen milich in
den prüstlein und pringt daz
harmwazzer vast und den frawen
ir gewonheit oder ir haimlichait
und rainigt die muoter von dem
weizen fluz, aber ez locket zuo
unkäusch, …*

Sebastian Kneipp hielt Anis gegen Blähungen für noch wirkungsvoller als den Kümmel.

Anisfrüchte enthalten ätherisches Öl mit dem Hauptbestandteil Anethol. Anerkannt in der Phytotherapie ist die Verwendung als Teeaufguss oder in anderen Zubereitungen bei Katarrhen der Atemwege sowie gegen Blähungen und leichte krampfartige Beschwerden im Magen-Darm-Bereich. In der Volksmedizin werden Anisfrüchte zudem zur Anregung der Milchbildung und zur Schlafförderung verwendet.

Die Römer schätzten das Gewürz vor allem für Feingebäck. Anisfrüchte fand man bei Grabungen im römischen Kolosseum – vielleicht hatten die Zuschauer bei den Gladiatorenkämpfen Anisplätzchen geknabbert. Apicius gibt Anis zusammen mit anderen Zutaten in eine Würzsauce. Anis ist in Mitteleuropa seit langem – zusammen mit Koriander, Kümmel und Fenchel – Brotgewürz. In Modeln buk man Anisbrot und die Springerle. Das so genannte Nürnberger Marzipan wurde aus Mehl, Zucker, Eiern, Rosenwasser und Anis hergestellt.

Die frischen Blätter werden Suppen und Salaten beigegeben. Die Früchte würzen Suppen, Kohlgerichte, Möhren, Puddings, Obstsalate, Apfelmus. Berühmte mit Anisfrüchten gewürzte alkoholische Getränke sind Raki (Türkei), Ouzo (Griechenland), Anisette, Benedictine, Pastis (Frankreich).

Im **Garten** gibt man Anis einen sonnigen und warmen Platz sowie durchlässige, humose, kalkhaltige Erde, die immer einmal wieder gelockert werden sollte.

Die unterschiedliche Form der Spaltfrüchte von Fenchel (rechts unten) und Dill (darüber) zeigt diese Tafel aus dem Buch »Nutzpflanzen der Landwirtschaft und des Gartenbaues« von Ludwig Klein (1909).

Gewürzfenchel
Foeniculum vulgare
var. *dulce*

Staude, meist 2-jährig gezogen. Familie der Doldengewächse (Apiaceae).
Stängel blaugrün, gerillt. Blätter mehrfach gefiedert, große Blattscheiden im oberen Stängelbereich. Blüten gelb, in Dolden. Samen gerippt. Blütezeit: Juli–Oktober. Höhe: 80–200 cm.
Der Gemüsefenchel (var. *azoricum*) bildet im unteren Teil eine flache Scheinknolle, die auch als »Zwiebel« bezeichnet wird. Er wird 1-jährig gezogen.

Wahrscheinlich wurde der im Mittelmeerraum beheimatete Fenchel bereits von den Ägyptern kultiviert. Bei Mysterienspielen trug man im klassischen Griechenland Fenchelkränze. Dioskurides nennt die Pflanze »marathon«, bei den Römern erscheint sie als »foeniculum«, im »Capitulare« und im »St. Gallener Klosterplan« als »feniculum«.

Dioskurides hebt hervor, dass Fenchel die Milchabsonderung fördere, den Harn treibe und ein Mittel gegen den Biss von Schlangen und tollwütigen Hunden sei. Bereits Plinius bringt die in Mittelalter und Neuzeit immer wieder erzählte Geschichte, dass die Schlangen nach dem Abstreifen ihrer alten Haut mit Fenchelsaft ihre Sehkraft wiederherstellen würden. Die

Römer verwendeten Fenchel als Heilkraut gegen Krampfzustände aller Art. Im Mittelalter spielte Fenchel eine wichtige Rolle. Im »Hortulus« heißt es über »Foeniculum«:

Auch die Ehre des Fenchels sei
hier nicht verschwiegen; er hebt
sich
Kräftig im Sproß, und er strecket
zur Seite die Arme der Zweige,
Ziemlich süß von Geschmack und
süßen Geruches desgleichen,
Nützen soll er den Augen, wenn
Schatten sie trügend befallen,
Und sein Same, mit Milch einer
Mutterziege getrunken,
Lockre, so sagt man, die Blähung
des Magens und fördere lösend
Alsbald den zaudernden Gang der
lange verstopften Verdauung.
Ferner vertreibt die Wurzel des
Fenchels, vermischt mit dem
Weine,
Trank des Lenaeus, und so genossen, den keuchenden Husten.

Für Hildegard von Bingen ist »feniculum« eine besonders heilkräftige Pflanze: Stärkung der Sehkraft und des Magens, gegen verdorbenen Magen, gegen Melancholie. Einem Pulver aus Fenchelfrüchten, Galgant, Diptam und Habichtskraut schreibt sie die Kraft zu, Gesunde gesund zu halten und Kranken neue Kräfte zu geben. Die Kräuterbücher der Renaissance äußern sich ausführlich zu Fenchel. So braucht Tabernaemontanus über 12 Folioseiten, um die Heilkräfte des Fenchels und die aus ihm bereiteten Arzneimittel zu beschreiben.

Im Verlauf des Mittelalters und der Neuzeit wurden in Italien, wo Fenchel stets besonders geschätzt war, verschiedene Fenchelsorten gezüchtet, darunter auch der Knollen- oder Gemüsefenchel. Erst in jüngerer Zeit wurde dieser auch in Mitteleuropa beliebt.

Die Fenchelfrüchte enthalten ätherisches Öl mit süßlich schmeckendem trans-Anethol und bitterem Fenchon als Hauptbestandteilen. Anerkannt in der Phytotherapie sind die Früchte als Tee oder in anderer Zubereitung gegen Blähungen im Magen-Darm-Bereich sowie zur Schleimlösung in den Atemwegen. In der Volksmedizin wird der Früchtetee zudem zur Förderung der Milchbildung verwendet, eine Abkochung aus den Früchten äußerlich gegen Ermüdungserscheinungen der Augen.

Schon die Römer würzten mit Fenchel. Er ist seit langem ein besonders im südlichen Mitteleuropa geschätz-

Gemüsefenchel gehört zu den in den vergangenen Jahrhunderten im »Fenchelland« Italien gezüchteten Fenchelsorten. Malerei auf Seide (2004) von Caroline Burger.

tes Gewürz: Die Blätter gibt man an Salate, Suppen, Saucen, Fisch, die Früchte in Brot und Gebäck oder zu Schweinebraten. Im weniger fenchelfreudigen Norddeutschland gehört Fenchel als Gewürz in die Hamburger Aalsuppe. Gemüsefenchel verwendet man roh als Salat oder kocht ihn als Gemüse.

Insbesondere in Frankreich und Spanien galt Fenchel als Mittel gegen Zauberei.

Im **Garten** setzt man Fenchel an einen sonnigen Platz mit kalkhaltiger, nährstoffreicher Erde.

Süßdolde
Myrrhis odorata

Staude.
Familie der Doldengewächse (Apiaceae).
Stängel gestreift, hohl. Blätter meist 3fach gefiedert, weich. Blüten weiß, in Dolden; Hülle meist fehlend, Hüllchen 3- bis mehrblättrig. Früchte bis 2,5 cm lang, braunschwarz glänzend, an den den Kanten kurzborstig behaart. Die gesamte Pflanze strömt anisartigen Duft aus. Blütezeit: Juni–Juli. Höhe 50–100 cm.
Selten in lichten Wäldern und auf Wiesen, in vielen Fällen wohl aus früherer Kultivierung. Wild in Gebirgsgegenden Europas.

Die auch Myrrhenkerbel genannte Pflanze stammt wahrscheinlich aus Nordspanien. Unsicher ist, ob die Süßdolde in der Antike bekannt war und verwendet wurde. In Mitteleuropa kultivierte

man sie wohl erst ab dem Spätmittelalter, zunächst in Klostergärten.

Über die medizinische Verwendung des »wild Körbel« schreibt Leonhart Fuchs: gegen den Biss giftiger Tiere, zur Förderung der Menstruation, zur Austreibung der Nachgeburt, gegen zähen Schleim in der Brust, für reine Haut und sogar zum Schutz vor Pestilenz. Auch als Viehfutterpflanze wurde die Süßdolde einst angebaut, aus den Früchten hat man Möbelpolitur hergestellt.

Die Süßdolde enthält ätherisches Öl mit dem Hauptbestandteil Anethol. Sie wird in der Phytotherapie nicht mehr, in der Volksmedizin kaum noch – etwa als Blutreinigungsmittel oder gegen Asthma – verwendet.

Ihr anisähnlicher Geschmack macht die Blätter zu einem Würzkraut insbesondere für Süß- und Obstspeisen, aber auch für Salate,

Eierspeisen und Kohl. Die Wurzel hat man früher als Gemüse gegessen.

Im **Garten** bevorzugt die Süßdolde einen halbschattigen Platz mit nährstoffreichem, feuchtem Boden.

Süßholz
Glycyrrhiza glabra

Staude (Wurzelstock).
Familie der Schmetterlingsblütengewächse (Fabaceae).
Wurzelstock holzig, außen braun, innen blassgelb gefärbt. Stängel aufrecht, verzweigt. Blätter unpaarig gefiedert, mit 3–7 Paaren kurz gestielter eiförmiger Blättchen. Blüten blauviolett, in lang gestielten Trauben. Blütezeit: Juni–September. Höhe: 1–2 m.
Wichtige Anbaugebiete: China, Russland, Türkei, Iran.

Weil sie in Aussehen und Aroma dem Gartenkerbel ähnelt, hat man die Süßdolde auch Myrrhenkerbel genannt.

Das Süßholz ist im östlichen Mittelmeerraum, in Vorder- und Zentralasien beheimatet. Bekannt war es bereits um 3000 v. Chr. in Ägypten, um 2000 v. Chr. im Zweistromland und später den Ärzten der Antike. Hippokrates verwendete die Wurzel äußerlich, während Theophrast, Dioskurides und Plinius sie auch als Husten- und Magenmittel empfahlen. Für das frühe Mittelalter sind 3 Rezepte des Lorscher Arzneibuchs ein Beleg für die Verwendung von Süßholz.

Ab dem Mittelalter wurde Süßholz auch in Mitteleuropa angebaut. In Deutschland entstand ein bedeutendes Süßholzanbaugebiet in und um Bamberg. Das milde Klima und der leichte Sandboden boten günstige Bedingungen. In einer Abhandlung wird Bamberger Süßholz 1536 erstmals, jedoch als längst bekannt erwähnt. Leonhart Fuchs würdigt den Bamberger Süßholzanbau:

Das allerbeste Süßholz wechst in Cappadocia vnd Ponto. Vnd zwar es wechst nit das ergest und geringst in vnserm Teütschen land. Dan der Babenbergisch acker würt sonderlich gelobt das er vns Süßholz genügsam mitteylen kann.

Im 16. und 17. Jahrhundert war Bamberg das bedeutendste Süßholzanbaugebiet nördlich der Alpen. Insbesondere nach Böhmen, Österreich

und Ungarn verkaufte man Süßholz-
wurzeln. Wegen der damaligen großen Bedeutung der Pflanze für Bamberg ist Süßholz auf einem Stadtplan
des Landvermessers Peter Zweidler
aus dem Jahr 1602 abgebildet. Der
Süßholzanbau in Bamberg und anderen Gebieten Mitteleuropas ging gegen Ende des 19. Jahrhunderts stark
zurück und erlosch schließlich nach
dem 1. Weltkrieg ganz. Geblieben ist
die Redensart »Süßholz raspeln« für
eher plumpe Schmeicheleien.

*Der Anbau von Süßholz ist in Mittel-
europa längst erloschen. Im Garten
des Gärtner- und Häckermuseums in
Bamberg wird die Pflanze zu De-
monstrationszwecken gezogen.*

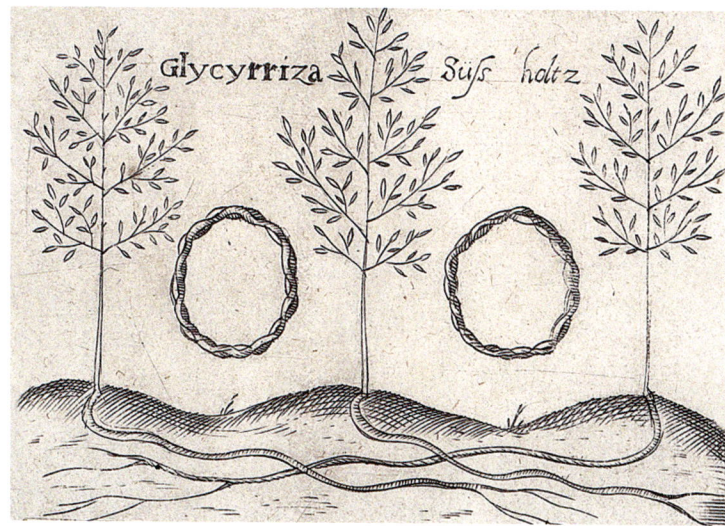

*Im 16. und 17. Jahrhundert war
Bamberg das bedeutendste Süßholzanbaugebiet nördlich der Alpen. Süß-
holzstaude im Stadtplan von Peter
Zweidler aus dem Jahr 1602.*

Hildegard von Bingen kennt »li-
quiricum« als nützlich für eine klare
Stimme, milden Sinn, Erhellung der
Augen, Erweichung des Magens und
gegen die Wut des Geisteskranken.
Auch bei Konrad von Megenberg und
Albertus Magnus kommt Süßholz
vor. Lakritze, eingedickter Süßholz-
wurzelextrakt, (»lakritzenzahersaf«
bei Konrad von Megenberg), ist vom
mittellateinischen »liquiridia« und
dieses von »glycyrrhiza« abgeleitet.
Leonhart Fuchs empfiehlt die Wurzel
und daraus hergestellte Zubereitungen gegen raue Kehle, hitzigen Magen, allerlei Brust-, Blasen-, Nieren-
und Leberbeschwerden, Wurzelpul-
ver als Wundmittel. Die volksmedizinischen Werke des 19. Jahrhunderts
vernachlässigen Süßholz.

Süßholzwurzel enthält Saponine,
darunter das Glycyrrhizin, außerdem
Flavonoide. In der Phytotherapie ver-
wendet man die Droge als Tee und
Extrakt bei Katarrhen der oberen
Luftwege sowie bei Magen- und
Zwölffingerdarmgeschwüren.

Süßholz war auch ein geschätztes

Mittel zum Süßen von Speisen und
Getränken, das Glycyrrhizin ist in
seiner Süßkraft 150-mal stärker als
der Rohrzuckersaft. Lakritzzuberei-
tungen wie »Bärendreck«, Bonbons
oder Pastillen werden heute noch von
der Süßwarenindustrie hergestellt.

Achtung! Da es zu Nebenwirkungen kommen kann, Süßholzzuberei-
tungen und auch daraus hergestellte
Süßwaren nicht in höherer Dosierung und nicht über einen längeren
Zeitraum ohne ärztliche Kontrolle
anwenden. Bei bestimmten Erkrankungen der Leber und Nieren, bei
Bluthochdruck und bei Hypokaliä-
mie sowie während der Schwangerschaft auf Süßholz verzichten.

Im **Garten** gedeiht Süßholz in tief-
gründigem, sandig-lehmigem Boden.
Man erntet die Wurzeln nach 3–4
Jahren.

Echter Salbei

Salvia officinalis und andere »Schmeckkräuter«

Wer ein Gärtchen beim Hause hat, wird, wenn er es neu anlegt, den Salbeistock nicht vergessen; er ist eine hübsche Zierpflanze.

SEBASTIAN KNEIPP (1821–1897): SO SOLLT IHR LEBEN

Ob der Salbei bei Theophrast und Dioskurides unserem Gartensalbei entspricht oder ob es sich um eine andere Salbeiart handelt, ist ungewiss. Plinius schreibt, dass der von Dioskurides als »elelisphacon« bezeichnete Salbei auf lateinisch »salvia« heiße. Mit diesem wohl von »salvare« (retten, heilen) abgeleiteten Namen erscheint er auch im »Capitulare« und im »St. Gallener Klosterplan«. Walahfrid Strabo nennt ihn »Lelifagus«, bei Hildegard von Bingen heißt er »selba« und bei Konrad von Megenberg »salvei«. Wahrscheinlich ist die im Mittelmeerraum beheimatete Pflanze bereits mit den Römern nach Mitteleuropa gekommen.

DUFT-, GEWÜRZ- UND ZIERPFLANZE DER BAUERNGÄRTEN

Salbei ist eine typische Bauerngartenpflanze. Seine wohlriechenden Blätter brachten ihm im Altbayerischen, wo »schmecken« auch riechen bedeutet, den Namen »Altweiberschmecken« ein: Ältere Frauen sollen Salbeiblätter – ebenso wie die Blätter anderer stark und gut duftender Kräuter – ins Gebetbuch gelegt und während des Gottesdienstes öfter einmal daran gerochen haben, um sich wach zu halten.

Die schönen blauvioletten Blüten und die dekorativen graugrünen Blätter machten Salbei von jeher auch als Zierpflanze beliebt. Albertus Magnus nennt ihn mit anderen wohlriechenden Kräutern als Bewohner des Ziergartens und Sebastian Kneipp erwähnt ebenfalls den Ziereffekt.

Schon Hildegard von Bingen empfahl Salbei auch als Küchengewürz:

Wer aber Widerwillen gegen das Essen hat, der nehme Salbei und weniger Kerbel und etwas Knoblauch, und er zerstoße dies gleichzeitig in Essig, und so mache er eine Würze, und er tauche die Speise, die er essen will, hinein und er hat Appetit zu essen.

Im »Buoch von guoter spîse« (1350) gibt es ein Rezept für Knoblauch-Salbei-Sauce. Hieronymus Bock hebt hervor: »Unter allen stauden ist kaum eyn gewächs über die Salbey, denn es dienet dem arztet, koch, keller, armen und reichen«, und »alle speiß mit dürrer Salbei abbereit / zunot gestossen als andere wurtz / seind lieblich und gesundt.«

Die duftenden Blätter durften hier zu Lande in der Küche auch noch in Zeiten präsent sein, da Gewürze als »das Blut erhitzend« vielfach mit Vorsicht betrachtet und kaum mehr verwendet wurden. So schreibt etwa Emma M. Zimmerer (1896) anerkennend: »Salbei findet auch in der

Küche vielfache Verwendung zum Braten, Backen, Würzen usw. der verschiedenen Speisen.« Auch in manchen bürgerlichen Kochbüchern des 19. Jahrhunderts hat Salbei etwa zu Fisch, insbesondere Aal, und Geflügel zunächst noch einen Platz bewahrt. Beliebt waren im südlichen Mitteleuropa die Salbei-Küchlein, in Pfannkuchenteig gebackene Salbeiblätter, die im Allgäu als »Salvenküchlen« ein beliebtes Kirchweihgebäck waren und die noch heute in der Schweiz als »Müsli« geschätzt sind. Die Bauerngartenpflanze war auf dem Land bis ins 20. Jahrhundert ein beliebtes, inzwischen jedoch weitgehend vergessenes Küchenkraut.

Salbeiblätter würzen frisch oder getrocknet Fleisch, Fisch, Geflügel, Käse oder Hülsenfrüchte und schmecken in Gemüse-, Kartoffel- und Nudelgerichten. Von jeher schätzt man Salbei in der Mittelmeerküche. Ein klassisches Beispiel ist die italienische »Saltimbocca«, bei der Kalbsschnitzel mit Schinken und Salbeiblättern ummantelt werden.

GEGEN ALLE GEBRECHEN – NUR NICHT GEGEN DEN TOD

Einen wichtigen Platz nahm Salbei in der Klostermedizin ein. Im »Macer floridus« werden Heilkraft und Wirkungen des Salbeis beschrieben: gegen Leberbeschwerden, harntreibend, menstruationsfördernd, die Leibesfrucht abtreibend. Auch: »Durch Salbeisaft färbst du ferner die Haare schwarz, wie man erzählt, wenn du sie damit oft unter der warmen Sonne salbst.«

Im »Hausbuch der Familie Cerruti« (14. Jahrhundert) wird empfohlen, nicht wild wachsenden Salbei, sondern solchen aus dem Hausgarten zu verwenden.

BOTANISCHER STECKBRIEF

Namen: Gartensalbei, Altweiberschmecken, Salver, Schmecket.
Familie: Lippenblüter (Lamiaceae).
Merkmale: Immergrüner Halbstrauch. Stängel 4-kantig, im unteren Teil verholzend. Blätter gestielt, länglich-lanzettlich, am Rand fein gekerbt, graufilzig behaart, aromatisch duftend. Blüten violett, an den Stängelspitzen ährenförmig angeordnet. Blütezeit: Juni–Juli. Höhe: 50–70 cm.
Vorkommen: Stellenweise verwildert und eingebürgert. In größerem Umfang in den Mittelmeerländern, Russland und Südengland kultiviert.
Wissenswertes: Hummelblume: Den Nektar am Blütengrund erreichen nur Insekten mit langem Rüssel wie Hummeln. (Wenig) giftig.
Verwandte Arten: Muskatellersalbei *(Salvia sclarea)*: 2-jährig; Blüten gelblich-violett; im südöstlichen Mittelmeergebiet beheimatet, in Mitteleuropa stellenweise verwildert und eingebürgert; Heilmittel und Würze, insbesondere für Süßspeisen, Bier und Wein; in manchen Parfüms enthalten.
Wiesensalbei *(Salvia pratensis)*: Staude; Blüten dunkelblau, Oberlippe helmartig; an Wegrändern und auf trockenen Wiesen; ohne kulinarische oder arzneiliche Bedeutung.

Walahfrid Strabo nennt Salbei in seinem Gartengedicht »Hortulus« an erster Stelle vor den anderen Pflanzen:

Leuchtend blühet Salbei ganz
vorn am Eingang des Gartens,
Süß von Geruch, voll wirkender
Kräfte und heilsam zu trinken.
Manche Gebresten der Menschen
zu heilen, erwies sie sich nützlich,
Ewig in grünender Jugend zu ste-
hen hat sie sich verdienet.

Im »Regimen sanitatis salernitanum«, einer wahrscheinlich aus dem 14. Jahrhundert stammenden Sammlung einfacher Merkverse über die Heilkräfte der Pflanzen, heißt es gar über den Salbei:

Mensch, warum sterben? ey, ey!
da im Garten doch wächst die
Salbey?
Gegen den Tod, ach, den harten,
kein Heilkraut sprießet im Garten.

Hildegard von Bingen schätzte die Pflanze als nützlich gegen kranke Säfte. Wein, in dem Salbei gekocht war, empfahl sie gegen Verschleimung, Salbeitee gegen Gicht und Lähmung. Sebastian Kneipp lobte die schweißhemmende Wirkung und die Wirksamkeit als Gurgelmittel gegen Entzündungen in Mund und Rachen.

Wichtige Inhaltsstoffe der Blätter sind ätherisches Öl mit Thujon, Cineol und Campher, zudem Gerbstoffe, Bitterstoffe und Flavonoide. In der Phytotherapie ist die äußerliche Anwendung der Blätter als Tee oder verdünnte Tinktur zum Gurgeln und Spülen im Mund- und Rachenraum bei Entzündungen, Erkältungen und

IM HAUSGARTEN

Anbau: Aussaat im April ins Frühbeet oder im Mai ins Freiland. Jungpflanzen auf 30–40 cm vereinzeln.
Standort: Sonniger und warmer Platz; durchlässige, sandige, kalkhaltige Erde.
Pflege: Sehr sparsam wässern. Im Frühjahr zurückschneiden, in rauen Gegenden Winterschutz.
Ernte: Junge zarte Blätter kurz vor der Blüte, aber auch in der übrigen Zeit des Jahres. Zum Trocknen gut geeignet, dafür Blätter und Triebspitzen kurz vor der Blüte abschneiden.
Wissenswertes: Vermehrung durch Teilung.

anderen Infektionen anerkannt, die innerliche als Tee, Presssaft und Tinktur gegen übermäßiges Schwitzen und Magen-Darm-Beschwerden. In der Volksmedizin setzt man Salbei auch als Hilfe beim Abstillen ein, außerdem bei klimakterischen Beschwerden, zur Förderung der Durchblutung sowie frische Salbeiblätter zur Reinigung von Zähnen und Zahnfleisch.

Achtung: Salbei nicht während der Schwangerschaft und auch nicht länger als 4 Wochen oder in höherer Dosierung verwenden.

KRÖTENKRAUT UND LIEBESPFLANZE

Angeregt vermutlich durch den Anblick der etwas runzeligen Blätter stellte man verschiedenenorts in Europa eine Verbindung zwischen Salbei und Kröten her. So hieß es, diese Tiere würden mit Vorliebe unter Salbeisträuchern leben. Auch Konrad von Megenberg behauptet, die Kröten würden gern Salbei essen und um sie von den Pflanzen zu ver-

treiben, solle man Rauke neben sie pflanzen.

Nach einer Erzählung im »Decamerone« des Giovanni Boccaccio (1313–1375) hat Hans Sachs (1494–1576) das Stück »Historia, wie zwey liebhabende von einem salvenblatt sturben« gereimt: Ein Liebespaar wandelt im Garten. Der Mann pflückt ein Salbeiblatt, putzt sich damit die Zähne und fällt tot um. Die Geliebte wird des Mordes verdächtigt und demonstriert den Ermittlern, was ihr Geliebter kurz vor dem Umsinken gemacht hat. Sie pflückt ein Salbeiblatt, reibt sich damit die Zähne und stirbt ebenfalls. Man gräbt nun den Salbeistock aus der Erde und findet eine große Kröte an der Wurzel sitzen. Als Moral dichtet Hans Sachs:

Auß dem ein mensch sol lernen
wol,
das er sich fleißig hüten soll
vor der lieb außerhalb der ee,
die alzeit bringet ach und wee.

Gerade aber auch für die Liebe sollte Salbei nützlich sein. Es gibt in alten Zauberbüchern Anweisungen, um mit Hilfe von Salbei »Liebe zu einer Person zu erwecken«, etwa: »Nimm 3 Salbeiblätter und schreibe auf das erste Adam und Eva, auf das andere Jesu Maria, auf das dritte deinen und ihren Namen. Brenne diese Blätter zu Pulver und bringe dieses der Person beim Essen oder Trinken bei.«

Wegen seiner immergrünen Blätter, die auch noch in getrocknetem Zustand duften, und der blauvioletten Blüten war Salbei auch ein Symbol treuen Angedenkens.

Melisse, Zitronenmelisse
Melissa officinalis

Staude (Wurzelstock).
Familie der Lippenblüter (Lamiaceae).
Stängel 4-kantig, stark verästelt. Blätter gestielt, gegenständig, eiförmig, gezähnt, oberseits behaart, mit Öldrüsen, aromatisch duftend. Blüten klein, weißlich oder blasslila, in Scheinquirlen. Blütezeit: Juni–August. Höhe: 60–80 cm.
Selten verwildert.

Die aus dem Vorderen Orient stammende Melisse war in der Antike geschätztes Bienenfutter und Heilpflanze. Dioskurides nannte sie »melissophyllon« (Bienenblatt), weil sie den Bienen angenehm sei, und Plinius empfahl, mit »melissophyllum« die Bienenstöcke auszureiben, um die Tiere an den Stock zu binden. Im 11. Jahrhundert gelangte die Melisse durch den islamischen Arzt Ibn Sina

Die kleinen und unscheinbaren Blüten der Melisse sind bei Bienen sehr beliebt. Der deutsche Name der Pflanze ist vom griechischen Wort »melissa« für Biene entlehnt.

(980–1037), genannt Avicenna, nach Spanien und von dort in die Kloster-, Burg- und Bauerngärten Mitteleuropas. Mancherorts kommt sie heute verwildert vor.

Ob »binsuga«, von der Hildegard von Bingen schreibt, dass sie das Herz erfreue, die Melisse oder die Weiße Taubnessel meint, ist nicht endgültig geklärt. Leonhart Fuchs stellt ebenfalls eine Beziehung zu den Bienen her und: »Ist fürtrefflich gut denen so traurig vnd schwärmütig seind / in wein gesotten vnd getruncken / oder einen zucker vnd Conseruen darauß gemacht / dann es macht frölich.« Berühmt wurde die Melisse durch den so genannten Melissengeist, der 1611 von den »barfüßigen Karmelitern« in Paris als Geheimmittel kreiert wurde. Die Nonne Maria Clementine Martin begründete dann 1775 den »Klosterfrau-Melissengeist«.

Wichtige Inhaltsstoffe der Melissenblätter sind ätherisches Öl mit den Hauptkomponenten Citronellal und Citral, die den charakteristischen Zitronenduft bedingen, ferner Gerbstoffe, Bitterstoffe und Flavonoide. In der Phytotherapie werden Zubereitungen aus den Blättern bei nervös bedingten Einschlafstörungen und Magen-Darm-Beschwerden verwendet, in der Volksmedizin zudem bei nervösem Herzklopfen, Kopfschmerzen und depressiver Verstimmung. Auch als Zusatz für ein Vollbad nimmt man gern Melissenblätter.

In der Küche passt Melisse frisch an Salate, Saucen, Fleisch- und Fischgerichte, Pilze und Omeletts, in

Quark, Milch, Süßspeisen, Obstsalat und Erfrischungsgetränke. Frische Blätter sind ein Ersatz für Zitrone.

Im **Garten** schätzt die zum Wuchern neigende Melisse einen sonnigen bis halbschattigen Platz und durchlässige, humose Erde.

Echter Lavendel
Lavandula angustifolia
Syn.: *L. officinalis, L. spica*

Immergrüner Halbstrauch. Familie der Lippenblüter (Lamiaceae).
Stängel 4-kantig, im unteren Teil verholzend. Blätter linealisch, bis etwa 5 cm lang, silbergrau, filzig behaart. Blüten blauviolett in ährigen Blütenständen. Die gesamte Pflanze duftet intensiv, insbesondere bei Berührung und Zerreiben. Blütezeit: Juli–August. Höhe: bis 60 cm.
Selten verwildert, etwa bei Bad Blankenburg in Thüringen. Anbau in England, Frankreich, Spanien, Südosteuropa.

In früheren Jahrhunderten wurde Lavendel auch mancherorts in Mitteleuropa im Großen angebaut. Obwohl der Lavendel ein mediterranes Gewächs ist – er stammt wahrscheinlich aus dem westlichen Mittelmeergebiet – wurde er in der Antike nicht beachtet. Dioskurides beschreibt lediglich den verwandten Schopflavendel (*Lavandula stoechas*). Auch hat man die aus Indien stammende wohlriechende Echte Narde (*Nardostachys jatamansi*) nicht immer deutlich vom Echten La-

vendel unterschieden. Dieser gelangte erst im Verlauf des Mittelalters in die Klostergärten nördlich der Alpen. Im mittelalterlichen Latein erscheint der Lavendel auch als »spicanardus« und »pseudonardus«. Die Gottesmutter Maria wird in der mittelalterlichen Dichtung auch mit »Du edle Spica-Narde« angesprochen. Leonhart Fuchs schreibt richtig, dass »Spicanard« in den Apotheken »Lauandula« geheißen werde, weil man es im Bad gebrauche und der Name vom lateinischen »lavare« (waschen) abgeleitet sei.

Im Mittelalter und noch in der frühen Neuzeit wird der Heilkraft des Lavendels wenig Bedeutung beigemessen. Hildegard von Bingen hebt den starken Duft von »lavendula« hervor, der die Augen klar mache. Sie rät aber nur zur äußerlichen Verwendung, nämlich gegen Läuse. Albertus Magnus lobt lediglich den Duft. Leonhart Fuchs charakterisiert den

Lavendel unter anderem als harntreibend, wohltuend bei Nieren- und Blasenerkrankungen, erwärmend für den kalten Magen und als wirksam gegen Kopfschmerz, Schwindel und zittrige Glieder. Sebastian Kneipp verwendete das von ihm genannte »Spiköl« gegen Verdauungsbeschwerden und Gemütsleiden.

Lavendelblüten enthalten ätherisches Öl mit den Hauptbestandteilen Linalylacetat und Linalool, zudem Gerbstoffe. In der Phytotherapie werden Lavendelblüten und Lavendelöl innerlich bei Einschlafstörungen, nervöser Erschöpfung, Unruhezuständen und bei nervös bedingten Magen- und Darmstörungen verwen-

Wegen seines dekorativen Aussehens, seines angenehmen Blütendufts, seiner Attraktivität für Bienen sowie seiner Heil- und Würzkraft war Lavendel auch eine beliebte Bauerngartenpflanze.

Der heute fast vergessene Ysop war in früheren Zeiten ein geschätztes Heil- und Würzmittel. Holzschnitt aus dem Kräuterbuch des Adamus Lonicerus (Ausgabe 1679).

det. Anerkannt ist auch die äußerliche Anwendung als Badezusatz bei funktionellen Kreislaufstörungen. In der Volksmedizin setzt man Lavendelblüten auch bei Krämpfen, Asthma und Migräne ein.

In der Küche würzen Blätter, junge Triebspitzen und Blüten Wild, Lamm, Fisch, Gemüseeintöpfe, verschiedene Süßspeisen und Kompotte. Zusammen mit Bohnenkraut, Rosmarin, Thymian, Ysop und weiteren Würzkräutern gehört Lavendel zu der klassischen Würzmischung »Herbes de Provence«.

Im 19. Jahrhundert war Lavendelduft in jeder Form sehr beliebt. In der Kölner Glockengasse Nr. 4711 wurde 1710 ein Eau de Cologne auf Lavendelbasis kreiert, das zunächst weniger als Duftwasser denn als Me-

dikament beliebt war; so soll Napoleon I. vor jeder Schlacht zur Nervenberuhigung davon getrunken haben.

Im Volksglauben sollte Lavendel nicht nur böse Geister abwehren, sondern, unter das Kopfkissen gelegt, auch für »süße Träume« sorgen.

Im **Garten** schätzt Lavendel einen sonnigen Platz und trockenen, leicht kalkhaltigen Boden; in rauen Gegenden Winterschutz.

Ysop
Hyssopus officinalis

Immergrüner Halbstrauch. Familie der Lippenblüter (Lamiaceae).
Stängel 4-kantig, im unteren Teil verholzend. Blätter lineal-lanzettlich, ganzrandig, punktiert (Öldrüsen). Blüten dunkelblau, in ährenartigem Blütenstand. Blütezeit: Juli–Oktober. Höhe: bis 50 cm. Verwildert, selten eingebürgert, auf felsigen Hängen, Trockenrasen, altem Kulturland.

Der Name ist vom hebräischen »êzôb« abgeleitet. Michael Zohary gibt an, dass der im 51. Psalm und an anderen Stellen der Bibel erwähnte Ysop wahrscheinlich eine andere Pflanze bezeichnet, da Ysop weder in Israel noch auf dem Sinai vorkomme. Der aus Kleinasien stammende Ysop wurde bereits in der Antike verwendet – Columella erwähnt ihn als Weinwürze – und kam im Mittelalter in die Klostergärten. Von dort gelangte er später auch in die Burg-, Bürger- und Bauerngärten als Zier-, Arznei- und Würzpflanze.

Im »Macer floridus« wird Ysop den an Katarrh und Husten Erkrankten und gegen Würmer empfohlen. Die heilige Hildegard hielt viel vom Ysop: »...und er ist von so großer Kraft, daß sogar der Stein ihm nicht widerstehen kann, der dort wächst, wo der Ysop hingesät wird.« Sie empfahl ihn nicht nur bei Lungenkrankheiten und Leberschmerzen, sondern – gekocht mit jungen Hühnern – auch für die infolge der Traurigkeit des Menschen krank gewordene Leber. Auch Konrad von Megenberg hebt die Wirkung von »isp« besonders hervor:

wer ispen mit veigen seudet und daz wazzer in diu ôrn treuft, daz benimt der ôrn smerzen. und genuog ander tugent hât si an ir, wenn man si beraitet, als man lêrt in der ärzt kunst und in iren püechern.

Ysopkraut enthält ätherisches Öl, außerdem Flavonoide und Bitterstoffe. Es wird in der Volksmedizin als Tee verwendet gegen Husten, Erkältungskrankheiten, Verdauungsbeschwerden, Entzündungen des Mund- und Rachenraums sowie zur allgemeinen Kräftigung.

Für die Küche hat bereits Hildegard von Bingen den Ysop empfohlen, wenn sie schreibt, dass er für alle Speisen nützlich sei. So würzt er auch heute noch – sparsam verwendet – Salate, Suppen, Fleisch (insbesondere auch Kalbfleisch), Fisch und Obstsalat.

Im **Garten** braucht Ysop einen sonnigen Platz und trockene, lockere, möglichst kalkhaltige Erde sowie in rauen Gegenden Winterschutz.

Wilde Malve

Malva sylvestris und andere »Pappeln«

Er sah auf, brach aus einem kleinen nebenliegenden Garten eine Malve ab und rief mit Verwunderung aus: die Malven blühen schon wieder! – Dann heftete er die Blume auf die Brust und sagte, daß ich nun sein Herz nicht verfehlen könne.

LUDWIG TIECK (1773–1853): WILLIAM LOVELL

Der Name der auch in Mitteleuropa heimischen Wilden Malve wurde erst in neuhochdeutscher Zeit vom lateinischen »malva« entlehnt, das wiederum von »malochus« (weich) abgeleitet ist und mit den weichen Blättern und der ihnen zugeschriebenen erweichenden Wirkung zusammenhängt. Der ältere deutsche Name Pappel erscheint als »babela« bei Hildegard von Bingen, als »papel« bei Konrad von Megenberg.

Bereits der griechische Dichter Hesiod (9. Jh. v. Chr.) erwähnt die Malve als Nutzpflanze. Nicht gegessen werden durfte sie bei den Pythagoreern, weil sie ihnen als heilig galt. Dioskurides unterscheidet die Gartenmalve als »moloche kepente« von der Wilden Malve, mit der wohl die Wegmalve *(Malva neglecta)* gemeint ist. Das »Capitulare« fordert, »malvas« anzubauen, worunter nach Fischer-Benzon beide Malvenarten zu verstehen sind. Teilweise wird bis in die Gegenwart zwischen den beiden Malvenarten nicht immer genau unterschieden.

In den hippokratischen Schriften erscheint die Malve als erweichendes Mittel. Dioskurides empfiehlt sie als wohltuend für den Darm, als Mittel gegen Gebärmutterleiden, ihre frischen Blätter als Umschläge, ihren Absud als Gegenmittel aller tödlichen Gifte. Plinius rühmt die Kraft der Malve gegen die Folgen von Wespen- und Skorpionsstichen und behauptet, ein auf ein Malvenblatt gelegter Skorpion würde sofort erstarren. Auch würden einer Gebärenden untergelegte Malvenblätter so sehr die Geburt beschleunigen, dass man nach der Entbindung die Blätter sofort wegnehmen müsse, weil sonst die Gebärmutter unweigerlich nachfolge. Die Malvensamen seien besonders für Frauen ein starkes Aphrodisiakum.

Der »Macer floridus« und auch die Kräuterbuchautoren des 16. Jahrhunderts geben weitgehend nur die Äußerungen der antiken Schriftsteller wieder. Hildegard von Bingen warnt – wie bei vielen anderen Pflanzen – vor dem Rohgenuss: »Aber niemand soll sie roh essen, denn wenn er sie roh äße, wäre sie wie ein Gift, weil sie schleimig ist und weil sie dicke und giftige Säfte hat, und sie bereitet diese im Menschen.« Sie empfiehlt junge Malve bei krankem Magen, den von Malven genommenen Tau für die Augen, eine Auflage aus Malve und Salbei bei Kopfschmerzen und rät schließlich Gesunden, die Malve zu meiden.

Blätter und Blüten enthalten vor allem Schleim, Flavonoide und Gerbstoffe. In der Phytotherapie ist der Tee (Aufguss oder Kaltwasserauszug) aus Blättern und Blüten wegen seiner reizlindernden und entzündungshemmenden Wirkung anerkannt bei Katarrhen der oberen Luftwege, bei Husten und bei Schleimhautentzündungen im Mund- und Rachenraum. In der Volksmedizin wird der Tee von Wilder Malve und Wegmalve auch bei Magenbeschwerden und Durchfall verwendet sowie äußerlich zu Wundumschlägen (nicht bei offenen Wunden!).

Wegen ihrer reizlindernden Wirkung ist die Wilde Malve auch in verschiedenen Kosmetikprodukten enthalten.

PAPP AUS »PAPPELN«

Der Nutzung als Nahrungspflanze verdanken die Wegmalve und die Wilde Malve ihren alten Namen Pappel. Dieser ist aus dem mittelhochdeutschen »pappe«, einem lautmalerischen Kinderwort für Brei, entstanden. Man hatte die Malvenblätter zu einem spinatartigen und wegen des hohen Schleimgehalts ziemlich »pappigen« Mus verkocht. Auch Hildegard von Bingen schlägt diese Verwendung – das Mus unter Beigabe von Fett gekocht – vor, allerdings nur für Kranke. Als diese Verwendung längst nicht mehr gebräuchlich war, aßen, wie Emma M. Zimmerer (1896) noch für ihre Zeit berichtet, Kinder die Früchte als »Katzenkäse«. Otto Brunfels schreibt Jahrhunderte zuvor: »die klein Bappelen seind zwar den kinden bekannt / die die kaesslin darum sammeln / und mit spylen.« In der

Gegend von Posen warnte man die Kinder vor übermäßigem Genuss, denn davon würde man verrückt.

Die jungen, vor der Blüte gesammelten Blätter von Wilder Malve und Wegmalve können als Wildgemüse ähnlich wie Spinat gegessen werden.

ORAKELPFLANZE

Marzell berichtet, dass nach einer in Breslau aufbewahrten Handschrift des 15. Jahrhunderts die Wilde Malve Auskunft geben kann, ob eine Frau Kinder bekommen wird: Man gießt den Harn der Frau auf die Pflanze und prüft nach 3 Tagen deren Zustand. Ist sie grün geblieben, wird sich Kindersegen einstellen, ist sie verdorrt, wird er ausbleiben. Nach einem schweizerischen Arzneibuch des 17. Jahrhunderts konnte man auf diese einfache Weise auch Auskunft darüber erhalten, ob ein Mädchen noch Jungfrau ist.

Hildegard von Bingen beschreibt in »Ursachen und Behandlung der Krankheiten« die Bereitung eines Pulvers gegen Gift und Zaubersprüche aus Storchschnabel-, Malven- und Wegerichwurzeln. In Schwaben galt bisweilen, dass unter die Stalltür gelegte Malve die Hexen fern hält.

In alten Zeiten kochte man Mus (in der Kindersprache »pappe« genannt) aus den Blättern der Wilden Malve. Noch bis ins 20. Jahrhundert spielten Kinder mit den Früchten und nannten sie »Katzenkäse«. Holzschnitt von Ludwig Richter (1803–1884).

Stockrose
Alcea rosea
Syn.: *Althaea rosea*

Die Herkunft der auch Rosenpappel oder Stockmalve genannten Pflanze ist nicht bekannt, man vermutet, dass sie aus Westasien stammt. Unsicher ist, ob die Stockrose den antiken Autoren bekannt war, ebenso, ob der von Albertus Magnus genannte »Malvenbaum« (»arbor malvae«) die Stockrose ist. Sicher lässt sich die Pflanze erst ab der frühen Neuzeit nachweisen. Sie erscheint in den Kräuterbüchern des 16. Jahrhunderts als »Herbstrosen« oder »Ernrosen« (weil zur Erntezeit blühend) und Leonhart Fuchs schreibt: »Sie werden auch Römische Pappel geheyssen derhalben vngezweifelt / das mans kürtzlich in vnser land gebracht hat.« Nach Hieronymus Bock sind diese »zamen Pappeln« bequemer zu essen als die wilden, seien jedoch dem Magen schädlich. Keine Unterschiede macht er sonst bei der arzneilichen Verwendung der Pappeln.

Die getrockneten Blüten enthalten Schleimstoffe, Gerbstoffe und als Farbstoff zu den Flavonoiden gehörende Anthocyane.

Die Phytotherapie erkennt die Verwendung in Teemischungen gegen trockenen Husten, insbesondere als Schmuckdroge an. In der Volksmedizin verwendet man Tee aus den getrockneten Blüten bei Entzündungen der Mund- und Rachenschleimhaut sowie bei Reizungen des Magen-Darm-Trakts.

Die Stockrose war eine Färbepflanze. In den Blütenblättern insbesondere einer schwarzrot blühenden gefüllten Form (var. *nigra*) sind große Mengen eines dunkelroten Anthocyans (Malvidinglykosid) enthalten. Man färbte damit in Frankreich, England und der Türkei Lebensmittel sowie Wein und Likör. In Ungarn und einigen Gegenden Deutschlands, vor allem in Mittelfranken, hat man die Stockrose in Kulturen angebaut und die Blütenblätter ausgeführt.

Mit ihrer eindrucksvollen Gestalt ist die Pflanze auch Marienblume, etwa in Albrecht Dürers Zeichnung »Maria mit den vielen Tieren«. Ludwig Uhland (1787–1862) hat der

Gerade für ländliche Gärten sind die attraktiven Stockrosen ein besonderer Schmuck. Leider sind sie für den Malvenrost sehr anfällig.

Nicht nur wegen seines Heilwerts, sondern auch als Zierpflanze hat man den Eibisch seit Jahrhunderten in mitteleuropäischen Gärten gezogen.

Stockrose etwas nörgelig ein Denkmal gesetzt:

Wieder hab' ich dich gesehen,
Blasse Malve! blühst du schon?
Ja! mich traf ein schaurig Wehen,
All mein Frühling welkt davon.
Bist du doch des Herbstes Rose,
Der gesunk'nen Sonne Kind,
Bist die starre, duftelose,
Deren Blüten keine sind.
Gerne wollt' ich dich begrüßen,
Blühtest du nicht rosenfarb,
Lögst du nicht das Rot der Süßen,
Die noch eben glüht' und starb.
Heuchle nicht des Lenzes Dauer!
Du bedarfst des Scheines nicht;
Hast ja schöne, dunkle Trauer,
Hast ja weißes, sanftes Licht.

Im **Garten** braucht die Wärme liebende Pflanze einen geschützten und sonnigen Platz sowie nährstoffreiche Erde. Es gibt Sorten mit weißen, rosa und gelben, gefüllten und ungefüllten Blüten.

Eibisch
Althaea officinalis

Staude.
Familie der Malvengewächse (Malvaceae).
Stängel aufrecht. Blätter eiförmig, gelappt, am Rand ungleich gezähnt. Stängel und Blätter behaart. Blüten rötlichweiß, zu mehreren in den Blattachseln; Außenkelchblätter 7–9. Früchte filzig behaart. Blütezeit: Juni–September. Höhe: 50–100 cm.
Zerstreut auf feuchten Wiesen, insbesondere auf salzhaltigen Böden der Küsten und des Binnenlandes, selten auch aus Kulturen verwildert.
Besonders geschützt.

Eibisch wird auch Samtpappel, Weiße Malve, Altheewurzel oder Hustenkraut genannt. Theophrast lobt »althaia« als Hustenmittel und berichtet, dass die geriebene Wurzel Wasser gerinnen mache. Diese Beobachtung bezieht sich auf den hohen Schleimgehalt. Dioskurides, der »altheia« gegen Husten, als erweichendes Mittel sowie gegen Harnverhaltung, Magenverstimmung, Ischias, Zittern und anderes empfiehlt, nennt als weiteren Namen »ebiskos«, woraus bereits in althochdeutscher Zeit »ibisca« abgeleitet wurde.

Das »Capitulare« verlangt »mismalvas«, die wahrscheinlich vom altfranzösischen »bismalve« abgeleitet sind. Hildegard von Bingen empfiehlt »ybischa« innerlich gegen Fieber, äußerlich, zusammen mit Salbei und Olivenöl als Paste, gegen Kopfweh.

Leonhart Fuchs lobt die Eibischwurzel unter anderem als wirksam gegen Kröpfe, Beulen, Entzündung der Brust, als harntreibend, die Samen als vorbeugend gegen den Biss giftiger Tiere. Pfarrer Kneipp empfiehlt die Wurzel als Teemischung mit Veilchenwurzel, Süßholz und Huflattichblättern gegen Bronchialkatarrh.

Die Wurzeln und Blätter enthalten vor allem Schleim und Stärke, die Blätter zudem ätherisches Öl. Anerkannt in der Phytotherapie ist der Tee (Kaltwasserauszug) sowohl aus der Wurzel als auch aus den Blättern bei Schleimhautreizungen in Mund und Rachen und damit verbundenem trockenem Reizhusten, Wurzeltee zudem bei Reizungen des Magen-Darm-Trakts. Der aus dem Kaltwasserauszug mit Zucker gekochte Sirup wird vor allem Kindern gegeben.

Die essbaren Blüten können Speisen dekorieren.

Im **Garten** schätzt Eibisch viel Sonne und einen humosen, nährstoffreichen Boden.

Eibisch mit seinen Schleimstoffen ist die richtige Arznei für den kranken Frosch. Abbildung aus Grandvilles »Les Fleurs Animées«.

Minzen

Mentha und ähnliche Pflanzen

Pfefferminze

*Wenn aber einer die Kräfte und Arten und Namen der Minze
Samt und sonders zu nennen vermöchte, so müßte er gleich auch
Wissen, wie viele Fische im Roten Meere wohl schwimmen,
Oder wie viele Funken Vulkanus, der Schmelzgott aus Lemnos,
Schickt in die Lüfte empor aus den riesigen Essen des Aetna.*

Walahfrid Strabo: Hortulus (um 825)

In unserer heimischen Flora gibt es mehrere Minzenarten (siehe Botanischer Steckbrief). Kulturpflanzen sind etwa Ährenminze (*Mentha spicata*) und Pfefferminze (*Mentha × piperita*). Die Minzenarten neigen zu lebhafter Bastardbildung, wodurch ihr Formenreichtum und die Schwierigkeit ihrer genauen Zuordnung noch verstärkt wird. Diese große Veränderlichkeit war schon den antiken Autoren bekannt. So äußert Theophrast, dass sich das »sisymbrion« bei nicht ausreichender Pflege in »mentha« verwandeln würde, was Fischer-Benzon so deutet, dass sich die Krause Minze (*Mentha crispa*), ein Bastard aus Rossminze und Wasserminze, zur Wasserminze zurückbilden würde. Columella und Plinius geben an, dass man wilde Minze in zahme verwandeln könne, wenn man die wilde mit der Spitze nach unten pflanzt. Bereits Walahfrid Strabo kämpfte mit Unterschieden zwischen den verschiedenen Minzenarten, wie er in den oben zitierten Zeilen aus der Minzen-Strophe in poetischer Übertreibung verdeutlicht.

Wahrscheinlich werden schon seit Jahrtausenden Minzen im Garten kultiviert. In einem altägyptischen Grab wurden 1881 Reste eines Blumengewindes gefunden, in dem auch Minzenblätter enthalten waren.

Im »Capitulare« werden 4 Minzenarten erwähnt: 1. »sisimbrium« (Wasserminze), 2. »menta« (möglicherweise Krause Minze), 3. »mentastrum« (möglicherweise Rossminze) und »puledium« (Poleiminze). »Sisimbria«, »menta« und »pulegium« sind auch im »St. Gallener Klosterplan« enthalten.

Die Pfefferminze ist sehr wahrscheinlich ein Bastard aus Wasserminze und Ährenminze. Sie wurde 1696 erstmals erwähnt und soll um diese Zeit zufällig in einer Ährenminzen-Kultur in Hertfordshire entstanden sein. Manche Autoren vertreten allerdings die Ansicht, die Pfefferminze habe es bereits im Altertum gegeben und sie stamme ursprünglich aus Ostasien. In Eichenau (Landkreis Fürstenfeldbruck), wo von 1918 bis 1956 Pfefferminze angebaut wurde, befindet sich das weltweit einzige Pfefferminzmuseum. Die Eichenauer Pfefferminze hatte einen besonders hohen Gehalt an ätherischem Öl und war deshalb in Apotheken, pharmazeutischer Industrie und auf dem Gewürzmarkt besonders geschätzt.

Leonhart Fuchs empfiehlt in seinem Kräuterbuch (1543), »denen, so von den bynen oder wespen gestochen seind«, die Blätter der Fischmüntz (Wasserminze) überzulegen.

SYMPATHIE- UND HEILMITTEL

D as »hedyosmon« des Dioskurides ist eine Minzen-Kulturform. Er schreibt, dass sie erwärmende, adstringierende und austrocknende Kraft habe, ein Aphrodisiakum sei, Eingeweidewürmer vertreibe, als Umschlag Abszesse zerteile, als Suppositorium die Konzeption verhindere und auch, dass sie Milch am Gerinnen hindere. Plinius bringt Anwendungen aus der Sympathiemedizin, distanziert sich von diesen aber durch ein »man sagt«: Die in der Hand gehaltene Pflanze würde verhindern, dass man sich beim Gehen wund läuft (Intertrigo), und eine kranke Milz würde geheilt, wenn man von einer Minze 9 Tage hintereinander ein Stück abbeißt und isst, ohne die Pflanze aus der Erde zu reißen, und dabei jedes Mal sagt, dass die Milz geheilt werden möge.

Im »Macer floridus« heißt es über Minze: Gestampft und aufgelegt macht sie die Milch in den Brüsten wieder fließen, Minze, mit dick gekochtem Most gegessen, beschleunigt die Geburt, ihr Saft auf einem Zäpfchen in die Scheide eingeführt, verhindert die Empfängnis und unter Käse gemischt dessen Fäulnis.

Hildegard von Bingen nennt neben Poleiminze 4 Minzenarten: »bachmyntza« (Wasserminze) gegen Verschleimung, »myntza majori« (Krause Minze) gegen Krätzmilben, »minori myntza« (Ackerminze) gegen Augengeschwüre, »rossemyntza« gegen Gicht. Konrad von Megenberg verrät ein Rezept gegen Zahnfleischbluten: »wem der munt übel smeck und im daz zantfleisch nicht frisch sei, alsô daz ez im leiht pluot, der wasch den munt mit ezzeich [Essig], der mit minzen sei gesoten, und reib daz zantfleisch dar nâch mit dürren minzenpletern, sô wirt er gesunt.«

Die Kräuterbuchautoren des 16. Jahrhunderts unterscheiden verschiedene »Müntzen«, fassen dann aber ihre Wirkungen zusammen, etwa auch Leonhart Fuchs: »So man Müntzen in Wasser gesotten drey tag nacheinander trinckt / vertreiben sie das grimmen und weetagen der därm.« In späterer Zeit hat Sebastian Kneipp die Wirkungen von Pfefferminze, des Pfefferminzöls und besonders der Wasserminze gelobt, der er als stärker wirkend den Vorzug gab. Er empfahl Minzentee als verdauungsfördernd, krampflösend und gallentreibend, das Öl zur äußerlichen Anwendung bei Schmerzen und Neuralgien.

Das Pfefferminzkraut enthält ätherisches Öl mit den Hauptbestandteilen Menthol, Menthylacetat und

PFEFFERMINZE IM HAUSGARTEN

Anbau: Im Frühjahr Jungpflanze einsetzen. Pfefferminze ist steril und bildet allenfalls minderwertige Samen.
Standort: Halbschattig bis schattig, warm, windgeschützt; nährstoffreiche, humose, feuchte Erde.
Pflege: Stets mit genügend Feuchtigkeit, im Frühjahr mit Kompost oder anderem organischem Dünger versorgen. Pfefferminze neigt zum Wuchern, ist daher für die Topfkultur gut geeignet, muss im Garten durch seitliches Abstechen »gebändigt« werden. Bei strengem Frost Winterschutz.
Ernte: Junge Blätter. Zum Trocknen Stängel abschneiden, bündeln, an luftigem Platz aufhängen.
Wissenswertes: Vermehrung durch Teilung möglich. Viele Pfefferminz-Sorten und zudem noch weitere Minzenarten im Handel.

Einen kräftigen Minzenduft hat auch die Rossminze. Holzschnitt im Kräuterbuch des Adamus Lonicerus (Ausgabe 1679).

Menthon, außerdem Gerbstoffe und Flavonoide. Wissenschaftlich anerkannt ist die Wirkung des Tees und der Tinktur bei leichten kolikartigen Leibschmerzen und bei Gallenbeschwerden. Das ätherische Pfefferminzöl wird zur Behandlung von Leber- und Gallenbeschwerden, äußerlich bei Muskel- und Nervenschmerzen sowie Katarrhen der Atemwege benutzt. In der Volksmedizin gilt der Tee auch als Mittel gegen Übelkeit infolge Magenüberlastung, bei Brechreiz und bei Erkältungskrankheiten.

Achtung! Bei empfindlichem Magen können Beschwerden auftreten. Pfefferminze und andere Minzen eignen sich generell nicht für den Dauergebrauch.

MINT SAUCE UND PFEFFERMINZCREME

Bereits Plinius nennt »menta« als Kraut, das die Esslust fördert und Saucen würzt. Für Hildegard von Bingen sind Bachminze, Acker- und Rossminze jeweils auch Küchenkräuter, insbesondere von letzterer schreibt sie: »… gibt die Rossminze, wenn sie dem Fleisch, den Fischen oder Speisen oder dem Mus beigefügt wird, jener Speise einen guten Geschmack und eine gute Würze und so erwärmt sie auch gegessen den Magen und verschafft eine gute Verdauung.«

Pfefferminze wurde zum typischen Gewürz in der englischen Küche, insbesondere in Form von Mint Sauce, die zu Fleisch, vor allem Lammfleisch, gegessen wird. Die arabische Küche verwendet frische Minzenblätter nicht nur zur Bereitung eines erfrischenden Minzentees, sondern etwa auch in Tabouleh, einem ursprünglich aus dem Libanon stammenden Salat aus Bulgur, Tomaten, Petersilie. Auch hier zu Lande war mancherorts die im Bauerngarten gezogene Pfefferminze als Gewürz beliebt, etwa in einer Weincreme.

Pfefferminzblätter würzen nicht nur Fleischgerichte, sondern auch Erbsen, Quark, Cremes, Getränke,

---

BOTANISCHER STECKBRIEF

Familie: Lippenblüter (Lamiaceae).
Merkmale: Stauden. Aromatischer Duft; Blüten rosa, rötlich, lila, weiß. Höhe: 30–100 cm.
Einige Arten: Pfefferminze oder Edelminze *(Mentha × piperita)*: Stängel verzweigt. Blätter gestielt, länglich-lanzettlich, spitz. Blüten lila, in endständigen Blütenständen. Blütezeit: Juni–August.
Ährenminze oder Grüne Minze *(Mentha spicata)*: Stängel kahl, oft rot überlaufen. Blätter kahl, schmal-eiförmig, unterseits stark hervortretende Nerven. Blüten helllila oder hellrosa; in dichten endständigen Scheinähren. Blütezeit: Juli–September.
Wasserminze *(Mentha aquatica)*: Blätter gestielt, eiförmig, gesägt. Blüten rosarot, klein, endständig in kugeligen Köpfchen; Kelch gleichmäßig 5-zähnig. Blütezeit: Juli–September.
Rossminze *(Mentha longifolia)*: Stängel behaart. Blätter ungestielt, länglich-eiförmig, scharf gesägt, unterseits filzig behaart. Blüten rosa oder rötlich lila, in endständigen ährenartigen Blütenständen. Kelch dicht behaart. Blütezeit: Juli–September.
Ackerminze *(Mentha arvensis)*: Blätter kurz gestielt, ei- bis rautenförmig. Blüten in Scheinquirlen. Blütezeit: Juli–August.
Vorkommen: Pfefferminze und Ährenminze: Kulturpflanzen (Anbau in ganz Europa, Gegenden Asiens sowie Nord- und Südamerikas), selten und meist gartennah verwildert. Wasserminze: an Ufern, auf Feuchtwiesen oder in Gräben. Rossminze: im Süden verbreitet, im Norden selten, an Ufern, nassen Wegrändern, in Gräben. Ackerminze: auf feuchten Äckern, Sumpfwiesen, in Gräben.

Die Sage berichtet, dass Minthe, die Geliebte des Unterweltsgottes Hades, von der eifersüchtigen Persephone zerrissen wurde und als duftende Pflanze wieder auf Erden erschien. »Hades und Persephone«, griechische Vasenmalerei aus Unteritalien, 330 v. Chr.

Obstsalat oder dekorieren Desserts. Pfefferminzlikör, -pastillen und -konfekt sind wegen ihres erfrischenden Geschmacks beliebt.

MIT DER UNTERWELT VERBUNDEN

Nach einer griechischen Sage war Minthe die Geliebte des Gottes Hades. Seine Gemahlin Persephone zerriss in ihrer Eifersucht die schöne Nebenbuhlerin, die aber als duftende Pflanze wieder auf der Erde erschien. Die griechischen Geschichtsschreiber Strabo und Ptolemäus berichten von einem Berg der Minthe bei Pylos, an dessen Fuß sich ein Tempel des Hades befand. Wie andere stark duftende Pflanzen brachte man die Minze mit Unterwelt und Tod in Verbindung.

Im Süden sind die Minzen stärker in den Volksglauben einbezogen als in Mitteleuropa. So erzählt eine südfranzösische Legende: Als sich die Muttergottes auf der Flucht nach Ägypten in einem Kornfeld verbarg, wollte die Minze sie ihren Verfolgern verraten, aber das Basilikum verbarg die heilige Jungfrau vor den Blicken der Häscher des Herodes.

In den Pyrenäen gab es eine Krankheitsübertragung, wie sie in Mitteleuropa bei verschiedenen anderen Pflanzen wie Brennnessel oder Klette bekannt ist, für die Minze: Die Mutter eines kranken Kindes opfert 9-mal einer Minze Brot und Salz und bittet um Heilung. Die Minze geht schließlich (wohl durch das Salz) ein und das Kind wird gesund. Annette von Droste-Hülshoff hat dieser Sympathie-Handlung das Gedicht »Münzkraut« gewidmet.

Marzell berichtet, dass es in der rumänischen Bukowina hieß, man dürfe in Gärten, die zu Häusern mit heiratsfähigen Mädchen gehören, keine Pfefferminze ziehen, da die Pflanze die Heirat verhindere. Der Ethnobotaniker hält es für möglich, dass der Glaube mit dem Einsatz der Minzen als Abtreibungsmittel zusammenhängen könnte.

Poleiminze
Mentha pulegium

Staude.
Familie der Lippenblüter (Lamiaceae).
Blätter gestielt, eiförmig, am Rand schwach gezähnt. Blüten klein, rosa, achselständig in kugeligen Scheinquirlen; Kelch ungleich 5-zähnig. Pflanze duftet aromatisch. Blütezeit: Juli–August. Höhe: 20–30 cm.
Zerstreut auf feuchten Wiesen, Fluss- und Seeufern, vor allem im Bereich der großen Ströme.
Wenig giftig bis giftig.

Die Wildbestände der aromatisch duftenden Poleiminze sind nach der Roten Liste in Deutschland »stark gefährdet«.

Die Poleiminze mit ihren besonderen Inhaltsstoffen und Wirkungen wurde bereits früher meist gesondert betrachtet. In der Antike war sie bekannt und als Heil- und Würzmittel geschätzt. Die Namen »pulegium« und »Flohkraut« weisen auf die Verwendung als Mittel zum Vertreiben von Flöhen und anderen störenden Insekten hin. Sie erscheint als »puledium« im »Capitulare«, als »pulegium« im »St. Gallener Klosterplan«. Anthimus empfiehlt in seinem Brief an den Frankenkönig, Melonen mit Polei zu vermischen, weil sie dann gut bekömmlich seien. Walah-

frid Strabo widmet »puleium« eine eigene Strophe und lobt das Kraut als verdauungsfördernd oder, als Kranz um den Kopf gewunden, als wirksam gegen Kopfweh, das durch Sonnenhitze entstanden ist.

Im »Macer floridus« findet sich zu »pulegium« eine längere Strophe, in der es unter anderem heißt: Das Kraut ist erhitzend und trocknend, es treibt die Nachgeburt aus und die Leibesfrucht ab, es wirkt in verschiedenen Zubereitungen bei verkrampften Gliedern, Verschleimung, Brechreiz, Magenschmerz. Die geriebene und mit Essig vermischte Wurzel beseitigt Geschwülste und erregt die Liebeskraft.

Hildegard von Bingen empfiehlt »poleya« unter anderem gegen Fieber, Wahnsinn, Verdunkelung der Augen. Leonhart Fuchs gibt allerlei Wirkungen an wie Austreiben der Geburt und Nachgeburt, Hilfe gegen den Biss giftiger Tiere, äußerlich gegen Gicht und Hautjucken oder: »Ein krentzlin auß Poley gemacht / vnd auff das haubt gesetzt / vertreibt den weetagen desselbigen / vnd den schwindel. An Poley gerochen / ist gut denen so ein kalt und feücht hirn haben.«.

Die früher so geschätzte Poleiminze wird wegen ihrer Giftigkeit, verursacht insbesondere durch den Bestandteil Pulegon im ätherischen Öl, schon lange nicht mehr als Heilpflanze verwendet. Vergiftungen wurden insbesondere bei Einsatz als Abtreibungsmittel bekannt. In früheren Zeiten sollen Seeleute Poleiminze auf die Reise mitgenommen haben, um das faulende Wasser zu desinfizieren.

Im **Garten:** siehe Pfefferminze.

Balsamkraut
Chrysanthemum balsamita
Syn.: *Tanacetum balsamita*

Staude (Rhizom).
Familie der Köpfchenblüter (Asteraceae).
Stängel verzweigt. Blätter ungeteilt, breit-lanzettlich, ledrig, gesägt bis gekerbt. Blütenköpfchen gelb, ohne Zungenblüten, endständig in doldenartigen Blütenständen. Aromatischer Duft. Blütezeit: August–Oktober. Höhe: 30–100 cm.
Zuweilen verwildert im mittleren und südlichen Mitteleuropa.

Balsamkraut, das auch Frauenminze oder Marienbalsam heißt, lässt sich bei den antiken Autoren nicht eindeutig identifizieren. Im »Capitulare« erscheint die Pflanze als »costus«, im »St. Gallener Klosterplan« als »costa«. Walahfrid Strabo nennt »costus« in der Strophe über den Muskatellersalbei und gibt als Verwendung die gekochte Wurzel zur Stuhlregulierung an. Hildegard von Bingen verwendet »balsamita« gegen Wahnsinn, eingenommenes Gift, Läuse, Lepra und Dreitagefieber. Lonicerus erwähnt, dass die Blätter der »Frauenmüntz« oder des »Pfannkuchenkrauts« in Pfannkuchenteig gebacken würden wie die von Wermut oder Salbei. Er empfiehlt die Pflanze unter anderem gegen eingenommenes Gift und gegen Verdauungsbeschwerden.

Die frischen Balsamkrautblätter enthalten ätherisches Öl, schmecken bitter und würzen in kleinen Mengen

Suppen, Salate, Wildgerichte und wirken als Tee entspannend und krampflösend. Vermischt etwa mit Lavendel, können die getrockneten Blätter in Duftsäckchen oder Potpourris verwendet werden.

Das Balsamkraut war eine beliebte Bauerngartenpflanze. Die großen duftenden Blätter legte man als Lesezeichen in die Bibel oder ins Gebetbuch. Marzell berichtet von einem Volksglauben aus der Gegend von Neustadt an der Aisch: Wenn die »Schmeckerstöcke« Blüten entwickeln, stirbt bald jemand aus der Familie.

Im **Garten** braucht das Balsamkraut einen sonnigen Platz und trockenen, durchlässigen Boden.

Die Echte Katzenminze, deren Wildbestände in Deutschland nach der Roten Liste »gefährdet« sind, wächst als Relikt früherer Gärten manchmal bei Burg- oder Schlossruinen.

Das heute fast vergessene Balsamkraut mit den unscheinbaren Blüten und den dekorativen duftenden Blättern war einst eine geschätzte Bauerngartenpflanze.

Echte Katzenminze
Nepeta cataria

Staude.
Familie der Lippenblüter (Lamiaceae).
Stängel aufrecht, dicht behaart, 4-kantig. Blätter 3-eckig, am Grund herzförmig, am Rand grob gesägt; auf der Unterseite dicht, auf der Oberseite schütter behaart; leicht zitronenartig duftend. Blüten in Scheinquirlen an der Spitze der Äste; weiß oder rötlich, 3-lappige Unterlippe rötlich punktiert. Kelch mit 5 ungleich langen, lanzettlichen Zähnen, oft violett überlaufen. Blütezeit: Juli–September. Höhe: 40–100 cm.
Zerstreut auf Schuttplätzen, an Wegrändern und Orten früherer Kultur wie in der Nähe von Burgen und Burgruinen.

Die Heimat der Pflanze ist Vorderasien sowie Süd- und Südosteuropa. Den Namen erklärt schon Leonhart Fuchs damit, »das sich die katzen gern daran reiben«. Zusammen mit anderen Pflanzen wie Echtem Baldrian *(Valeriana officinalis)* oder Katzenkraut *(Teucrium marum)* gehört die Katzenminze zu den von Katzen geschätzten Pflanzen. Die »nepeta« der antiken Autoren kann die Katzenminze oder auch die Echte Bergminze *(Satureja calamintha)* sein. Die im »Capitulare« angeführte »nepta« deutet man jedenfalls als Katzenminze, und Walahfrid Strabo berichtet, dass man aus »nepeta« zusammen mit Rosenöl eine Salbe herstelle, die Narben verbessere und als Haarwuchsmittel diene. Hildegard von Bingen lässt gegen Skrofeln »nebetta« pulverisieren und in Küchlein oder Mus essen.

Die Blätter enthalten ätherisches Öl. In der Volksmedizin hat man sie früher zu Tee aufgebrüht und gegen Erkältung, Schlafstörungen, Krämpfe, Magenbeschwerden, Blähungen und Menstruationsbeschwerden verwendet. Auch als Gewürz an Fleischspeisen und Salate wurde das Kraut gegeben.

Im **Garten** gedeiht Katzenminze an einem sonnigen Platz mit sandiger, durchlässiger Erde. Es gibt verschiedene Sorten und Arten.

Rainfarn

Chrysanthemum vulgare (Syn: *Tanacetum vulgare*) und andere fast vergessene Heil- und Würzkräuter

was da blüht an allen wegen,
flutscht im flug am damm vorbei,
fingerkraut und strandkamille,
rainfarn, klette, akelei …

H. C. ARTMANN (1921–2000): AUS DEM GEDICHT »WUNDERSCHÖNE PUSTEBLUMEN«

Bei den antiken Autoren kommt Rainfarn nicht vor; die erste sichere Erwähnung – als »tanazita« – findet sich im »Capitulare«. Möglicherweise ist die »ambrosia« des Walahfrid Strabo der Rainfarn, den Hildegard von Bingen »reynfan« nennt. Hieronymus Bock gibt eine erste botanische Beschreibung von »Reinfar«. Die Pflanze sowie insbesondere auch eine Varietät mit krausen Blättern und stärkerem Duft war noch bis ins 20. Jahrhundert eine beliebte Bewohnerin des Bauerngartens.

Der Name ist abgeleitet vom althochdeutschen »reinfano« (mittelhochdeutsch »reinevan(e)«, was Grenzfahne bedeutet und wohl auf die an Rainen, Zäunen und anderen Abgrenzungen stehenden und dort besonders auffallenden Pflanzengestalten hinweist. Später hat eine Umdeutung stattgefunden, und zwar durch Vergleich der Blätter mit Farnwedeln, womit auch Bock den Namen erklärt. Marzell vermutet für das mittelalterliche »tanacetum« eine Ableitung vom griechischen »athanatos« (unsterblich), weil der Rainfarn als Grabblume verwendet wurde oder weil die getrocknete Pflanze lange Zeit ihren Geruch behält.

GEGEN SCHNUPFEN UND WÜRMER

Rainfarn in Kuchen, mit Fleisch oder anders zubereitet, empfiehlt Hildegard von Bingen bei Schnupfen und Husten sowie zur Anregung von Harnausscheidung und Monatsfluss. Der durch üble Speisen hervorgerufene Magendruck lasse sich durch Rainfarnsuppe günstig beeinflussen.

Insbesondere als Wurmmittel wurde Rainfarn verwendet. Darauf weist Hieronymus Bock hin, und Leonhart Fuchs schreibt dazu: »Die blumen aber von dem Reinfarn / haben ein sondere krafft wider die würm / so sie mit wein oder milch / oder mit hönig werden jngenommen / dann sie dieselbigen krefftigklich außtreiben.« Noch Kräuterpfarrer Künzle rät zu Rainfarntee gegen Magen- und Darmkolik sowie zum Vertreiben der Würmer und bringt ein Rainfarntinktur-Rezept für äußerlichen Gebrauch gegen Furunkel, aufgesprungene Hände und Rheumatismus.

Rainfarn galt im Volk als »Frauenkraut«, das unter anderem bei Menstruationsstörungen und auch als (nicht ungefährliches) Abtreibungsmittel angewandt wurde.

Aus den Blüten wurde in früherer Zeit gelber Farbstoff gewonnen und die Blätter dienten zum Vertreiben von Insekten und Mäusen. Mit ihnen

Namen: Wurmkraut, Wurmsamen.
Familie: Köpfchenblüter (Asteraceae).
Merkmale: Staude. Stängel aufrecht, kantig, braunrot überlaufen. Blätter fiederteilig, mit jederseits 8–12 Fiedern, diese lanzettlich, gesägt oder fiederspaltig. Blüten röhrig, gelb, in halbkugeligen, in einer Trugdolde angeordneten Köpfchen. Die Pflanze riecht aromatisch, insbesondere zerriebene Blätter. Blütezeit: Juni–Oktober. Höhe: 50–130 cm.
Vorkommen: In Auwäldern, Hecken, an Rainen und Wegrändern; in Europa und Asien.
Wissenswertes: Giftig.

Anbau: Aussaat im Frühjahr oder Spätsommer.
Standort: Sonnig bis halbschattig; nährstoffreicher, lehmhaltiger Boden, keine Staunässe.
Pflege: Keine besonderen Ansprüche.
Wissenswertes: Der Rainfarn vertreibt Ameisen und Fliegen. Rainfarnbrühe, -jauche oder -tee haben sich als Mittel gegen Rost und Mehltau sowie andere Schädlinge bewährt. Vermehrung durch Teilung des Wurzelstockes möglich.

umwickelte man auch Fleisch, um es vor Madenbefall zu schützen und die Verwesung zu verzögern.

Rainfarnkraut enthält ätherisches Öl mit einem hohen Anteil an Thujon, Bitterstoffe, Gerbstoffe und Flavonoide. In der Phytotherapie und in der Volksmedizin ist die Verwendung von Rainfarnkraut oder -blüten wegen der Gefahr erheblicher Nebenwirkungen heute nicht mehr üblich.

Achtung! Wegen der Giftigkeit der Pflanze Rainfarn weder arzneilich noch kulinarisch verwenden.

KULTSPEISE UND LIEBES-ZAUBERMITTEL

Die jungen Blätter und Triebe wurden in Kuchen eingebacken. Gebäcke mit »tansy« waren in England lange Zeit sehr geschätzt. Ursprünglich handelte es sich bei diesen Kuchen, Küchlein, Puddings oder Eierkuchen um eine Frühlingskultspeise, die es in ähnlicher Form auch mit Salbei, Gundermann oder Blättern anderer Pflanzen gab und deren Genuss das Jahr über vor Krankheit bewahren sollte. In der Basse-Bretagne nahm man an Ostern einen Rainfarntrank zu sich, um das ganze Jahr kein Fieber zu bekommen.

Rainfarn gehörte vielerorts auch in die zu Mariä Himmelfahrt (15. August) in der Kirche zu segnenden Kräuterbüschel. Die Pflanze galt als böse Geister und den Blitz abwehrend, und bei Gewitter warf man einige trockene Stängel zum Räuchern auf den Herd. Im »Gart der Gesundheit« (1485) heißt es zur positiven Wirkung des Rainfarnrauchs für Kinder: »der benimt in alle zufelligen suchten und alle böse gespenster des teüfels und mag inen nit geschaden.«

Die Pflanze konnte sogar Liebesglück herbeizwingen. Marzell schildert einen südslawischen Liebeszauber: Mit einer noch ungebrauchten Spindel verrührt die junge Frau Rainfarn und einige andere Pflanzen, Mehl, Honig und Butter zu einem Brei. Aus diesem formt sie einen Ring und lässt ihn an der Sonne trocknen.

Durch den Ring hindurch schaut sie den jungen Mann an, dessen Liebe sie gewinnen will, und spricht bestimmte Zauberworte. Dann legt sie den Ring in ein Säckchen und trägt dieses in der rechten Achselhöhle.

Abgebildet ist der Rainfarn auf dem Genter Altar der Brüder van Eyck und auf dem von Lucas Cranach d. J. geschaffenen Altar in Weimar.

Andorn
Marrubium vulgare

Staude (Wurzelstock).
Familie der Lippenblüter (Lamiaceae).
Stängel aufrecht, verästelt, 4-kantig. Blätter kreuzgegenständig, eiförmig, runzelig, am Rand un-

Längst auch aus den Gärten verschwunden ist Andorn, von dem es im »Hausbuch der Familie Cerruti« (14. Jahrhundert) heißt, man solle ihn, etwa zum Bereiten eines Heiltranks gegen Gallenbeschwerden, frisch aus dem Hausgarten holen.

sus, Mattioli und Leonhart Fuchs sowie auch noch Sebastian Kneipp hervorgehoben.

Das blühende Kraut enthält den Bitterstoff Marrubin, Flavonoide, Gerbstoffe und etwas ätherisches Öl. Die Phytotherapie verwendet den Andorn nicht, doch konnte er sich ein wenig von seinem alten Glanz als »Gotteshilf« oder »Helfkraut« in der Volksmedizin bewahren: Sie setzt ihn bei Verdauungsbeschwerden wie Völlegefühl und Blähungen, zur Anregung von Appetit und Gallensaftbildung sowie gegen Husten und Heiserkeit ein.

Der Stickstoff und Wärme liebende Andorn gelangte als Alteinwanderer bereits in vorgeschichtlicher Zeit in die heimische Flora und wurde zum Siedlungsbegleiter. Heute sind die Wildvorkommen in Deutschland nach der Roten Liste »stark gefährdet«.

gleich gekerbt. Stängel und Blätter filzig behaart. Blüten in den oberen Blattachseln zu Scheinquirlen angeordnet, weiß, Kelch mit 10 zurückgekrümmten hakigen Zähnen. Blütezeit: Juli–August. Höhe: 30–60 cm.
Zerstreut bis selten an Wegrändern, auf trockenen Weiden und Brachflächen; heimisch vom Mittelmeer bis Zentralasien. (Wenig) giftig.

Die Stickstoff und Wärme liebende Pflanze gelangte als Alteinwanderer schon in vorgeschichtlicher Zeit in die mitteleuropäische Flora und wurde dort zum Siedlungsbegleiter. Der Name erscheint schon im Althochdeutschen als »antorn« (mittelhochdeutsch »andorn«).

Hippokrates verwendete Andorn als Wundheilungsmittel. Plinius schätzte ihn als wirksam gegen Schlangenbisse und Gift sowie andere Erkrankungen. Als Gartenpflanze hat Walahfrid Strabo ihn in seinen »Hortulus« aufgenommen und preist ihn gegen Beklemmung der Brust und als so giftwidrig, dass er sogar dem tödlich giftigen Eisenhut widerstehen würde:

Sollten die Stiefmütter je feindselig bereitete Gifte
Mischen in das Getränk oder trügende Speisen verderblich
Eisenhut mengen, so scheucht ein Trank des heilkräftigen Andorns,
Unverzüglich genommen, die drohenden Lebensgefahren.

Insbesondere die Wirkung gegen Husten wurde über die Jahrhunderte von Hildegard von Bingen, Paracel-

Als Bitterwürze wurden die Andornblätter gelegentlich verwendet, insbesondere als Bier- und Likörgewürz.

Hinter der geheimnisvollen und mächtigen Zauber brechende Pflanze Dorant vermutet man Pflanzen wie Großes Löwenmaul *(Antirrhinum majus)*, Gewöhnliches Leinkraut *(Linaria vulgaris)*, Waldhyazinthe *(Platanthera bifolia)* – oder den Andorn. Ein anderes Unheil, Teufel und Hexen abwehrendes Kraut ist der Dost und es gibt vielerorts in Mitteleuropa Sagen, in denen beide Pflanzen stabreimend genannt werden.

So war einst, nach einer Vogtlandsage, eine Frau in den Keller zum Bierholen gegangen. Sie hatte sich aber vorgesehen gegen die bösen Geister, die sich an solchen unheimlichen Orten herumzutreiben pflegen, und prompt hörte sie eine Stimme:

Hättest nicht Dorant und Dosten,
Solltest 's Bierle nicht kosten.

Unbehelligt konnte die Frau samt Bier den Keller verlassen.

Der Dorant kann aber auch unangenehm werden, nämlich dann, wenn er als Irrwurz Menschen, die versehentlich auf ihn getreten sind, räumlich desorientiert macht, sodass sie den richtigen Weg nicht mehr finden:

Stoß nur nicht an den Dorant,
Sonst kommen wir nimmer ins
Vaterland.

Im **Garten** mag Andorn einen sonnigen und warmen Platz sowie nährstoffreichen Boden.

Bockshornklee
Trigonella foenum-graecum

1-jährig.
Familie der Schmetterlingsblütengewächse (Fabaceae).
Stängel aufrecht oder aufsteigend, verzweigt. Blätter 3-zählig, Teilblättchen lanzettlich, im oberen Teil fein gezäht; am Grund des Blattstiels meist 2 Nebenblätter. Blüten gelblichweiß, einzeln oder zu 2 in den Blattachseln. Hülsenfrucht schwach sichelförmig gebogen, mit 4-kantigen, gelblichbraunen Samen. Die Pflanze duftet stark aromatisch. Blütezeit: Juni–Juli. Früchte: August. Höhe: 30–50 cm.
Kommt bisweilen verwildert auf steinigen, lockeren Böden vor.

Die nach der Blütezeit in langen Hülsen heranreifenden Samen des Bockshornklees werden als Gewürz verwendet oder zum Keimen gebracht und als vitaminreiche Sprossen verzehrt.

Der auch Griechisches Heu genannte Bockshornklee stammt aus dem östlichen Mittelmeerraum. Er wurde schon 3000 v. Chr. in Ägypten angebaut und soll dem Apis, einem in Memphis verehrten schwarzen Stier, geweiht gewesen sein. Im Grab des ägyptischen Königs Tutenchamun (etwa 1347–1339 v. Chr.) fanden sich Reste der Pflanze. Stierhörner oder Bockshörner hat man schon im Altertum in den gebogenen Früchten gesehen. Die Römer übernahmen den Bockshornklee von den Griechen und nannten ihn deshalb »foenum graecum« (Griechisches Heu). Sie verwendeten ihn als Arzneimittel gegen verschiedene Krankheiten sowie als Gewürz und brachten ihn auch mit über die Alpen.

Im »Capitulare« erscheint die Pflanze als »fenigrecum«, im »St. Gallener Klosterplan« als »fenagraeca«.

Der »Macer floridus« rät bei Gichtschmerzen, Kohl und Griechisches Heu zu zerstampfen, den Brei mit Essig zu mischen und als Pflaster aufzulegen. Hildegard von Bingen empfiehlt Fieberkranken Kraut und Samen von »fenugraecum«. In den Kräuterbüchern des 16. Jahrhunderts werden viele Heilanzeigen aufgeführt, so bei Leonhart Fuchs unter anderen: »Das meel von Fenugreck erweycht und verzert. In meth gekocht vn übergelegt / thut es wol

Die therapeutische Verwendung von Hanf war vom Altertum bis ins 19. Jahrhundert gebräuchlich. Holzschnitt aus dem Kräuterbuch des Leonhart Fuchs (1543).

allen innerlichen und eüsserlichen beuln / doch nit am Anfang derselbigen.« Dieser auflösenden Wirkung, die auch Sebastian Kneipp besonders hervorgehoben hat, verdankt Bockshornkleesamen seine äußerliche volksmedizinische Verwendung bei Furunkeln und Geschwüren. Inner-

lich wird er gegen Katarrhe der oberen Luftwege und Appetitlosigkeit genommen. Die Samen enthalten 20–45% Schleim, Eiweiß, fettes Öl, Saponine, Flavonoide und Bitterstoffe.

Als Gewürz wird der lange Zeit vergessene Bockshornklee gegenwärtig wieder mehr verwendet. Dies ist auch auf den Einfluss der indischen Küche zurückzuführen, in der er Fischgerichte und vegetarische Gericht würzt und Bestandteil der berühmten Würzmischung »Curry« ist.

Im **Garten** gibt man dem Bockshornklee einen sonnigen Platz mit gut gelockerter Erde.

Hanf
Cannabis sativa

1-jährig.
Familie der Hanfgewächse (Cannabaceae).
Stängel meist verzweigt, behaart. Blätter lang gestielt, handförmig geteilt; Teilblätter lanzettlich, mit gesägtem Rand. Blüten 2-häusig verteilt; Blütenstände in den Achseln der oberen Laubblätter; männliche Blütenstände rispig, weibliche Blütenstände ährenartig. Nussfrüchte. Blütezeit: Juli–August. Höhe: 0,5–3,5 m.
Selten stellenweise aus Vogelfutter ausgesamt und verwildert. Kultiviert in Europa, Asien, Nordafrika, Nordamerika, Chile und Australien.

D er Hanf, seit ältesten Zeiten kultiviert und vielseitig genutzt, ist als Wildform in Zentralasien hei-

misch. In China fand die Kultivierung bereits in der Jungsteinzeit statt, und mit dem Sammelbegriff »Skythen« bezeichnete Nomadenvölker der eurasiatischen Steppe haben Kultur und Nutzung im 8. Jahrhundert v. Chr. von den Chinesen übernommen. Frühestens im 8. Jahrhundert v. Chr gelangte die Hanfkultur nach Indien. Dort entstand *Cannabis sativa* ssp. *indica*, die Unterart, die insbesondere unter tropischen Bedingungen Harz in größeren Mengen bildet. Herodot (5. Jahrhundert v. Chr.) berichtet über die Hanfverwendung der Thraker. Wahrscheinlich hat man in Griechenland erst nach Herodots Zeiten mit der Kultur des Hanfs begonnen.

In Mitteleuropa stammen die ältesten Hanffunde aus der Hallstattzeit (ca. 750–450 v. Chr.). Hanffrüchtefunde ließen sich der römischen Kaiserzeit und – in größerer Anzahl – der Zeit zwischen dem 10. und 13. Jahrhundert zuordnen. Als »canava« des »Capitulare« wird Hanf erstmals schriftlich in Mitteleuropa erwähnt. Hanf (althochdeutsch »hanaf«) ist ein altes Lehnswort, das aus derselben (wahrscheinlich skythischen) Quelle stammt, aus der auch das griechische »kannabis« hervorgegangen ist.

Bereits im alten China wurden die Fruchthülsen als Rauschmittel und medizinisch als Betäubungsmittel eingesetzt. In Indien verwendete man Hanf gegen Krebs, Seuchen, Geschlechtskrankheiten, Cholera, Pest, verschiedene Entzündungen und insbesondere als Meditationsdroge. Im antiken Griechenland war die berauschende Wirkung des Hanfs ebenfalls bekannt. So berichtet Diodorus, dass die Thebaner einen Haschischtrank herstellten, der in seiner Wirkung dem von Homer als berauschend erwähnten Zaubertrank »Nepenthes« entspreche. Eine große Rolle als Rauschmittel spielte von jeher der Hanf in der arabischen Kultur.

Hildegard von Bingen lobt den Samen von »Hanff« als nützlich für gesunde Menschen, weil er die üblen Säfte vermindere und die guten Säfte stark mache. Einem kalten Magen solle man abhelfen, indem man in Wasser gekochten Hanf als warme Auflage verwende. Zum Verbinden von Geschwüren und Wunden sei ein aus Hanf gefertigtes Tuch hilfreich. Hildegard erwähnt die berauschende Wirkung des Hanfs nicht, ebensowenig die Kräuterbücher des 16. Jahrhunderts. Leonhart Fuchs etwa warnt vor der Schwerverdaulichkeit von Hanfsamen, empfiehlt ihn aber gegen Ohrenschmerzen und Blähungen, die Wurzel als Auflage gegen Gicht, Brand und Geschwülste.

Haschisch oder Marihuana ist das von der Pflanze, vor allem von den Blütenständen weiblicher Individuen, ausgeschiedene Harz. Mit Marihuana bezeichnet man auch die meist von weiblichen Pflanzen gewonnenen getrockneten Blüten und Blätter, die gegessen, getrunken oder geraucht werden.

Im 20. Jahrhundert gab es weltweit umfassende Hanfverbote, die zu einem Rückgang der Hanffaserproduktion führten. So war bereits 1937 in den USA, wohin die Pflanze Jahrhunderte zuvor gekommen war und als Faserpflanze und später auch als Rauschpflanze genutzt wurde, der Anbau verboten worden. Die Verbote wurden mit dem Missbrauch von Haschisch und Marihuana be-

gründet, wirtschaftspolitische Interessen spielten jedoch ebenfalls eine große Rolle.

Wirkstoffe sind die Cannabinoide, unter denen insbesondere die Tetrahydrocannabinole (THC) für vielfältige körperliche und psychische Wirkungen verantwortlich sind. Es kann zu Entspannung und Steigerung des Wohlbefindens, verstärkten Sinneswahrnehmungen, angenehmen oder unangenehmen Halluzinationen kommen. Bei Missbrauch können Leistungsabfall, Persönlichkeitsveränderungen, psychische Abhängigkeit sowie verschiedene gesundheitliche und soziale Schäden eintreten. Therapeutisch nutzbare Eigenschaften, die sich unter anderem für den Einsatz bei fortgeschrittenen Krebs- und Aidserkrankungen anbieten, sind insbesondere Schmerzlinderung, Muskelentspannung, Sedierung, Stimmungsaufhellung, Appetitsteigerung, Brechreizhemmung.

Seit 1998 darf in Deutschland ein aus Faserhanf hergestelltes Medikament als Betäubungsmittel auf ein spezielles Rezept vom Arzt verschrieben werden. Es enthält Tetrahydrocannabinol (THC), das in mehreren Verfahrensschritten aus dem in Faserhanf reichlich vorhandenen Stoff Cannabidiol gewonnen wird. Derzeit gibt es Forderungen gesellschaftlicher und politischer Gruppen, Haschisch und Marihuana der »legalen« Rauschdroge Alkohol gleichzustellen.

Achtung! Die Verwendung von Haschisch und Marihuana kann zu psychischer Abhängigkeit sowie zu negativen sozialen Folgen führen. Sie unterliegt dem Betäubungsmittelgesetz.

Nutzhanf wird für die Fasergewinnung (Faserhanf) oder die Produktion von Nahrungsmitteln angebaut. Bereits in der Yang-Shao-Kultur (etwa 4200–3200 v. Chr.) hat man in China aus Hanffasern fein gewebte Stoffe hergestellt. Herodot berichtet, dass die Thraker Kleider aus Hanf anfertigten, die kaum von Leinenkleidung zu unterscheiden seien. Bei den Hanffunden aus der Hallstatt- und Latènezeit handelte es sich um Faserreste: ein Stück Hanfseil im Salzbergwerk in Dürrnberg bei Salzburg und Hanfstoff aus einem keltischen Fürstengrab (500 v. Chr., Hochdorf bei Stuttgart). Im Sarg der Merowingerkönigin Arnegunde († um 570) fand man ein Laken aus Hanf.

Seit der Antike hat man die Fasern vor allem für Seile, Schiffstaue, Zeltdecken und Papier verwendet. Hanf ist nach Lein die zweitwichtigste Faserpflanze in der gemäßigten Zone. Seine Bedeutung ist allerdings wegen der Anbauverbote seit der Mitte des 20. Jahrhunderts stark zurückgegangen. Mittlerweile sind als Nutzhanf Sorten gezüchtet worden, deren Gehalt an THC unter 0,3% liegt, und deshalb wurde 1996 auch in Deutschland das seit 1982 bestehende Anbauverbot gelockert, sodass THC-arme Sorten angebaut werden dürfen. Gegen Ende des 20. Jahrhunderts kam es in Deutschland zu einem »Hanfboom«, inzwischen ist die Anbaufläche wieder zurückgegangen.

Eine lange Tradition hat auch die Verwendung der ölhaltigen Nussfrüchte als Nahrung und des daraus gepressten Öls als Speise- oder technisches Öl, etwa in Anstreichfarben.

In der Schweiz hat man mit Hanfstängeln den Winter ausgetrieben.

Echter Schwarzkümmel

Nigella sativa und anderer Kümmel

In der Königsstraße, wo ich die Kiste abgeben sollte, steh ich einen Augenblick, um mich auszuruhen, vor dem Rathaus still: da bimmelt es vom Turm herab: »Kümmel! Kümmel! Kümmel! – Kümmel! Kümmel! Kümmel!«

Heinrich von Kleist (1777–1811): Der Branntweinsäufer und die Berliner Glocken

Der aus Südosteuropa und dem westlichen Asien stammende Schwarzkümmel wurde bereits im alten Ägypten und in der griechischen und römischen Antike verwendet. Schon im frühen Mittelalter kultivierte man ihn in Mitteleuropa. Im »Capitulare« erscheint die Pflanze als »git«, im Gemüsegarten des »St. Gallener Klosterplans« als »gitto«. In späterer Zeit werden die Benennungen unklar: Der »Macer floridus« meint nach Mayer/Goehl mit »Ni-gella« den giftigen Taummellolch *(Lolium temulum)*, Konrad von Megenberg bezeichnet damit die »rôten kornpluom«, das heißt die giftigen Kornraden, die auch Albertus Magnus damit meint, und Hildegard von Bingen benennt mit »ratde«, die sie unter anderem auch als Fliegengift empfiehlt, vielleicht den Schwarzkümmel, vielleicht, wie Fischer-Benzon meint, den Taumellolch, wahrscheinlich jedoch ebenfalls die Kornrade. Klärung bringt vielleicht

Leonhart Fuchs, der neben eine Abbildung der Kornrade schreibt:

Die Radten / so man auch Kornnegelin nennet / werden auff Griechisch Aera / vnnd zu Latein Lolium geheyssen. … / dan es nit das recht vn warhafftig Melanthium oder Nigella ist /…

Unter den »Nigellen« unterscheidet er dann »Schwartz Kümich« (Echter Schwarzkümmel), »Schwartz Coriander« (Jungfer im Grünen) und »Wilder schwartzer Coriander« (Ackerschwarzkümmel).

Die schwarzen Samen und ihre Verwendung als kümmelartiges Gewürz gaben dem Schwarzkümmel den lateinischen (abgeleitet von »niger« = schwarz) und den deutschen Namen. Wegen der radförmigen Blütenkrone wurde er – in Erinnerung an das Rad als Attribut der heiligen Katharina – bisweilen auch Katharinenblume genannt.

Echter Schwarzkümmel wuchs in vielen Bauerngärten, ist aber im Lauf der Zeit hier zu Lande immer mehr in Vergessenheit geraten. Heinrich Marzell berichtet (1935), dass die Pflanze lediglich noch um Erfurt im Großen angebaut würde. Auch dieser Anbau ist dann bald erloschen.

Brotgewürz und Pfefferersatz

Dioskurides schreibt, dass die Samen ins Brot geknetet werden. Im Mittelalter diente Schwarzkümmel als Ersatz des teuren Pfeffers. In Südosteuropa und in den Ländern Nordafrikas und des Vorderen

An das Rad, Marterinstrument und Attribut der heiligen Katharina, wird im Namen Katharinenblume für den Echten Schwarzkümmel mit seiner radförmigen Blütenkrone erinnert. Zeichnung nach »Die Verlobung der hl. Catharina« vom St. Johannesaltar in Brügge.

BOTANISCHER STECKBRIEF

Namen: Katharinenblume, Schwarzer Koriander, Schwarzer Kümmel.
Familie: Hahnenfußgewächse (Ranunculaceae).
Merkmale: 1-jährig. Blätter 2–3fach gefiedert, mit haarfeinen Fiedern. Blüten einzeln endständig, groß, mit 5 grünlichweißen Blütenhüllblättern, 8 Honigblättern. Sammelbalgfrucht, aus der bei der Reife die schwarzen Samen entlassen werden. Blütezeit: Juni–Juli. Höhe: bis 40 cm.
Vorkommen: Anbau in Mitteleuropa erloschen, auch aus den Hausgärten verschwunden; zuweilen verwildert. Angebaut vor allem in Südosteuropa, Nordafrika, im Vorderem Orient und in Indien.
Verwandte Art: Ackerschwarzkümmel *(Nigella arvensis)*: 1-jährig. Blütenhüllblätter hellblau, grünlich geadert. Blütezeit: Juli–September. Höhe: bis 40 cm. Selten an Wegrändern, auf Brachland und Getreideäckern.
Wissenswertes: Schwarzkümmelarten sind (wenig) giftig.

Orients bis nach Indien sind die scharf und bitter-würzig schmeckenden Schwarzkümmelsamen Gewürz für Brot und allerlei Speisen. Erst in jüngerer Zeit schätzt man hier zu Lande, angeregt auch durch kulinarische Erfahrungen in Urlaubsländern, das Würzmittel wieder. Schwarzkümmelsamen eignen sich etwa anstelle von Mohn als Bestreuung für Semmeln und Brot. Sie würzen Gerichte mit Hülsenfrüchten sowie südländische oder orientalische Eintöpfe.

Achtung! Schwarzkümmelsamen nicht überdosieren.

GEGEN HÜHNERAUGEN UND ZUR IMMUNSTÄRKUNG

In den Kräuterbüchern der frühen Neuzeit wird der »Schwartz Kümich« oder »Schwartz Coriander« ausführlich als Heilmittel gewürdigt. So schreibt etwa Leonhart Fuchs unter anderem, dass durch Auflagen von in altem Wein gebeizten Samen Hühneraugen herausgezogen würden. Er lobt Schwarzkümmel aber auch als Mittel gegen Blähungen, Zahnschmerzen, Würmer, Schnupfen und Atembeschwerden und schließlich auch noch gegen Gifte und versäumt zudem nicht, vor übermäßigem Gebrauch zu warnen. Der Rauch der Samen vertreibt, so Leonhart Fuchs, Flöhe und Mücken.

Die Samen enthalten ätherisches Öl, Alkaloide und fettes Öl mit einem hohen Anteil mehrfach ungesättigter Fettsäuren. Schwarzkümmelöl als Nahrungsergänzungsmittel soll das Immunsystem stärken und unter anderem gegen Hautpilze, Husten, Asthma, Lungenentzündung, Akne, Allergien und Neurodermitis helfen.

ABWEHR VON ZAUBEREI

Mancherorts hieß es früher, der Rauch verbrannter Schwarzkümmelsamen würde Zaubereien abwehren. Heinrich Marzell berichtet, dass man in der Gegend von Neustadt an der Aisch der Kuh nach dem Kalben 3 mit Salz und Schwarzkümmel bestreute Brotscheiben gab, um die Hexen fern zu halten. Mit dieser abwehrenden Eigenschaft lässt sich auch erklären, dass mancherorts die Pflanze ins Kräuter- oder Wurzbüschel zu Mariä Himmelfahrt gehörte.

IM HAUSGARTEN

Anbau: Aussaat ab März ins Frühbeet, ab Mai ins Freiland. Jungpflanzen auf 15 cm ausdünnen.
Pflege: Keine besondere Pflege erforderlich.
Standort: Sonnig oder halbschattig; anspruchslos.
Ernte: Samenkapseln abschneiden, sobald sie braun werden. An einem trockenen, luftigen Platz trocknen lassen.

Dem Vergleich des auffallenden, die blaue Blütenkrone umgebenden Hochblattquirls mit den Haaren eines jungen Mädchens verdankt die anmutige und einst geschätzte Zierpflanze die Namen Jungfer im Grünen, Braut in Haaren oder Gretel im Busch.

Jungfer im Grünen
Nigella damascena

1-jährig.
Familie der Hahnenfußgewächse (Ranunculaceae).
Blätter 2–3fach gefiedert, mit haarfeinen Fiedern. Blütenhüllblätter hellblau, an der Spitze und unterseits auf den Nerven grün gefärbt. Unter der Blüte vielteilige laubblattähnliche Hülle mit schmalen Zipfeln. Blütezeit: Mai–Juli. Höhe: bis 40 cm.
Bisweilen verwildert.
(Wenig) giftig.

Die früher ebenfalls in den Bauerngärten gezogene, aus dem Mittelmeerraum stammende Pflanze, die auch Türkischer Schwarzkümmel genannt wurde, sieht man nur noch selten in den Hausgärten. Heinrich Marzell berichtet, dass sie noch 1905 in Ruhpolding als Friedhofsblume üblich war.

Der Name entstand durch Vergleich des die blaue Blüte umgebenden Hochblattquirls mit den Haaren eines jungen Mädchens. Die zarte Pflanze heißt auch Gretel im Busch oder Braut in Haaren. Nach einer österreichischen Sage soll die Blume einst ein hübsches Mädchen namens Gretel und die Tochter eines reichen Bauern gewesen sein. Gretel liebte Hans, einen armen Bauernsohn. Ihr Vater jedoch war strikt gegen die Verbindung und ließ Gretel nicht mehr aus dem Haus. So blieb ihr nur, vom Garten aus nach Hans zu schauen, und dieser schaute vom Weg in den Garten zu dem geliebten Mädchen herüber. Nachdem sich die beiden Liebenden lange in Sehnsucht verzehrt hatten, wurden sie in Blumen verwandelt: Gretel wurde »Gretel im Busch« und Hans verwandelte sich in »Hansl am Weg« (Vogelknöterich, *Polygonum aviculare*).

Johann Trojan (1837–1915) beschäftigt sich in dem Gedicht »Braut in Haaren« mit der hübschen

Pflanze. Die letzten 3 Strophen lauten:

*Ob sie auch schön von Angesicht,
Eine vornehme Blume ist sie nicht.
Aus der Reichen Gärten ist die verbannt
Und aus den Städten hinaus aufs Land,
Die Blume Braut in Haaren.*

*Im Bauerngarten auf dem Beet,
Wo brennende Lieb' und Raute steht,
Da ist sie immer noch gern gesehn,
Da seh' ich als Wanderer oft sie stehn,
Die Blume Braut in Haaren.*

*Dann tret' ich hin an den Gartenzaun,
Um ihr in das Angesicht zu schaun.
Wir beide stehn uns auf du und du,
Sie lacht mich an, und ich nick' ihr zu:
»Guten Morgen, Braut in Haaren«.*

Die Samen der Jungfer im Grünen erinnern im Geschmack an Waldmeister und eignen sich vor allem zum Würzen von Süßspeisen.

Achtung: Wegen des enthaltenen giftigen Alkaloids Damascenin Überdosierung vermeiden.

Auch die Jungfer im Grünen war mancherorts eine Kräuterbüschelpflanze, aber sie spielte in früheren Zeiten auch eine recht negative Rolle. Im Mittelalter und noch bis in die Neuzeit hinein war es üblich, dass

Kümmelgewürz ist den hilfreichen Zwergen stark zuwider. Holzschnitt von Ludwig Richter (1803–1884).

einem unerwünschten Verehrer die Ablehnung »durch die Blume« kundgetan wurde. Zu diesem Zweck sandte die junge Frau dem Mann ein Deckelkörbchen, in dem sich verschiedene blühende Kräuter befanden, gab ihm also »einen Korb«. Neben Schafgarbe, Kornblume, Augentrost, Kornrade, Gemeinem Kreuzkraut und Wegwarte gehörte zu diesen Abweisung signalisierenden Kräutern vor allem Jungfer im Grünen. Ein solcher Korb hieß »Schabab« und auch der Abgewiesene selbst war ein »Schabab«. Diesen Namen trug mancherorts auch die abweisende Pflanze selbst; im Kanton Zürich soll es als eindeutiges Signal genügt haben, Jungfer im Grünen zu überreichen.

Tabernaemontanus schreibt in seinem Kräuterbuch (1588): »Weil das Kraut Nigella unter dem Roggen so unnütz ist und ausgesiebt werden muss, so heißt sie Schabab.« Damit ist aber vermutlich wieder die Kornrade gemeint.

Im **Garten** ist Jungfer im Grünen, von der es auch Sorten mit gefüllten Blüten und verschiedenen Farben gibt, völlig anspruchslos.

Echter Kümmel
Carum carvi

2-jährig.
Familie der Doldengewächse (Apiaceae).
Wurzel spindelförmig; Stängel kantig gerippt, verästelt. Blätter doppelt fiederteilig; Blättchen fiederspaltig, lineal zugespitzt. Wichtiges Unterscheidungsmerkmal gegenüber anderen doldenblütigen Heil- oder Giftpflanzen: Scheide der oberen Stängelblätter mit nebenblattartigen Fiederpaaren besetzt. Blüten klein, weiß, in Doppeldolde; Hülle und Hüllchen fehlen. Früchte sichelförmig gebogen, Teilfrüchte länglich gerippt. Die gesamte Pflanze verströmt aromatisch-würzigen Kümmelduft. Blütezeit: Mai–Juni. Höhe: bis 1 m.
Auf Wiesen und an Wegrändern; Nährstoffzeiger.

In den jungsteinzeitlichen Pfahlbauten am Bodensee wurden Kümmelfrüchte gefunden. Der Name »Kümmel« ist vom lateinischen »cuminum« und griechischen »kyminon« abgeleitet, womit allerdings der Kreuzkümmel bezeichnet wurde.

Leonhart Fuchs schreibt, »Wisenkümel« sei wie Anis zu gebrauchen, außerdem rät er, die Wurzel wie Gelbe Rüben oder Pastinak als gesundes Gemüse zu essen. Hieronymus Bock lobt den Kümmel als Universalgewürz:

Dieser Kymmel ist nunmehr auch allenthalben breuchlich / ja auch nützlicher in sein acht / als kein wurtz auß Arabia. Etliche backen Kymmel ins brot / andre machen suppen damit / etliche rüren den Kymmel in die Milch zu den zygern und kesen. Der koch bedarff kymmels in der kuchen zu den fischen und fleisch.

Die Spaltfrucht des Echten Kümmels zerfällt bei der Fruchtreife in 2 länglich gerippte Teilfrüchte.

Möglicherweise haben erst Mönche und Nonnen den Kümmel auch als Brotgewürz verwendet. Diese Vermutung legen Sagen nahe, nach denen gute und hilfreiche Hausgeister wie die Holzfräulein ein Haus verließen, nachdem ihre Bitte, ihnen nur ja niemals Kümmelbrot zu servieren, missachtet worden war. Kümmel ist eines der Gewürze, die man auch in den bürgerlichen Kochbüchern des 19. und 20. Jahrhunderts findet, etwa als Kümmelsuppe.

Kümmelfrüchte sind beliebt als Gewürz an Sauerkraut und andere Kohlgemüse, an Bratkartoffeln, in Suppen und als Brotgewürz. Heutzu-

Nur mit viel Sonne und während einer langen Vegetationsperiode reifen die nach der Blüte erscheinenden graubraunen länglichen Spaltfrüchte des Kreuzkümmels aus.

tage versteht man unter »Kümmel« meist den Echten Kümmel.

Die Kräuterbuchautoren der Renaissance loben den »Wißkymmel« (Hieronymus Bock) besonders als verdauungsfördernd und harntreibend.

Wichtige Inhaltsstoffe der Früchte sind vor allem ätherisches Öl, ferner fettes Öl und Flavonoide. In der Phytotherapie werden die Früchte als Teeaufguss und in Fertigpräparaten bei Magen-Darm-Beschwerden (leichte krampfartige Beschwerden, Blähungen, Völlegefühl) verwendet. In der Volksmedizin setzt man Kümmel zudem zur Förderung der Milchbildung, gegen Menstruationsbeschwerden sowie gegen Kopf- und Zahnschmerzen ein.

Achtung! Kümmel kann die Haut reizen und allergische Reaktionen hervorrufen.

Im **Garten** braucht Kümmel einen sonnigen Standort mit nährstoffreichem, feuchtem Boden.

Kreuzkümmel
Cuminum cyminum

1-jährig.
Familie der Doldengewächse (Apiaceae).
Blätter sehr fein zerteilt, mit fadenförmigen Fiedern. Blüten klein, weiß oder lila. Blütezeit: Mai–Juni. Höhe: 15–30 cm.
Anbau vor allem in Indien, Nordafrika und Mittelamerika.

Die Früchte des auch Römischer Kümmel oder Mutterkraut genannten Kreuzkümmels waren bei Griechen und Römern der Antike als Gewürz geschätzt und sehr kostbar. Dioskurides unterscheidet Kreuzkümmel als »zahmen Kümmel« vom »wilden Kümmel«, mit dem er vielleicht eine Schwarzkümmelart meinte.

Man brachte die Kreuzkümmelfrüchte wie Salz in kleinen Gefäßen zu Tisch. Reiche sollen sich einen Sklaven nur für die Bewahrung des Kümmels gehalten haben und Geizige wurden bei den Griechen »Kümmelspalter« genannt. Im »Capitulare« ist der Kreuzkümmel als »cuminum« angeführt. Im »St. Gallener Klosterplan« wird nicht der Echte Kümmel, sondern nur der Kreuzkümmel erwähnt, ebenso bei Konrad von Megenberg und Hildegard von Bingen. Diese warnt Menschen mit Herzschmerzen vor dem Kreuzkümmel, schreibt aber, dass er guten Verstand bereite, und empfiehlt ihn als Gewürz über gekochten oder gebratenen Käse.

In den Anbauländern wird Kreuzkümmel mit seinem ätherischen Öl als Gewürz- und Heilpflanze ähnlich wie der Echte Kümmel verwendet, auch als Brotgewürz. Er ist Bestandteil mancher Curry-Mischungen. Hier zu Lande wurde er zwar mancherorts noch bis ins 20. Jahrhundert angebaut, war aber damals bereits weitgehend vergessen. Erst seit wenigen Jahren taucht er in manchen von der Küche Indiens, der arabischen Länder, der Mittelmeerländer oder Mexikos inspirierten Kochrezepten wieder auf. Er gehört etwa in Couscous, passt auch gut zu Kohl, Linsen und Bohnen. Wegen des intensiven Aromas muss er sparsam dosiert werden.

Im **Garten** reifen die Früchte nur bei viel Sonne und einer langen Vegetationsperiode.

Wermut

Artemisia absinthium und andere bittere
Wein- und Bierwürzen

*Ach! der Ruhm überhaupt, dieser sonst so süße Tand, süß wie Ananas und
Schmeichelei, er ward mir seit geraumer Zeit sehr verleidet; er dünkt mich jetzt
bitter wie Wermut.*

HEINRICH HEINE (1797–1856): GESTÄNDNISSE

Der in trockenen Gebieten Europas und Asiens heimische Wermut ist wahrscheinlich bereits in vorgeschichtlicher Zeit nach Mitteleuropa gekommen. Bei den Ägyptern spielten, wie Plinius berichtet, Wermut und verwandte Arten im Kult eine Rolle. Die Pflanze »la'ana«, für die in Luthers Bibelübersetzung »Wermut« (beispielsweise bei Jeremias 9,15 und Offenbarung Johanni 8,11) steht, kann nach Marzell nicht Wermut sein, da dieser nicht in Palästina wachse. Im »Capitulare« fehlt die Pflanze, die Theophrast »absinthion«, Plinius »absinthium« nennt. Die deutsche Bezeichnung erscheint bei Hildegard von Bingen als »wermuda«, bei Konrad von Megenberg als »wermuot«, bei Leonhart Fuchs als »weremut oder wermut«. Woher der Name kommt, ist nicht geklärt. So rätselt schon Tabernaemontanus (1613):

*darumb daß er den Niessenden
[Genießenden] allen muth durch
sein bitterkeit hinweg nemme /*
*und eine lust und begierde zu den
ehelichen wercken vertreibt.
Andere halten davor / er hab den
namen von seiner wermenden
krafft empfangen / dannenher
jhnen die Sachsen Wermpten nennen. Etliche nennen ihn weron-
mut / umb seiner treffentlichen
und vielfeltigen Tugendt wegen /
damit er allen unmuth hinweg-
treibt.*

Marzell hält die Zurückführung auf »warm« für möglich und lehnt die Verbindung des Worts mit Wurm – englisch heißt die Pflanze »wormwood« (Wurmkraut) – ab. Neuere etymologische Deutungen vermuten hinter dem Namen ein Wort für »bitter« wie etwa das keltische »swerwo«.

»... ER TRINK EZ MIT WEIN GEMISCHT ...«

Schon Dioskurides erwähnt Wermutwein, der am Marmarameer und in Thrakien bereitet werde und der Gesundheit zuträglich sei. Gregor von Tours (6. Jahrhundert) schreibt von mit Wermut und Honig gewürztem Wein, was als erster Beleg für den Gebrauch von Kräuterweinen im Mittelalter gilt. Hildegard von Bingen empfahl: »Ein Mensch aber, der von fauligem Blut geplagt wird, und durch eine Ausscheidung des Gehirns an den Zähnen leidet, der koche Wermut und Eisenkraut in gleichem Gewicht in gutem Wein in einem neuen Topf, und er siehe diesen Wein durch ein Tuch und trinke ihn, unter Beigabe von wenig Zucker.« Fast als eine Art Allheilmittel scheint Hilde-

Als Arznei, bisweilen auch als Genussmittel war Wermutwein im Mittelalter geschätzt. »Kellermeister« aus einem höfischen Kartenspiel des 15. Jahrhunderts.

Die Auswirkungen des Absinthmissbrauchs hat Edgar Degas (1834–1917) mit seinem Gemälde »Der Absinth« eindrucksvoll dargestellt.

gard eine Zubereitung aus Wein, Honig und frischem Wermutsaft angesehen zu haben, die man nüchtern und kalt von Mai bis Oktober jeden 3. Tag trinken solle: »Den Nierenschmerz und die Melancholie unterdrückt es, es macht die Augen klar, es stärkt das Herz, es lässt nicht zu, dass die Lunge erkrankt, es wärmt den Magen, es reinigt die Eingeweide und bereitet eine gute Verdauung.«

Auch Konrad von Megenberg kennt die wohltätige Wirkung: »wer des krauts saf trinket, daz ist für mangerlei guot, er trink ez mit wein gemischt oder ungemischt.«

Leonhart Fuchs äußert: »Der Wermutwein bekompt treffenlich wol dem magen / dañ er stercket seine dewung / macht auch lust zu essen. Bringt den frawen ihre blödigkeyt. Ist gut den lebersüchtigen und geelsüchtigen / auch den so würm haben.«

Die magenfreundliche und verdauungsfördernde Wirkung des Wermutweins wird bis in die Gegenwart in vielen volksmedizinischen Büchern hervorgehoben. In Oertel-Bauer's Heilpflanzen-Taschenbuch (1908) wird Wermutwein oder Wermutbier als dem Magen zuträglich empfohlen. Auch Rezepte zur Herstellung einer Wermuttinktur finden sich in den meisten Kräuterbüchern.

Ein Hauch von Boheme umgab den Absinth. Dieser ist ein Likör oder Branntweinedestillat mit Wermutextrakt von charakteristischer grüner Farbe, der im 19. Jahrhundert Modegetränk war. Er wurde als »grüne

Fee« bezeichnet und angeblich waren Vincent van Gogh, Oscar Wilde, Paul Gauguin, Ernest Hemingway und Pablo Picasso dem Absinth verfallen. Wegen gravierender Nebenwirkungen, die vor allem auf den Thujongehalt des Getränks zurückzuführen sind, wurden Herstellung, Verkauf und Import der zur Herstellung notwendigen Grundstoffe 1923 in Deutschland verboten. Ähnliche Verbote gab es in den Jahren davor und danach in den meisten europäischen Staaten. 1981 wurde das Absinthgesetz aufgehoben, die Verwendung von Wermutöl blieb laut Aromenverordnung in Deutschland weiterhin verboten. Seit 1991 ist in alkoholischen Getränken Thujon bis zu einer bestimmten Obergrenze zugelassen. Seither ist Absinth wieder zu einer Art Modegetränk geworden.

Achtung! Alkoholische Getränke mit Wermut nur in kleinen Mengen und nicht regelmäßig über längere Zeit trinken.

»BESTES MAGENMITTEL« ODER »PFÖRTNER DES VERDERBENS«?

Auch der Wermuttee aus dem getrockneten Kraut wird seit langem insbesondere als Magenmittel geschätzt. So lobten Plinius und rund 1500 Jahre später Mattioli den Wermuttrank als nützlich bei durch Seekrankheit verursachten Magenbeschwerden. Auch im »Macer floridus«, bei Walahfrid Strabo und Hildegard von Bingen wird Wermut ohne Einschränkung nicht nur für die Verdauung, sondern – innerlich und äußerlich – gegen allerlei Beschwerden empfohlen. Sebastian Kneipp ist voll des Lobes über den Wermut: »Man wird kaum ein besseres Magenmittel finden als den Wermut. Hat man also keinen Appetit und fehlt es an der Verdauung, so ist Wermut sehr am Platze.«

Da überrascht es dann, wenn man im volkskundlichen Werk von E. Handtmann (1892) liest:

Der Teufel, der eben Alles zu verderben trachtet, hat sich boshaft daran gemacht, dem edlen Beifuß ein täuschendes Zerrbild nebenzustellen, nämlich den Wermuth als Pförtner der Verderbnis. Wehe, wenn ein Unkundiger, sie anstatt des Beifuß pflückend, an Speisen thut. Das giebt Magen- und Kopfschmerz, wirkt böse Träume und Beklemmungen und zieht zudem das Ungeziefer, Motten, Mücken und Fliegen, vornehmlich die argen blauen Brummen, diese Höllentrompeter, in die Häuser hinein … Am meisten tritt des Wermuths satanisches Wesen zu Tage, wenn aus demselben der Trank »Grüner Jäger«, auch »Kümmel mit Gewehr über« genannt, d.h. Wermuthschnaps, hergestellt ist.

Eine Erklärung für die Verteufelung mag sein, dass Wermut aufgrund seines Thujongehalts nicht nur als menstruationsförderndes, sondern auch als Abtreibungsmittel Verwendung fand.

Wermutkraut enthält Bitterstoffe, ätherisches Öl mit einem hohen Thujonanteil, zudem Flavonoide. Zubereitungen aus dem Kraut sind in der Phytotherapie anerkannt gegen Appetitlosigkeit, dyspeptische Beschwerden (verminderte Magensäurereproduktion, Blähungen) und Funktionsstörungen der Gallenblase. In der Volksmedizin verwendet man Wermut zudem bei Blutarmut, Menstruationsbeschwerden, Wurmbefall und äußerlich bei Blutergüssen, Entzündungen und Geschwüren.

Achtung! Wermuttinktur nur nach ärztlichem Rat anwenden, Wermuttee nicht überdosieren, nicht länger als 4 Wochen trinken, da es zu Nebenwirkungen wie Kopfschmerzen und Krämpfen kommen kann. In der Schwangerschaft auf Wermut verzichten.

KÜCHENKRAUT UND SCHÄDLINGSGIFT

Ähnlich wie beim verwandten Beifuß kann man die oberen blühenden Teile frisch oder getrocknet in kleinsten Mengen als Gewürz für Eintöpfe, fettes Schweine- oder Lammfleisch, Geflügel und Wild verwenden.

Seit der Antike bekannt ist die Wirkung gegen Schädlinge. So erwähnt schon Dioskurides, dass Wermut die Kleider vor Mottenfraß bewahre und, der Tinte zugesetzt, die Mäuse hindere, Schriftstücke zu zernagen, ein Rezept, das in Mittelalter und früher Neuzeit häufig wiederholt wird. So schreibt Konrad von Megenberg:

ez beschirmet auch püecher, gewant und holz vil jâr vor würmen und vor mäusen … wenn man wermuot mit öl roest und salbet der menschen leib dâ mit, die behüett si vor den floehen; und welher schreibaer sein tinten dâ mit seudet, waz püecher oder prief er dâ mit schreibt, diu nagent die mäus niht. etlich tuon auch wermuot in ir laugen für die milben.

IM HAUSGARTEN

Anbau: Im Garten genügt meist eine Pflanze, daher empfiehlt sich Erwerb im Fachhandel.
Standort: Sonnig, trocken; lockerer, sandiger, etwas kalkhaltiger Boden.
Pflege: Anspruchslos. Im Spätherbst trockene Zweige entfernen.
Ernte: Junge Triebspitzen laufend. Zum Trocknen: Zweigspitzen der blühenden Pflanzen.

Die Wirkung gegen Schädlinge macht man sich im Garten zunutze: Wermutjauche (in Wasser einweichen und vergären lassen), Wermutbrühe (24 Stunden in Wasser einweichen, kochen, abseihen) oder auch Tee helfen gegen Blattläuse oder andere als Schädlinge auftretende Tiere.

GEGEN BÖSE GEISTER UND HEXEN

Tierische Schädlinge galten nicht selten als von bösen Geistern geschickt, und mit seinem bitteren Aroma hielt man den Wermut für besonders geisterabwehrend. Man hängte die Pflanze über der Türschwelle auf, steckte sie in Taschen und Schuhe, gab sie den Toten mit in den Sarg. In Oberfranken wurde am Neujahrstag in Haus und Stall mit Wermut geräuchert.

Wermut konnte auch dem Jäger nützlich sein: Wenn er einen Hasen sieht, der nicht wegläuft, sondern sogar frech mit den Läufen trommelt und es sich folglich um eine Hexe handelt, dann ist die Flinte meist gebannt, kann jedoch durch Wermut wieder entzaubert werden.

Auch das Bett der Mutter und des neugeborenen Kindes hat man mit Wermut beräuchert, um den Teufel vom Auswechseln des Kindes und anderen Übeltaten abzuhalten.

Über den Glauben an die Dämonen abwehrende Kraft des Wermuts macht sich bereits Johann Georg Schmidt, der Autor des im 18. Jahrhundert erschienenen und sehr erfolgreichen Werks »Die gestriegelte Rockenphilosophie« lustig:

Wer solche aber Possen hegt,
Und darum Wermuth bey sich trägt,
Daß man ihn nicht beschreyen soll:
Dem sag ich, daß er zwar nicht toll,
Doch, wenn er den Punct glaub also,
Er sey ein Narr in Folio.

Weinraute, Raute
Ruta graveolens

Halbstrauch.
Familie der Rautengewächse (Rutaceae).
Stängel rund, verästelt, im unteren Teil verholzt. Blätter 2–3fach gefiedert, kahl, blaugrün, aromatisch duftend, mit Öldrüsen. Blüten klein, gelbgrün, in Trugdolden. Blütezeit: Juni–August.
Höhe: 50–100 cm.
Kommt selten und unbeständig in warmen Gegenden Südwestdeutschlands verwildert vor.
Giftig.

Die auch Edel-, Garten- oder Kreuzraute genannte Pflanze stammt aus dem Mittelmeerraum. »Ruta«, wie sie in »Capitulare«, »Hortulus« und im »St. Gallener Klosterplan« heißt, kam im frühen Mittelalter mit den Benediktinern nach Mitteleuropa, vielleicht sogar

Die Weinraute mit ihrem dekorativen blaugrünen Laub, den gelben Blüten und dem strengwürzigen Duft war einst eine beliebte Pflanze der Kloster- und Bauerngärten.

schon mit den Römern. Sie wuchs in Kloster-, Burg- und Bauerngärten.

Der Name Weinraute stammt aus dem Hoch- oder Spätmittelalter, da man das bitter schmeckende Kraut oftmals dem Wein zusetzte und glaubte, diesem damit eine mögliche Giftwirkung nehmen zu können.

Bereits in der Antike, etwa bei Dioskurides, galt die Raute unter anderem als wirksam gegen alle tödlichen Gifte, gegen Augenleiden, Gebärmutterschmerzen und als Abtreibungsmittel. Hildegard von Bingen empfiehlt Raute gegen triefende Augen und gegen Melancholie: »Denn die Wärme der Raute vermindert die unrechte Wärme der Melancholie und mäßigt die unrechte Kälte der Melancholie. Und so wird es dem Menschen, der melancholisch ist, besser gehen, wenn er sie nach anderen Speisen isst.« Die Kräuterbücher des 16. Jahrhunderts bringen jeweils eine Vielzahl von Rautenrezepten gegen allerlei Beschwerden und gegen Gifte, zumal solche, die durch Bisse oder Stiche von Tieren übertragen werden. Sebastian Kneipp schätzte die Raute sehr, insbesondere als allgemein kräftigend und gegen Stauungen im venösen Gefäßsystem.

Das Kraut der Weinraute enthält ätherisches Öl, Gerbstoffe, Furanocumarine, Alkaloide und Rutin. In der Schulmedizin wurden Zubereitungen bei Appetitlosigkeit, Kreislaufstörungen, Durchblutungsstörungen und zur Förderung der Regelblutung verwendet, sie werden aber von der modernen Phytotherapie wegen nicht ausreichend belegter Wirksamkeit und der Gefahr von Nebenwirkungen nicht mehr empfohlen. In der Volksmedizin gilt der Tee aus dem Kraut als nützlich zur Förderung der Regelblutung, bei Schwindel, Krämpfen, nervös bedingten Störungen und zur Stärkung der Augen.

Raute war bei den Römern der Antike sowie auch in Mittelalter und früher Neuzeit ein sehr beliebtes Würzmittel. Dann schwand die kulinarische Bedeutung. Die Blätter – in geringen Mengen – passen als Gewürz an Fleischgerichte, Eier, Fisch, Salat. Raute dient auch zur Aromatisierung von Grappa, einem italienischen Tresterschnaps.

Achtung! Keine Selbstbehandlung. Mit Raute stets nur sparsam würzen. Schwangere Frauen sollten auf Raute verzichten. Die Blätter können bei Berührung, insbesondere im Sonnenlicht, die Haut reizen.

Ähnlich wie Wermut galt auch die Raute als abwehrend gegen böse Geister und besonders den Teufel, der sich in manchen Gegenden Oberbayerns gern an hübsche junge Frauen heranmachte. Hatte ein Mädchen Verdacht geschöpft und sich vor dem nächsten Rendezvous mit Raute und Widritat (Widertonmoos) ausgerüstet, so musste der Teufel abziehen und rief dann enttäuscht: »Raut und Widerat ham mich um mei Dirndl bracht!«

Raute galt als Liebesmittel und auch als Mittel, das Liebesverlangen schwinden lässt. In der Liedersammlung »Des Knaben Wunderhorn« gibt es ein Liebeslied mit der Überschrift »Das Rautensträuchelein«.

Im **Garten** schätzt die Raute einen warmen, sonnigen Platz sowie wasserdurchlässige, kalkhaltige, magere Erde.

Hopfen
Humulus lupulus

Staude (Kletterpflanze). Familie der Hanfgewächse (Cannabaceae).
Stängel rechtswindend, mit 2-spitzen, hakigen, steifen Haaren besetzt. Blätter herzförmig, 3–5-lappig; Oberseite dunkelgrün, Unterseite heller. 2-häusig: männliche Blüten in herabhängenden Rispen; weibliche Blüten in Blütenständen, die zu zapfenartigen Fruchtständen heranwachsen. Blütezeit: Mai. Höhe: bei Wildpflanzen bis 6 m, bei Kulturpflanzen bis 10 m emporwachsend.
In Auwäldern und Gebüschen; fast ganz Europa. Als Kulturpflanze gezogen in Europa, Westasien und Nordamerika.

Der Name tritt im Althochdeutschen als »hopfo« auf. Erst seit dem frühen Mittelalter ist Hopfen als Kulturpflanze bezeugt: Im Jahr 768 n. Chr. übertrug König Pippin III. in einer Urkunde dem Kloster St. Denis einige Hopfengärten. Zu dieser Zeit begann man in den Klöstern, Hopfen als Würz- und Konservierungsmittel einzusetzen. Bereits im frühen Mittelalter entstand die Hopfenkultur in der bayerischen Holledau, dem Gebiet zwischen Ingolstadt, Regensburg und Freising. Urkunden beweisen, dass Bürger und Bauern im späten Mittelalter Hopfen auch im eigenen Garten anbauten. Obwohl weiterhin andere bitterstoffreiche Kräuter wie Gundermann oder Schafgarbe, zudem auch berauschend wirkende

ARZNEI- UND GEWÜRZPFLANZEN

Eine eindrucksvolle Pflanzengestalt ist die über mannshoch wachsende Echte Engelwurz, die ab dem 14. Jahrhundert zunächst in Klostergärten und bald danach in andere Gärten gepflanzt wurde.

In den Kräuterbüchern der frühen Neuzeit werden Hinweise zur therapeutischen Verwendung von Hopfen gegeben. Holzschnitt aus dem Kräuterbuch des Adamus Lonicerus (Ausgabe 1679).

Pflanzen wie Bilsenkraut, beim Bierbrauen eingesetzt wurden, bekam der Hopfen als Biergewürz immer mehr Bedeutung. Gründe sind neben dem Geschmack auch die antibakterielle und – das mag in Klosterbrauereien eine Rolle gespielt haben – für Männer angeblich sexuell dämpfende Wirkung. Am 23. April 1516 erließ

Wilhelm IV., Herzog in Bayern, auf dem Landständetag zu Ingolstadt das so genannte Reinheitsgebot, das vorschrieb, dass beim Bierbrauen »... allain Gersten, Hopfen und Wasser genommen und gepraucht sölle werden«. Später übernahmen andere Länder des Reichs diese Vorschrift.

In den Klöstern spielte neben dem Wein auch das Bier eine wichtige Rolle als Heilmittel, Getränk und Nahrung. Es hieß: »Liquida non frangunt ieiunium.« (Flüssiges bricht das Fastengebot nicht.) Die konservierende Wirkung der Hopfenbeigabe nutzte man auch für Wein und andere Getränke. So schreibt Hildegard von Bingen zum Hopfen: »Jedoch mit seiner Bitterkeit hält er gewisse Fäulnisse von den Getränken fern, denen er beigegeben wird, sodass sie um so haltbarer sind.«

Der arzneiliche Einsatz spielte zunächst keine große Rolle. Hildegard von Bingen äußerte, dass der Hopfen traurig mache. Die Kräuterbücher des 16. Jahrhunderts bringen dann allerlei Anwendungsgebiete wie Förderung des Stuhlgangs und der Harnmenge.

Hopfenzapfen enthalten Bitterstoffe, insbesondere Humulon und Lupulon, ätherisches Öl, zudem Gerbstoffe, Flavonoide. Anerkannt in der Phytotherapie sind Zubereitungen bei Unruhe, Angst, Spannungszuständen und Schlafstörungen. In der Volksmedizin wird

Bereits im frühen Mittelalter begann man in den Klosterbrauereien, beim Bierbrauen Hopfen statt anderer Bitterstoffe zu verwenden. Firmenzeichen der Klosterbrauerei Neuzelle in Brandenburg.

Hopfen zusätzlich bei Blasenentzündungen eingesetzt.

In der Antike hat man Hopfen nicht arzneilich, aber durchaus schon kulinarisch genutzt. Wie die bürgerlichen Kochbücher zeigen, war spargelähnliche Zubereitung junger Sprossen im 19. und zu Beginn des 20. Jahrhunderts üblich, geriet dann in Vergessenheit und wird derzeit neu entdeckt. Die Zapfen kann man auch zur Aromatisierung von Suppen, Süßspeisen und Getränken verwenden.

Achtung! Hopfen (frisch) kann allergische Reaktionen hervorrufen.

In der **Kultur** hält man stets nur weibliche Pflanzen. Die Vermehrung erfolgt vegetativ durch letztjährige unterirdische Sprossabschnitte, so genannte Fechser.

Hopfen wurde – in Mitteleuropa und insbesondere in England, Schweden, Russland – auch wegen seiner langen Stängelfasern angebaut; aus ihnen stellte man Seile, Säcke und Matten her.

Echte Engelwurz
Angelica archangelica

2-jährig bis ausdauernd (Wurzelstock).
Familie der Doldengewächse (Apiaceae).
Stängel markhaltig, fein gerillt, oft bläulich bereift, im oberen Teil verzweigt. Blätter 2–3fach gefiedert, Blattscheiden groß, stark »aufgeblasen«. Blüten lang gestielt, grünlich, grünlichweiß oder gelblich, in großen halbkugeligen Dolden. Blütezeit: Juni–August. Höhe: bis 2,5 m.
Zerstreut auf feuchten Wiesen oder an Ufern; vor allem in nördlichen und mittleren Zonen Europas und Asiens; wird als Heilpflanze angebaut.
Unterarten: Kulturpflanze ssp. *archangelica*; wildwachsend ssp. *litoralis* mit scharfem Geruch und Geschmack, in Küstennähe auf feuchten Böden.
Wilde Engelwurz *(Angelica sylvestris)* oder Brustwurz: Blütenkronblätter weiß oder rötlich; auf feuchten Wiesen, in Mooren und Auwäldern; kann ähnlich verwendet werden.

Die Pflanze wird auch Angelika, Giftwurz oder Heiliggeistwurzel genannt. Den antiken Autoren war die Engelwurz, die am Mittelmeer nicht vorkommt, zumindest als Arzneipflanze unbekannt. In Skandinavien, auf Island und Grönland wurde sie bereits in heidnischen Zeiten kultiviert und als Gemüse, Gewürz und Heilmittel verwendet. Seit dem 10. Jahrhundert soll Engelwurz ein wichtiger Handelsartikel des Nordens gewesen sein. Auch wenn sie bei den mittelalterlichen Autoren nicht erwähnt wird, war die Pflanze wohl längst in Mitteleuropa bekannt, als sie im 14. Jahrhundert in die Klostergärten, bald auch in andere Gärten gepflanzt wurde.

Sie galt als wirksam gegen die Pest, und ihr wissenschaftlicher und deutscher Name leitet sich von Sagen ab, nach denen der Erzengel Raphael – der Engel des Heils – persönlich die Pflanze einst in einer Pestzeit den von der Seuche bedrängten Menschen gebracht habe. Leonhart Fuchs hebt hervor: »Die wurzel ist fürnemlich gut wider allerley gifft. In sonderheyt aber für die vergifftung des pestilentzischen luffts / dan so man sie nur in dem mund helt / so bewart vnnd behüt sie den menschen vor der pestilentz.« Die einst so geschätzte Engelwurz geriet in Vergessenheit und wurde zusammen mit der Wilden Engelwurz erst von Sebastian Kneipp vor allem als Magenmittel wieder entdeckt.

Engelwurzwurzel enthält Bitterstoffe, daneben ätherisches Öl, Gerbstoffe, Cumarine und Furanocumarine. In der Phytotherapie ist ihre Verwendung als Tee, Tinktur oder Öl bei Appetitlosigkeit, dyspeptischen Beschwerden, leichten Magen-Darm-Krämpfen, Völlegefühl und Blähungen anerkannt. Die Volksmedizin schätzt den Tee zudem bei Husten und nervös bedingten Schlafstörungen, ebenso Engelwurzwein als Verdauungshilfe und Engelwurzbad zur Nervenstärkung sowie gegen Rheuma und Gicht. Die Wurzel ist auch in Magenlikören wie dem Benediktiner oder dem Chartreuse enthalten.

Der Gebrauch in der Küche ist weitgehend in Vergessenheit geraten. Mit den klein geschnittenen Blättern und Blattstielen kann man Suppen, Saucen, Salate oder Marmelade würzen. Kandiert oder roh verzieren Blattstiele und Stängelstücke Gebäck wie Petit Fours und Süßspeisen.

Achtung! Engelwurz kann die Haut reizen und lichtempfindlich machen.

Engelwurz galt als abwehrend gegen böse Geister. Sie war Symbol der Dreifaltigkeit und des Heiligen Geistes.

Im **Garten** gedeiht die Engelwurz im Halbschatten und in feuchter, humoser, nährstoffreicher Erde.

Gegen die Geißel der Pest galten verschiedene Heilpflanzen wie die Engelwurz sowie die Anrufung von Pestpatronen als wirksam. Einer von ihnen war der heilige Rochus, der zu Lebzeiten Pestkranke gepflegt hatte, selbst an der Pest erkrankt und wieder gesundet war.

Saubohne
Vicia faba und andere Hülsenfrüchte

*Der seltsame Duft war jetzt stärker; er drang über den Kamm der Anhöhe
in einer Welle von Wohlgerüchen herab, die ihn mächtig beeindruckte –
wie der Geruch von Orangenblüten in den Mittelmeerländern einen Touristen
beeindruckt, der sie zum ersten Male riecht. Fasziniert rannte er auf den Kamm.
In der Nähe war noch eine Hecke, und dahinter, sich leise in der Brise wiegend,
stand ein Feld von Saubohnen in voller Blüte.*

RICHARD ADAMS (GEB. 1920): UNTEN AM FLUSS

Die Saubohne gehört zur Gemüsegruppe der Hülsenfrüchte, die Früchte und/oder Samen kulinarisch nutzbarer Vertreter aus der Familie der Schmetterlingsblütengewächse umfasst. Die eiweißreichen Hülsenfrüchte gehören zu den ältesten Kulturpflanzen. So heißt es im Alten Testament (Hesekiel, 4. Kapitel, Vers 9): »So nimm nun zu dir Weizen, Gerste, Bohnen, Linsen, Hirse und Spelt und tue alles in ein Faß und mache dir Brot daraus...«. Das 5. Buch im Kochbuch des Apicius ist ganz den Hülsenfrüchten gewidmet. Auch in Mitteleuropa waren verschiedene Hülsenfrüchte seit der Jungsteinzeit (Erbse, Linse) bis weit ins 20. Jahrhundert hinein geschätzte Nahrung.

Neben dem reichlichen Vorkommen von Proteinen und Ballaststoffen sind bei den Hülsenfrüchten auch bioaktive Stoffe – insbesondere Saponine, Protease-Inhibitoren, Phytinsäure und Phytoöstrogene – gesundheitlich von Bedeutung.

Als Heimat der Vorfahren der wilden Saubohne nimmt man Afghanistan, das südliche Mittelasien, den Vorderen Orient oder auch Algerien an. Zahlreiche Funde verkohlter Samen zeigen, dass die Saubohne schon in vorgeschichtlicher Zeit angebaut wurde. Die Ägypter kannten und kultivierten sie, wie unter anderem Funde in Gräbern zeigen. Bei den Ausgrabungen einer steinzeitlichen Siedlung bei Nazareth in Israel hat man Samen gefunden, die auf 6500–6000 v. Chr. datiert wurden. Homer und Herodot erwähnen die Saubohne. In Mitteleuropa ist sie ab der jüngeren Bronzezeit (etwa 1200–700 v. Chr.) nachgewiesen.

SAUBOHNE UND »WELSCHE« BOHNEN ALS NAHRUNGSPFLANZEN

In ehemaligen Stollen des Salzbergwerks in Hallstatt wurden Saubohnen gefunden, die aus dem 8. Jahrhundert v. Chr. stammen. Zusammen mit Gerste und Hirse waren sie – zu einem Brei verarbeitet, der manchmal Stücke gekochten Fleisches enthielt – eine Art Grundnahrung der hallstattzeitlichen Bergleute. Das noch heute in der Steiermark übliche Gericht »Ritschert« zeigt eine ähnliche Zusammensetzung.

Die Römer nannten die Saubohne »faba« und bereiteten mit ihr Eintöpfe und Saucen. Im Römerlager Novaesium gab es neben verkohlten reifen auch einen Fund unreifer Saubohnen, was darauf hindeutet, dass man sie auch als Frischgemüse verzehrt hat. Im »Capitulare« heißen die Saubohnen »fabae majores«, im »St. Gallener Klosterplan« »fasiolo«. Im Mittelalter gehörten diese Bohnen zu den besonders häufig genossenen Speisen. Walther von der Vogelweide war offenbar kein begeisterter Bohnenesser, denn in einem Spruch seufzt er:

Waz êren hât frô Bône
daz man sô von ir singen sol?

Er beschimpft sie als Fastenfraß, dass sie faul und voller Würmer sei, und preist im Gegensatz dazu den »halm« (Korn).

In der frühen Neuzeit wurde die Saubohne durch die aus Amerika eingeführten robusteren Bohnenarten verdrängt und fristete meist nur noch als Viehfutter eine verachtete Existenz. Dies galt allerdings nicht für alle Gegenden Mitteleuropas, denn unter anderem im Rheinland und in manchen Gegenden Norddeutschlands wurden und werden aus Saubohnen schmackhafte Suppen und Eintöpfe bereitet.

In Spanien schätzt man »Fabada«, einen Bohneneintopf mit Blutwurst, Knoblauchwurst, Schweinefleisch und Kohl. In Italien werden Saubohnen mit Zwiebeln und Speck »alla pancetta« gegessen. Auch im Nahen und Mittleren Osten sind sie Bestandteil vieler Gerichte. Erst in jüngerer Zeit finden die Dicken Bohnen auch hier zu Lande wieder Anklang. Sie können in jungem Zustand wie grüne Bohnen samt Hülsen gegessen werden, sonst verwendet man die frischen oder die nach Einweichen gekochten getrockneten Samen.

Die Gartenbohne *(Phaseolus vulgaris)* und die Feuerbohne *(Phaseolus coccineus)* gelangten erst im 16. Jahrhundert nach Europa. In Mittel- und Südamerika werden sie seit 8000 Jahren kultiviert. Die ältesten Abbildungen der neuen Bohnenarten finden sich im Kräuterbuch des Leonhart Fuchs, der sie als »Welsch Bonen« bezeichnet. Im »Capitulare« findet sich mit »fasiolum« eine zweite Bohnenart, die bei Albertus Magnus als »faseolus« beschrieben wird. Manche Autoren vermuten dahinter die Indische Helmbohne *(Dolichos lablab)*, andere wie Körber-Grohne die Kuhbohne *(Vigna unguiculata)*, eine Buschbohne, die der aus der Gartenbohne gezüchteten Buschbohne ziemlich ähnlich sieht, aus dem tropischen Afrika stammt und heute weltweit in den Tropen und Subtropen kultiviert wird. Bei Dioskurides findet sich im Codex Byzantinus (ca. 511) eine farbige Abbildung.

Achtung: Sämtliche Bohnen niemals roh verzehren! Neigung zu Favismus (siehe »Botanischer Steckbrief«) beachten.

BOHNEN ALS HEILPFLANZEN

Hildegard von Bingen beurteilt die Saubohne als »gut zu essen« für gesunde und starke Menschen. Bei Schmerzen in den Eingeweiden empfiehlt sie, längere Zeit die Brühe von Bohnen zu nehmen, die in Wasser mit etwas Fett gekocht wurden. Bei wallendem Schmerz im Fleisch, bei Krätze und Geschwüren rät sie zu

Zur Erntezeit ab Ende Juli oder Anfang August können meist auch die ersten Gartenbohnen geerntet werden.

Leonhart Fuchs nennt die »Welsch Bonen« (Gartenbohnen) ein Sommergewächs, das keinen Reif verträgt. Er warnt davor, sie zu früh im Jahr zu säen, weil sie dann leicht erfrieren. Holzschnitt aus dem Kräuterbuch des Leonhart Fuchs (1543).

BOTANISCHER STECKBRIEF

Namen: Ackerbohne, Deutsche Boan, Dicke Bohne, Feldbohne, Pferdebohne, Puffbohne.
Familie: Schmetterlingsblütengewächse (Fabaceae).
Merkmale: 1-jährig. Stängel aufrecht, kantig. Blätter paarig gefiedert, mit großen, eiförmigen Fiedern; pfeilförmige Nebenblätter am Blattgrund. Blüten duftend, weiß, Fahne violett geadert, Flügel mit jeweils schwarzem Fleck am Grunde, in Trauben. Hülse lederartig, etwas behaart; sehr große, braune Samen. Blütezeit: Mai–August. Höhe: bis 120 cm.
Vorkommen: Selten verwildert; weltweit in mehreren Varietäten angebaut.
Verwandte Arten: Garten- oder Stangenbohne *(Phaseolus vulgaris)* und Feuerbohne *(Phaseolus coccineus)*: 1-jährig; linkswindende Schlingpflanzen; 3-zählige Blätter. 3–5 Schmetterlingsblüten (Gartenbohne weiß, Feuerbohne scharlachrot) in traubigen Blütenständen. Hülsen der Gartenbohne: bis 20 cm lang; Samen 5–9, länglich-nierenförmig, weiß oder farbig. Hülsen der Feuerbohne: bis 35 cm lang; Samen 7–11, rötlich, schwarz gesprenkelt.
Buschbohne *(Phaseolus vulgaris* var. *nanus)*: Niedrig, strauchig. Gartenbohne, Feuerbohne und Buschbohne werden in vielen Ländern Europas sowie unter anderem in den Vereinigten Staaten, China, Ägypten und Japan angebaut.
Wissenswertes: Bohnen enthalten die Giftstoffe Phasin und Phaseolunatin, die erst beim Kochen abgebaut werden. Nach dem Einatmen des Blütenstaubs und nach dem Verzehr von rohen oder gekochten Saubohnen kann es, insbesondere bei Bewohnern des östlichen Mittelmeergebiets, aber auch bei anderen Personen, zum Krankheitsbild des Favismus kommen. Dieser geht mit Übelkeit, Schwindel, Erbrechen, Durchfall sowie einer auf Zerstörung der roten Blutkörperchen beruhenden Gelbsucht einher und kann in schweren Fällen tödlich verlaufen.

BOHNENOPFER UND BOHNENFESTE

Herodot berichtet, dass den ägyptischen Priestern der Bohnengenuss verboten war. Auch in Griechenland wurde die Saubohne nicht uneingeschränkt positiv bewertet. So soll Pythagoras seinen Schülern das Essen von Bohnen untersagt haben, weil sie den Schlaf stören, die Sinne abstumpfen und sich auf den Blüten mit den schwarzen Flecken Zeichen der Unterwelt befinden würden. Im alten Athen hat es zu Ehren Apollos ein Bohnenfest gegeben. Man opferte frische Bohnen und speiste Bohnenbrei. Sogar einen Bohnengott Kyametes mit einem Tempel am Bohnenmarkt soll es gegeben haben.

Nach Plinius verwendeten die Römer Bohnenbrei als Opfer. Er berichtet, dass es als Glück bringend gelte, sich vom Felde eine Saubohne nach Hause zu bringen sowie sich als Garantie für einen guten Kauf eine Bohne einzustecken. Auch beim alljährlichen Toten- und Gespensterfest, den im Mai gefeierten Lemuralien, spielten Bohnen bei der Abwehr der umherspukenden Totengeister eine Rolle. Bohnenopfer hat man auch bei Germanen und Slawen den Toten dargebracht.

Viele Vorstellungen, die zunächst den Saubohnen galten, wurden später auf die Garten- und Feuerbohnen übertragen. Bohnen galten als Lieblingsspeise der Dämonen und Zwerge. In den Raunächten (25. Dezember bis 6. Januar), wenn die Geister und das Totenheer unterwegs sind, musste auf Bohnenspeisen ver-

Auflagen eines Breis aus Bohnenmehl, Weizenmehl und Fenchelsamen. Hieronymus Bock schreibt bereits von der harntreibenden Wirkung der »welschen Bonen«.

Saubohnen werden heute nicht mehr als Heilpflanzen verwendet, dagegen Tee aus den Hülsen (ohne Samen) der Gartenbohne *(Phaseolus vulgaris)* in der Phytotherapie als

harntreibendes Mittel bei rheumatischen Beschwerden, in der Volksmedizin zudem bei Hautunreinheiten und Ekzemen. Wichtige Inhaltsstoffe sind verschiedene Aminosäuren, Kalium, Kieselsäure, Flavonoide.

Achtung! Bei eingeschränkter Herz- und Nierenfunktion Bohnenhülsentee nicht ohne ärztlichen Rat trinken.

zichtet werden. Bohnenfeste gab es mancherorts in Deutschland und den Niederlanden am Dreikönigstag. Da wurde in einen großen Kuchen eine Bohne eingebacken und wer sie in seinem Kuchenstück fand, war Bohnenkönig. Dieser Titel war mit Ehren, aber wegen der Verpflichtung, die Festgesellschaft freizuhalten, auch mit erheblichen Unkosten verbunden.

Bohnen galten von alters her als aphrodisierend. Man verglich ihre Form mit den Hoden und glaubte, ihr Genuss würde die Geschlechtslust fördern und den Samen vermehren. So schreibt Mattioli: »Besonders die roten und scheckigten mehren den natürlichen Samen, noch mehr, wenn

man sie in Milch siedet, bis sie brechen, danach mit langem Pfeffer, Galgan, Fenchel und Zucker bestreut.« In Hamburg sang man am Ende des 18. Jahrhunderts ein Bohnenlied, dessen vierte und letzte Strophe lautete:

Ihr Junggesellen,
Müsst nicht den Jungfern Netze stellen
Mit euren Bohnen und wohl gar
Mit eurem prallen Schinkenpaar.

Weit verbreitet war der Glaube, dass die Bohnen gut gedeihen, wenn man sie an St. Bonifatius (14. Mai) steckt.

Gartenerbse
Pisum sativum

Archäologische Funde zeigen, dass Erbsen schon in der Jungsteinzeit in Mitteleuropa kultiviert wurden. Sie stammen von wilden

Unterschiedliche Regeln gab es zum Termin des Erbsensäens, etwa am Gründonnerstag oder am Karfreitag oder auch an Ambrosius (4. April). Aquarell in Ludwig Kleins »Nutzpflanzen der Landwirtschaft und des Gartenbaues« (1909).

Erbsen aus dem östlichen Mittelmeergebiet und dem Vorderen Orient ab. Das »Capitulare« verlangt den Anbau von »pisos Mauriscos«, die entweder der heute nur noch als Viehfutter verwendeten Ackererbse (Pisum arvense) oder der Gartenerbse entsprechen. Hildegard von Bingen warnt generell vor dem Verzehr von »pisa«.

Erbsenbrühe war vom Mittelalter bis ins 19. Jahrhundert eine wichtige Würze für Suppen, Fleisch- und Fischgerichte, Saucen, Pasteten und anderes. In den alten Rezeptsammlungen des späten Mittelalters findet

*In den jungsteinzeitlichen Ufersied-
lungen der Seen des Alpenvorlandes
fand man auch Erbsen.*

man auch andere Erbsenrezepte wie
beispielsweise für klare Erbsensuppe
oder Erbsenpüree. Grüne Erbsen,
Erbsensuppe und Erbsenmus haben
einen festen Platz in den bürgerlichen Kochbüchern des 19. und 20.
Jahrhunderts, werden aber gegenwärtig eher vernachlässigt. Es gibt
viele Erbsensorten. Meist verzehrt
man die frischen oder getrockneten
Samen, bei Zuckererbsen die gesamten Hülsen. Die getrockneten Samen
müssen vor dem Kochen eingeweicht
werden.

Erbsen sind eine Lieblingsspeise
der Zwerge und bringen, wenn man
richtig mit ihnen umgeht, als Zauberpflanzen Glück, Fruchtbarkeit und
Reichtum, können zudem unsichtbar
und hellsichtig machen.

Damit die Erbsen gut gedeihen,
gab es für Aussaat und Ernte eine
Reihe von Regeln zu beachten. In
Mittelfranken hieß es etwa: »Erbsen

sä Ambrosius [4. April], so geraten
sie wohl und geben gut Mus.«

Im **Garten** brauchen Markerbsen
(*Pisum sativum* var. *medullare*) und
Zuckererbsen (*P. s.* var. *axiphium*)
einen sonnigen Platz, lockeren und
humusreichen Boden sowie eine
Stütze aus Reisig oder Maschendraht.

*Erbsen gehören zu den Lieblingsspei-
sen der Zwerge. Holzschnitt von Ludwig Richter (1803–1884).*

Kichererbse
Cicer arietinum

1-jährig.
Familie der Schmetterlingsblütengewächse (Fabaceae).
Stängel 4-kantig, verzweigt. Blätter unpaarig gefiedert, mit 11–13
ovalen Blättchen. Blüten lang gestielt, violett oder weiß, einzeln in
den Blattachseln. Hülse aufge-
dunsen, 1–3 große Samen. Die gesamte Pflanze ist mit klebrigen
Haaren besetzt. Blütezeit: Juni–
August Höhe: 20–50 cm.
Anbau: Mittelmeergebiet, Indien,
Pakistan.

Seit der Jungsteinzeit wird die Ki-
chererbse im Vorderen Orient und
in Südeuropa angebaut. Wahrscheinlich brachten die Römer die Pflanze
über die Alpen mit. Im Mittelalter hat
sie offenbar als Nahrungs- und Heilpflanze eine große Rolle gespielt. Hildegard von Bingen lobt die »kicher«
als leichte und angenehme Speise und
als hilfreich gegen Fieber. Albertus
Magnus unterscheidet rote, weiße
und dunkle oder schwarze Formern
der »cicer«. Hieronymus Bock
schreibt über die »Zysern«, dass sie

nicht als Nahrung, sondern als Arznei verwendet würden.

Die eiweißreichen Samen haben inzwischen auch hier zu Lande wieder Liebhaber gefunden; man verwendet sie vor allem für Suppen und Gemüseeintöpfe oder stellt aus ihnen ein Püree her. Wie bei Bohnen oder Erbsen müssen die getrockneten Samen vor dem Kochen eingeweicht werden.

Heute werden Kichererbsen in Mitteleuropa nicht mehr angebaut.

Linse
Lens culinaris
Syn.: *Lens esculenta*

1-jährig.
Familie der Schmetterlingsblütengewächse (Fabaceae).
Stängel dünn, verzweigt. Blätter meist mit 4–7 langen und schmalen Blättchen und am Ende mit Wickelranke. Blüten klein, weiß, mit lila geaderter Fahne, zu 2 an langen Stielen stehend. Hülsen mit je 2 hellbraunen, runden, platt gedrückten Samen. Blütezeit: Mai–Juli. Höhe: 15–50 cm.
Selten verwildert auf Äckern und Schuttplätzen.
Haupterzeugerländer: Türkei, Indien, Kanada, Bangladesh, China und Syrien.

Die Linse wurde als Kulturpflanze Ägyptens und des Vorderen Orients bereits um 6000 v. Chr. kultiviert. Wie hoch der Genusswert von Linsen eingeschätzt wurde, zeigt 1. Mose 25, da Esau sein Erstgeburtsrecht für ein Linsengericht an seinen Bruder Jakob verkaufte. Bei den Grie-

chen war die Linse wenig angesehen und galt als Essen für arme Leute. Anders wieder bei den Römern: Im Kochbuch des Apicius finden sich mehrere Linsenrezepte, etwa dieses:

Koche sie. Nachdem du sie abgeschäumt hast, gib Lauch und frischen Koriander darüber, tue Poleiminze, Laserwurzel, Minzen- und Rautensamen dazu, schmecke mit Honig, Liquamen, Essig und Defritum ab, gib Öl dazu, rühre um und, wenn noch etwas nötig ist, gib es hinein. Binde mit Stärkemehl, gieße grünes Öl darüber, streue Pfeffer darauf und serviere.

Wie für Erbsen ist auch für Linsen die Kultur in Mitteleuropa seit der Jungsteinzeit nachgewiesen.

Hildegard von Bingen schreibt, dass die Linse die kranken Säfte in den Menschen zum Sturm reize, und empfiehlt lediglich bei Krätze und unreinen Haaren mit Schneckenschalenpulver vermischtes Linsenpulver als Auflage. Leonhart Fuchs weiß anderes zur Linse: »Darumb dieweil sie den menlichen samen verzeren vnd austilgen / nehmen sie hinweg den lust zu Eelichen wercken. Sollten aber von denen so keusch leben wollen, mehr dan von den so im Eelichen stand seind gebraucht werden.«

Anna Maria Neudecker bringt in ihrem Kochbuch »Die bayerische Köchin« ein Rezept für Linsen mit Rebhühnern, was damals offenbar nichts Besonderes war. Linsengemüse, -suppe, -eintopf gehörten in den bürgerlichen Küchen noch bis in die 50er-Jahre des vorigen Jahrhunderts zum Standardrepertoire. Am Weihnachtsabend wurden in vielen

Noch im 19. Jahrhundert wurden in Mitteleuropa Linsen angebaut. Für ihren Genuss gab es verschiedene Empfehlungen, wie etwa, dass sie am Christabend gegessen Geld im neuen Jahr, am Karfreitag verzehrt jedoch Geschwüre bringen. Aquarell in Ludwig Kleins »Nutzpflanzen der Landwirtschaft und des Gartenbaues« (1909).

Gegenden Deutschlands Linsen gegessen, und es hieß im Erzgebirge und in Thüringen, dass der weihnachtliche Linsengenuss Geld fürs ganze Jahr gewährleiste. Heute erinnert man sich, auch angeregt durch französische und orientalische Essgewohnheiten, wieder ein wenig des Wohlgeschmacks und Proteinreichtums der Linse. Linsen braucht man vor dem Kochen nicht einzuweichen.

Heute werden die Wärme liebenden Linsen in Mitteleuropa kaum mehr angebaut.

Mohrrübe

Daucus carota, andere Rüben und Kraut

Und aus einem Kochtopfe heulte es heraus: »O Daucus Carota! o mein König, rette deine getreuen Vasallen, rette uns arme Mohrrüben! – Zerschnitten, in schnödes Wasser geworfen, mit Butter und Salz gefüttert zu unserer Qual, schmachten wir in unnennbarem Leid, das edle Petersilienjünglinge mit uns teilen!«

E. T. A. HOFFMANN (1776–1822): DIE KÖNIGSBRAUT

Mohrrübensamen wurden in mitteleuropäischen jungsteinzeitlichen Pfahlbauten gefunden – ob von wilden oder kultivierten Mohrrüben stammend, ließ sich an dem Fund nicht ablesen.

Dioskurides beschreibt die Mohrrübe unter dem Namen »staphylinos« und gibt dazu die von den Römern verwendeten Synonyme »karota« und »pastinaca« an. Wahrscheinlich ist die im »Capitulare« aufgeführte »carvita« eine Mohrrübe, es kann sich dabei jedoch auch um den Pastinak handeln, ebenso wie beim »morkrut« der Hildegard von Bingen. Albertus Magnus beschreibt unter »daucus« klar die Möhre. Leonhart Fuchs unterscheidet: »zam Pasteney« (wahrscheinlich Pastinak), »geel Rüben« und »wilde Pasteney« (wahrscheinlich Wilde Möhre).

Für das Gemüse sind heute eher die Namen Möhre und Karotte üblich als Mohrrübe und Gelbe Rübe. Möhre – althochdeutsch »moraha«, mittelhochdeutsch »mor(c)he« – hängt möglicherweise mit der »Mohrenblüte« zusammen, die wegen ihrer dunkelpurpurnen, fast schwarzen Farbe mit einem Mohren (althochdeutsch »mor«, entlehnt aus lateinisch »maurus«) verglichen wurde.

Die »moderne« Gartenmöhre *(Daucus carota* ssp. *sativus* oder als eigene Art *Daucus sativus)*, die sich durch eine fleischig verdickte, gelbe bis orangerote Wurzel auszeichnet, ist wahrscheinlich aus einer Kreuzung der Wilden Möhre oder ihrer Kulturformen mit der im Mittelmeergebiet wild vorkommenden Riesenmöhre *(Daucus maximus)* in Italien entstanden. Sie kam im 16. Jahrhundert nach Mitteleuropa. Seit dieser Zeit sind viele verschiedene Sorten mit weißen, gelben, orangen und roten Rüben entstanden.

»MORGENS FRÜH UM SIEBEN SCHABT SIE GELBE RÜBEN…«

Wie in den Zeilen des alten Kinderreims von den Kochkünsten der kleinen Hexe werden Gelbe Rüben seit Jahrtausenden als Speise genutzt. Im Kochbuch des Apicius kommen »caroetae« vor, zu denen Apicius vorschlägt, sie mit Salz, reinem Öl und Essig anzumachen oder sie abzubrühen, klein zu schneiden und in wenig Kümmelöl zu kochen. Hildegard von Bingen billigt dem »morkrut« lediglich die Funktion des Bauchfüllens zu.

In den bürgerlichen Kochbüchern erscheint die Möhre zusammen mit Sellerie, Lauch und Petersilienwurzel als obligatorisches Suppenkraut. Aber sie hat auch in der bescheidenen Auswahl an Gemüse, das lediglich als Beilage verstanden wurde, einen festen Platz. So schlägt Marie Schandri im »Regensburger Kochbuch« vor, Gelbe Rüben fein länglich geschnitten in einem Stück Butter mit etwas Fleischbrühe und Salz zu dünsten. Anschließend sollen Mehl, Zucker, Petersilie und Fleischbrühe daran gegeben werden und alles noch eine Viertelstunde dünsten. Man könne dazu Kalbskoteletts, gebackene Semmelschnitten, gebackene Kälberfüße oder Hirnbavesen geben.

Im »Leipziger Allerlei« – in ursprünglicher Form ein feines Mischgericht aus jungen Möhren, anderen jungen Gemüsen und Morcheln sowie Krebsen – spielt die Möhre heute zusammen mit Erbsen und etwas Spargel in Dosen oder Gläsern ein kulinarisch wenig ergiebiges Dasein. Ein anderer namhafter Eintopf ist das »Pichelsteiner«, das 1877 in Grattersdorf am Fuß des Büchelsteins im Bayerischen Wald von der Gastwirtin Auguste Winkler erfunden und als »Büchelstoana« tradiert wurde. Es enthält verschiedene Fleischarten, Kartoffeln, Zwiebeln, Gewürze und »gelbe Rüben«.

Heute schätzt man die Mohrrübe auch in der leichten Gemüseküche, etwa zusammen mit Äpfeln und Nüssen als Rohkost, oder man lässt sich bei der Zubereitung von der indischen Küche anregen, in der Möhren gern mit Reis, Honig und Gewürzen wie Curry, Safran und Kreuzkümmel kombiniert werden.

Mohrrüben haben einen hohen Carotinoidgehalt und zwar insbesondere Beta-Carotin. Dieses kann in Vitamin A umgewandelt werden, das besonders für Haut, Augen und Immunsystem wichtig ist. Carotinoide sind als bioaktive Stoffe aber auch selbst bedeutsam durch ihre antioxidative und präventive Wirkung gegenüber Krebs. Außerdem enthalten sind unter anderem ätherisches Öl, Flavonoide, Ballaststoffe, Kalium, Vitamin C.

Achtung! Mohrrüben können gelegentlich, insbesondere im Sonnenlicht, Hautreizungen hervorrufen.

GELBE RÜBEN GEGEN GELBSUCHT UND WÜRMER

Aigremont gibt an, die Mohrrübe sei von den Griechen als »philtrum« (Liebesmittel) benutzt worden, weil ihr Genuss den Geschlechtstrieb auffällig steigern sollte. Die Samen wurden zur Förderung von Menstruation und Empfängnis verwendet. In ein Zäpfchen eingelegt, sei die Wurzel Abtreibungsmittel gewesen.

Mattioli hielt viel von der Möhre:

Die Mören gesotten / sindt lieblich zu essen / dem magen nützlich / treiben den harn / bringen lust zur speiss / vnd zu den ehlichen wercken. Der dürre samen gepuluert / vnd in wein eingenommen / ist gutt denen / so den heschen [Schluckauf] haben / vnd grimmen im leib. Er treibt den stein / und die weibliche blumen.

Einige Jahrhunderte später äußert sich Kräuterpfarrer Künzle ähnlich und empfiehlt die Möhre unter anderem zur Förderung des Urinabgangs, gegen Schwindsucht und Würmer sowie gegen Gallenfieber und Gelbsucht. Wegen ihrer gelben Farbe galt die Mohrrübe vor allem in Deutschland und Frankreich als Mittel gegen

BOTANISCHER STECKBRIEF

Namen: Gelbe Rübe, Karotte, Möhre.
Familie: Doldengewächse (Apiaceae).
Merkmale: 2-jährig. Wurzel rübenförmig, Fleisch verdickt, gelb bis orange. Blätter lang gestielt, 2–3fach gefiedert, dunkelgrün, behaart. Blüten klein, weiß, in zusammengesetzten Dolden am Stängelende, diese während der Fruchtreife sich vogelnestartig zusammenziehend; die dunkelrote Möhrenblüte der Wildform fehlt meist. Blütezeit: August–Oktober. Höhe: bis 1 m.
Vorkommen: Anbau in vielen Ländern Europas und weltweit. Heimische Wilde Möhre (*Daucus carota* ssp. *carota*): Wurzel weiß, wenig fleischig, in Doldenmitte meist verkümmerte dunkelrote Blüte (»Möhrenblüte«); auf mageren Wiesen und Wegrändern; Blätter und Wurzel früher als Wildgemüse und arzneilich genutzt.

die Gelbsucht. Marzell berichtet, dass ein altes, in ganz Bayern verbreitetes Rezept darin bestanden habe, dass der Kranke seinen Harn in eine ausgehöhlte gelbe Rübe gibt und diese in den Kamin hängt. So wie der Harn vertrocknet, verschwindet dann auch die Gelbsucht.

Die Phytotherapie verwendet Möhren allenfalls noch als Mittel gegen Madenwürmer bei Kindern – und empfiehlt sie im Übrigen als gesundes Gemüse. In der Volksmedizin gibt es etwa folgende Heilanzeigen: den Brei als Auflage bei Geschwüren, den Tee aus den getrockneten Wurzeln sowie Möhrenbrei oder -saft allgemein als Beruhigungs- und Kräftigungsmittel.

Bei ihren Festmählern ließen es sich die Zwerge an nichts fehlen. Vermutlich kamen oft auch Mohrrüben auf die Tafel, denn diese zählten zu den Lieblingsspeisen der kleinen Dämonen.

IM HAUSGARTEN

Anbau: 1-jährig kultiviert. Aussaat je nach Sorte (früh, mittel, spät) von Februar bis Juli ins Freiland. Nach dem Aufgehen Pflänzchen ausdünnen.
Standort: Sonnig bis halbschattig; tiefgründig gelockerter, humoser bis sandiger, nährstoffreicher Boden.
Pflege: Regelmäßig gießen, jäten, hacken.
Ernte: Juni bis Oktober.
Wissenswertes: Aus gärtnerischer Sicht werden als Karotten meist kleine, rundliche Sorten, als Möhren solche mit langen Wurzeln bezeichnet.

LIEBLINGSSPEISE DER ZWERGE – ABER NICHT DER WÖLFE

Anders als der verwandte Kümmel, den sie verabscheuen, gehört die Mohrrübe zu den Lieblingsspeisen der Zwerge – ein Hinweis aus dem Sagenreich auf die lange Tradition des Gemüses auch in Mitteleuropa, das wahrscheinlich bereits in vorrömischer Zeit von Kelten und Germanen kultiviert wurde.

Mit der Verbindung von Mohrrübe und Zwergen beschäftigt sich auch das Kunstmärchen »Die Königsbraut« von E. T. A. Hoffmann. Darin will der zwergenhafte Mohrrübenkönig Daucus carota I., Herrscher über das gesamte Gemüsereich und alle anderen Gemüsekönige, Fräulein Ännchen durch einen Zauber an sich binden, aus dem sie glück-

licherweise ihr Bräutigam Amandus von Nebelstern befreit.

Mit Mohrrüben ließen sich nach der Sage »Die Wolfsgasse von Türkenfeld« sogar Wölfe täuschen: Einst ging eine Bäuerin aus Türkenfeld (Landkreis Fürstenfeldbruck, Oberbayern) mit ihrem kleinen Sohn vom Feld zurück ins Dorf. In ihrem Korb trug sie Mohrrüben. Da erschien ein Rudel Wölfe und verfolgte Mutter und Kind. Die Mutter befahl dem Jungen, so schnell wie möglich heimzulaufen. Sie selbst aber nahm Mohrrüben aus ihrem Korb und warf sie den Verfolgern vor. Diese stürzten sich hungrig darauf, verschafften so der Frau einen kleinen Vorsprung und nahmen, als sie den Irrtum bemerkten, rasch die Verfolgung wieder auf. Das Spiel wiederholte sich noch ein paarmal, bis schließlich das schützende Dorf erreicht war. Noch heute gibt es in Türkenfeld am Ortsrand eine »Wolfsgasse«, den einstigen Hohlweg, durch den die Wölfe die Frau verfolgt haben sollen.

In Mittelschlesien hieß es, Mohrrüben dürften nicht im Zeichen des Krebses gesät werden, da sonst die Rüben an Krebsscheren erinnernde Doppelschwänze bekämen.

Kohl- und Stoppelrübe

Brassica napus ssp. *rapifera* und *B. rapa* ssp. *rapa*

2-jährig.
Familie der Kreuzblüter (Brassicaceae).
Rübe bis kopfgroß, weiß oder gelbfleischig. Blätter blaugrün bereift, leierförmig bis fiederspaltig. Blüten gelb, in langgestreckten Trauben am Stängelende. Blütezeit: April–September. Höhe: 30–120 cm.
Kohlrübe: Alle Blätter blaugrün bereift, kahl. Blütenknospen die geöffneten Blüten überragend.
Stoppelrübe: Grundblätter grasgrün und borstig, Stängelblätter blaugrün. Blütenknospen von den geöffneten Blüten überragt.
Verwandte Unterarten sind die Ölpflanzen Raps *(Brassica napus ssp. napus)* und Rübsen *(Brassica rapa ssp. oleifera).*

W ährend das Wort »Rübe« botanisch ein Speicherorgan bezeichnet, an dessen Bildung neben der Wurzel auch Sprossteile beteiligt sein können, meint man in der Alltagssprache damit neben Gelber und

Ein bescheidenes Comeback erlebt derzeit die einst in der Küche sehr häufig verwendete Kohlrübe. Aquarell in Ludwig Kleins »Nutzpflanzen der Landwirtschaft und des Gartenbaues« (1909).

Die Weiße Rübe, eine Verwandte der Ölfrucht Rübsen (Brassica rapa ssp. oleifera), *wird als Viehfutter verwendet, ist aber auch geeignet für die Küche. Aquarell in Ludwig Kleins »Nutzpflanzen der Landwirtschaft und des Gartenbaues« (1909).*

Im »Hausbuch der Familie Cerruti« (14. Jahrhundert) heißt es über die Kohlrübe, dass sie eine ziemlich gute Nahrung gebe, die Hausfrau aber darauf achten müsse, vom Gemüsehändler frisch aus dem Garten geerntete Rüben zu erhalten.

Roter Rübe vor allem die aus dem Mittelmeerraum stammenden »Brassica-Rüben« Stoppelrübe (Weiße Rübe, Mairübe, Wasserrübe) und Kohlrübe (Wruke, Steckrübe, Dotsche). Letztere ist ein samentreu gewordener Bastard zwischen Stoppelrübe und Gemüsekohl *(Brassica oleracea).*

Nicht immer lässt sich sicher entscheiden, welche von beiden Rüben gemeint ist. Die Griechen und Römer der Antike kennen »napus«, »rapa« oder »rapum« und Fischer-Benzon will nicht ausschließen, dass man damals nur 1 Art mit verschiedenen Unterarten gekannt habe. Hildegard von Bingen nennt nur »ruba«, Albertus Magnus unterscheidet zwischen »napo« und »rapa«. In den Kräuterbüchern der Renaissance sind die Unterscheidungen ebenfalls nicht zuverlässig.

Dioskurides und Plinius geben an, dass die Wurzel von »napus« ebenso wie von »rapum« verzehrt werde. Auch im Kochbuch des Apicius sind beide Rüben angeführt. Da heißt es etwa im III. Buch, 13:

1. Rüben oder Steckrüben: Presse sie aus, wenn sie gekocht sind, dann zerstoße sehr viel Kümmel, weniger Raute, parthisches Laser, Honig, Essig, Liquamen, Defritum [Feigensirup] und wenig Öl. Lass es kochen und trage auf.
2. Rüben oder Steckrüben anders: Koche sie und trage auf. Darüber träufle Öl, wenn du willst, gib Essig hinzu.

Der griechische Arzt Anthimus empfiehlt in seinen Ernährungsratschlägen für den Frankenkönig, Steckrüben mit Salz und Öl zu

kochen, auch nach Belieben mit Fleisch oder Speck zu essen. Für Gesunde könne man des Geschmacks wegen beim Kochen Essig zugeben.

Auch die Kräuterbücher der Renaissance erwähnen die Kohlrübe, so Leonhart Fuchs als »trucken Steckrüben«.

In den bürgerlichen Kochbüchern des 19. Jahrhunderts sind Steckrüben und Stoppelrüben unter der eher schmalen Gemüsepalette breit vertreten. Im »Historischen Kochbuch aus Berchtesgaden«, das auf Rezepten des 19. Jahrhunderts basiert, gibt es eine »Weiße Rübensuppe« und »Gefüllte Weiße Rüben«. Henriette Davidis präsentiert Rezepte wie »Weiße Rüben mit Sahne«, »Rüben mit Hammelfleisch«, »Rüben mit Kaldaunen«, »Teltower Rübchen oder märkische Rübchen«, »Steckrüben oder Kohlrüben«. Maria Schandri bietet im »Regensburger Kochbuch« an: »Gedünstete weiße Rüben«, »Bayerische (oder Teltower) Rüben«, »Dorschen«. Letztere sind Kohlrüben, Teltower Rübchen eine Zwergform der Stoppelrübe (f. *teltowiensis).*

Vor allem in Notzeiten diente die Steckrübe als wichtiges Nahrungsmittel. So hat sie – obgleich wegen der Ausschließlichkeit vielfach mit Abscheu gegessen – im so genannten »Kohlrübenwinter« 1916/17 viele Menschen in deutschen Städten vor dem Verhungern bewahrt.

Kohlrübe und Stoppelrübe enthalten die zu den bioaktiven Stoffen gehörenden Glucosinolate und sind reich an Mineralien und Vitaminen, insbesondere Vitamin C.

Im Märchen »Die Rübe« aus den Kinder- und Hausmärchen der Brüder Grimm bringt eine Rübe einem armen Bauern Glück. Sie wuchs auf seinem Acker und wurde so groß, dass sie allein einen ganzen Wagen füllte, der von 2 starken Ochsen gezogen werden musste. Der Bauer hatte die Idee, die Riesenrübe dem König zu schenken, und dieser belohnte ihn mit Äckern, Wiesen und Gold.

Im **Garten** mögen beide Rüben einen sonnigen bis halbschattigen Platz. Die Kohlrübe bevorzugt einen tiefgründigen feuchten Boden, die Stoppelrübe einen lehmigen Sandboden.

Weiß- und Rotkohl
Brassica oleracea var. *capitata* f. *alba* und *rubra*

1-jährig.
Familie der Kreuzblüter (Brassicaceae).
Hauptspross stark gestaucht. Blätter glatt, leicht wachsartig bereift, Kopf bildend (daher wie etwa auch Wirsing und Rosenkohl zur Gruppe »Kopfkohl« gehörend); beim Weißkohl Außenblätter mittelgrün, Innenblätter hellgrün; beim Rotkohl Außenblätter grünlichviolett, Innenblätter violett. Blüten schwefelgelb, in endständigen Trauben an 1,80–2,50 m hohen Stängeln. Schoten lang und schmal. Blütezeit: Juni.

Gemüsekohl und seine verschiedenen Kulturformen wie Weiß- und Rotkohl, Markstammkohl, Grünkohl, Rosenkohl, Wirsing, Blumenkohl, Brokkoli, Kohlrabi stammen vom Wildkohl *(Brassica oleracea* var. *oleracea)* ab, der an den Küsten des Mittelmeers, der französischen Atlantikküste sowie Küstengebieten Englands und Norddeutschlands wächst.

Wann der Wildkohl in Kultur genommen wurde, ist nicht bekannt. Theophrast berichtet über 3 Arten von Kohl, der vermutlich im alten Griechenland nur arzneilich verwendet wurde. Der römische Staatsmann Cato bezeichnet Kohl als das beste Gemüse und gibt zudem medizinische Verwendungen an. Plinius beschäftigt sich ausführlich mit dem Kohl und beschreibt verschiedene Sorten. Das »Capitulare« fordert »caulos«, der »St. Gallener Klosterplan« »caulas« anzubauen, als »caputium« erscheint der Kohl bei Albertus Magnus.

Wie sehr Kohl im alten Rom zur täglichen Nahrung gehörte, geht aus den Worten des Plinius hervor, der seine Landsleute für ihren Luxus und die Abkehr von einfacher und gesunder Kost tadelt:

Statt sich mit der einfachen Lebensweise unserer Vorfahren zu begnügen und sich aus den eigenen Gemüsegärten den für den Unterhalt nötigen Kohl zu holen, hält man es jetzt für klüger, in die Tiefe des Meeres zu tauchen, um Austern zu holen, die Fasanen aus Colchis und die Perlhühner aus Nordafrika einzuführen.

Hildegard nennt »kole«, »weydenkole«, »kochkole« und »kappus«. Letzterer ist der Kopfkohl. Im Gegensatz zu den Römern, die Kohl als Ge-

Späte Rotkohlsorten werden von Oktober bis zum ersten Frost geerntet. Sie sind bis zum Frühjahr lagerfähig.

müse sehr schätzten, urteilte Hildegard über die von ihr genannten Kohlgemüse, sie würden Krankheiten im Menschen erzeugen und schwache Eingeweide verletzen. Nur gesunde Menschen könnten diese Kohlgewächse bewältigen. Die vermutlich früheste Erwähnung des Rotkohls findet sich nach Körber-Grohne als »rubae caulas« ebenfalls bei Hildegard. Die Kräuterbücher kennen Rotkohl nicht; er wird erst wieder im 17. Jahrhundert erwähnt und auf Stillleben festgehalten.

In den frühen Kochbüchern sucht man Kohlrezepte weitgehend vergeblich, wahrscheinlich weil diese Speise zu alltäglich und gewöhnlich erschien. Die bürgerlichen Kochbücher des 19. Jahrhunderts bringen Rezepte zu Weiß- und Blaukraut, insbesondere aber zu Sauerkraut, das als Konservierung von Weißkraut in Mitteleuropa wohl in den Klöstern

entstanden ist. Dort hatte man zunächst die Methode der Römer weitergeführt, nach der die Kohlköpfe im Ganzen, mit Salz bestreut und mit Essig übergossen, in Tonkrügen aufbewahrt wurden. Später übernahm man von slawischen Völkern das Verfahren der Sauerkrautherstellung mit Hilfe von Milchsäuregärung. Auch in der ländlichen Küche hat Sauerkraut als Beilage zu Fleisch oder, in der Alltagsküche häufiger, in Verbindung mit Kartoffel- oder Mehlspeisen bis in die jüngere Vergangenheit eine große Rolle gespielt.

Dass »Kraut und Rüben« zwar vorherrschende Alltagsnahrung waren, aber auch gerade deshalb nicht immer Begeisterung ausgelöst haben, zeigt die folgende Strophe aus

In »Der Hase und der Igel« (Kinder- und Hausmärchen der Brüder Grimm) wird erzählt, wie beim Wettlauf im Kohlfeld der Igel und seine Frau den hochnäsigen Hasen mit einer List besiegten.

dem Lied »Missheirat« in der Liedersammlung »Des Knaben Wunderhorn« (1806/08):

Die Wasserrüben und der Kohl
Die haben mich vertrieben wohl,
Hätt' meine Mutter Fleisch gekocht,
Ich wär' geblieben immer noch.

Heinrich Heine lästert über die angeblich deutsche Vorliebe für Sauerkraut:

Der Tisch war gedeckt. Hier fand ich ganz
Die altgermanische Küche.
Sei mir gegrüßt, mein Sauerkraut,
Holdselig sind deine Gerüche!

Weißkraut und Sauerkraut sowie Blaukraut haben, wie andere Kulturformen, Kohlsorten und -arten, einen hohen Vitamin- und Mineralstoffgehalt und enthalten die bioaktiven Glucosinolate. Zu den bioaktiven Substanzen gehören auch Produkte der im Sauerkraut aktiven Milchsäurebakterien wie Milchsäure.

Leonhart Fuchs beschreibt unter »Koel« verschiedene Kulturformen, darunter auch das Weißkraut als »Kappißkraut«. Er empfiehlt Kohl insbesondere gegen Gicht. Mattioli berichtet, dass Weißkrautsaft als empfängnisverhütendes Mittel – den Penis damit einreiben – angesehen wurde. Kohlsaft gilt in der Volksmedizin seit langem als Mittel gegen Sodbrennen und Magengeschwüre. 1950 wurde die Wirkung wissenschaftlich bestätigt. Aber seit in den letzten Jahren die Medizin das Bakterium *Heliobacter pylori* als Verursacher von Magengeschwüren ausfin-

dig gemacht hat und Antibiotika dagegen verabreicht, ist es um den Kohlsaft wieder ruhiger geworden. In der Volksmedizin wird Kohl auch äußerlich bei Zahnschmerzen, Gicht, Rheuma, Unterschenkelgeschwüren verwendet.

Nach einer antiken Sage soll Kohl so entstanden sein: Als einst Dionysos aus Asien nach Thrakien übersetzte, um dort den Weinbau einzuführen, leistete ihm König Lykurgos Widerstand. Aber Dionysos nahm Lykurgos gefangen und geißelte ihn so heftig mit Weinreben, dass Lykurgos heiße Tränen vergoss. Aus diesen wuchs der Feind des Weins, der Kohl, empor. Bei den Griechen galt der Kohl als Mittel gegen Trunkenheit.

Kraut spielte bei manchen Hochzeitsbräuchen in Bayern eine Rolle: Die Wirtin oder Köchin stellt sich mit einer Schüssel Kraut vor die Tür, wenn sich der Hochzeitszug dem Gasthaus nähert, in dem nach der Trauung die Feier stattfindet. Sie wendet sich dann an die junge Ehefrau mit den Worten: »Braut, probier's Kraut«, und diese muss im Topf kräftig umrühren, damit es in der Ehe und der Küche stimmt. In Schlesien und Brandenburg hieß es, der Pferdeknecht müsse in der Neujahrsnacht Kohl stehlen und damit die Pferde füttern, um sie gesund zu erhalten. Nach einer ostpreußischen Sage hob dagegen der Mond einst einen Kohldieb samt gestohlenem Kohl zu sich empor – und seitdem sieht man den Frevler dort stehen als »Mann im Mond«.

Im **Garten** mögen Weiß- und Blaukraut einen sonnigen bis halbschattigen Platz und nährstoffreichen, lehmig-humosen, kalkhaltigen Boden.

Sellerie

Apium graveolens und andere Suppenkräuter

*Freu dich Fritzchen, freu dich Fritzchen,
Morgen gibt es Selleriesalat.*

AUS EINEM ALTEN BERLINER SCHLAGER

Der wilde Sellerie wächst in Europa, Westasien, Afrika und Amerika auf nassen und nährstoffreichen Salzböden, auch – inzwischen selten – an der deutschen Nord- und Ostseeküste. Archäologische Funde an nicht salzhaltigen Stellen im Binnenland können daher Kulturformen zugeordnet werden.

Bereits im alten Ägypten wurde Sellerie genutzt. Der Name der 628 v.Chr. von griechischen Kolonisten auf Sizilien gegründeten Stadt Selinunt stammt von »selinon«. Mit diesem von »selas« (Glanz) abgeleiteten

Wort bezeichneten die Griechen Kräuter mit glänzenden Blättern – und meinten wohl häufig den Sellerie damit. Theophrast und Dioskurides kannten wilden und gebauten Sellerie als Arzneipflanze. Die Römer nannten die Pflanze »selinon« oder »apium«.

In verschiedenen römischen Siedlungen nördlich der Alpen, etwa in Neuss am Rhein, wurden Selleriefrüchte nachgewiesen. Schriftliche Belege für den Anbau von »apium« nördlich der Alpen gibt es in »Capitulare«, »Hortulus« und »St. Galle-

ner Klosterplan«. Hildegard von Bingen nennt die Pflanze »apium« und »ebech«, bei Konrad von Megenberg liest man »epf«, bei Leonhart Fuchs »Eppich«.

»VEGETABILISCHE GROSSMACHT DES SUPPENTOPFES«

Die Römer würzten Speisen mit Sellerieblättern und -früchten. Die kulinarische Verwendung des Selleries in Mitteleuropa ist wohl erst im 17. Jahrhundert allgemein geworden. In dieser Zeit haben sich auch die 3 Varietäten entwickelt: Schnittsellerie (var. *secalinum*), der weitgehend dem in Altertum und Mittelalter arzneilich oder kulinarisch verwendeten Sellerie entsprechen dürfte, Bleich- oder Staudensellerie (var. *dulce*) und Knollensellerie (var. *rapaceum*), der mit Knolle und Blättern seit langem Suppenkraut ist. Mit dem hochtrabenden Ausdruck »vegetabilische Großmacht des Suppentopfes« belegte im 19. Jahrhundert der Naturkundelehrer und -didaktiker Johannes Leunis Sellerie und Petersilie. Henriette Davidis schreibt über die Bereitung einer Fleischbrühe: »Etwa 1 oder 1 1/2 Stunden vor Fertigstellung der Brühe putze man Suppenkräuter, nämlich Mohrrübe, Petersilienwurzel, Sellerie und Porreezwiebel, an die Suppe.«

Nicht nur als Salat, sondern auch als Püree, Gemüse oder »Schnitzel« findet man Sellerie in den Kochbüchern, allerdings scheint er gegenwärtig angesichts neuerer Gemüsearten und ihrer Zubereitungen etwas vernachlässigt. Bleichsellerie, dessen

Blattstiele man roh oder gekocht isst und der in England, Frankreich und Amerika traditionell verwendet wird, schätzt man erst seit einiger Zeit auch hier zu Lande. Die Blätter des Schnittselleries nimmt man zum Würzen und Dekorieren, ähnlich wie Petersilie.

APHRODISIAKUM FÜR MÄNNER ODER NUR HARNTREIBEND?

Bertolt Brecht (1898–1956) hat in seiner »Dreigroschenoper« in der »Ballade von der sexuellen Hörigkeit« Sellerie als Aphrodisiakum gewürdigt. Da heißt es in der 2. Strophe:

Der klammert sich an die Bibel,
Der verbessert das BGB.
Der wird ein Christ! Der wird ein Anarchist!
Am Mittag zwingt man sich, dass man nicht Sellerie frisst.
Nachmittags weiht man sich noch eilig 'ner Idee.
Am Abend sagt man: mit mir geht's nach oben
Und vor es Nacht wird, liegt man wieder droben.

Das Fritzchen des Schlagers freut sich hingegen auf den aphrodisierenden Sellerisalat. Für die angeblich Libido und Potenz beim Mann fördernde Wirkung gibt es jedoch keinen Nachweis. Der Ruf, der dem Sellerie schon in der Antike anhaftete und in manchen Kulten sogar bis zum Sellerieverbot für Priester führte, hängt wahrscheinlich wie auch bei anderen Pflanzen (Petersilie, Spargel) mit der harntreibenden Wirkung zusammen.

Seit Jahrhunderten ist Sellerie zusammen mit Mohrrübe, Petersilie und Lauch ein unverzichtbares Suppenkraut. »Bürgerliche Küche« nach einer Zeichnung von 1736.

Auch im »Hortulus« steht die harntreibende Wirkung am Anfang, dann folgen weitere arzneiliche Verwendungen:

Denn wenn ihre Samen zerrieben du einnimmst,
Soll, wie man sagt, dies die quälenden Leiden der Blase beheben.

Isst man jedoch sie selbst mit dem zarten Trieb, so verdaut sie Reste von Speisen, die noch im Innern des Magens rumoren.

BOTANISCHER STECKBRIEF

Namen: Eppich, Gailwurz, Suppenkraut, Zellerer.
Familie: Doldengewächse (Apiaceae).
Merkmale: 2-jährig oder ausdauernd (Schnittsellerie). Stängel furchig, verzweigt. Blätter mit »Selleriegeruch«, lang gestielt, dunkelgrün, glänzend, fiederteilig. Blüten unscheinbar, gelblich oder weiß, in kleinen, endständigen Dolden. Früchte fast kugelig. Blütezeit: Juni–Oktober. Höhe: 25–80 cm.
Knollensellerie (var. *rapaceum*): knollig verdickte Wurzel.
Bleichsellerie (var. *dulce*): Blattstiele verlängert, dickfleischig.
Schnittsellerie (var. *secalinum*): Blätter klein mit dünnen Blattstielen.
Vorkommen: Wilder Sellerie (var. *graveolens*) zerstreut auf nassen, nährstoffreichen Salzböden in ganz Europa. Anbau der Kulturformen in Europa und Nordamerika.

*Wenn den Tyrannen des Körpers
würgender Brechreiz belästigt,
Trinke man Sellerie gleich mit herbem Essig und Wasser.
Dann wird, vom sicheren Mittel
besiegt, die Übelkeit weichen.*

Hildegard von Bingen warnt, wie bei den meisten der von ihr genannten Pflanzen, vor Rohgenuss. Sie rät bei Gicht zu Sellerie, was sich möglicherweise ebenfalls aus der harntreibenden Wirkung erklärt, die auch bei den Kräuterbuchautoren der frühen Neuzeit betont wird.

Ätherisches Öl, Flavonoide, zudem Vitamine und Mineralstoffe sind Wirkstoffe in der Wurzel. Die Volksmedizin verwendet sie als Tee oder den aus ihr gepressten Saft als harntreibendes Mittel bei rheumatischen Beschwerden, Blasen- und Nierenentzündungen.

Achtung! Sellerie kann allergische

In seinem Kräuterbuch (1543) lobt Leonhart Fuchs »Epffich« als Harn treibend und wirksam gegen Gicht und fallende Sucht.

Reaktionen sowie insbesondere unter Lichteinwirkung Hautreaktionen hervorrufen. Schwangere Frauen sollten auf Selleriegenuss verzichten.

KRAUT DER TRAUER UND TRÄNEN

Sellerie war eine der antiken Totenpflanzen. Für die Griechen diente die mit Trauer und Tränen verbundene Pflanze als Grabschmuck und als Speise beim Leichenschmaus.

Ein Selleriekranz zierte aber auch den Sieger bei den Spielen von Nemea. Im »Macer floridus« schreibt der gelehrte Odo dazu: »Diese Epichkrone soll Herakles, der Alkide, als erster selbst sich aufgesetzt haben; die Folgezeit behielt den Brauch dann bei.« Er spielt damit auf die Sage an, dass Herakles nach der Tötung des nemeischen Löwen in einen 30-tägigen todesähnlichen Schlaf fiel und, als er schließlich doch wieder erwachte, sich mit Sellerie bekränzte, um zu zeigen, dass er dem Tode sehr nah gewesen war.

Sinnbild des Todes und Grabschmuck war Sellerie auch bei den Römern. Sie sollen bei Gelagen neben Rosen und Lilien auch den Sellerie als Festschmuck verwendet haben, um der Freude eine ernste Mahnung beizufügen. Von einem Todkranken hieß es im alten Rom: »Apium indiget.« (Er braucht nur noch Sellerie.)

Gartenpetersilie
Petroselinum crispum

Die Petersilie stammt aus dem Mittelmeerraum und wurde bereits sehr früh in Kultur genommen. Dioskurides nennt sie »petroselinon« (Steinsilge). Die römischen Schriftsteller haben nicht immer genau

Als ein zwiespältiges Wesen erschien früher die Petersilie (auf em Foto verschiedene Sorten): geschätzt als Arzneimittel und Universalgewürz, gefürchtet wegen ihrer Beziehung zum Teufel.

unterschieden und die Petersilie teils mit »petroselinum«, teils auch mit »apium«, das zumeist für den Sellerie gebraucht wird, bezeichnet. Jedenfalls waren »petresilinum« des »Capitulare«, »petrosilium« des »St. Gallener Klosterplans« und »petroselinum« der hl. Hildegard die Petersilie. Archäologische Funde in mitteleuropäischen Pfahlbauten weisen eine Form der Petersilie bereits für die Jungsteinzeit nach. In Gärten der Renaissance- und Barockzeit sowie im Bauerngarten diente Petersilie auch als Beeteinfassung.

Erst ab dem 16. Jahrhundert scheint die Pflanze ihre große Bedeu-tung als Küchenkraut erlangt oder auch wiedererlangt zu haben. So schreibt Hieronymus Bock: »…wo findt man in Deutschen landen ein Kuchen [Küche] / darinn Petersilgen mit seiner wurtzel nit gebraucht wird? dann es ist zu mancher hand speiß reichen und armen das fürnemst Kuchenkraut.«

Während die Wurzel zu den klassischen Suppenkräutern gehört, würzen die Blätter als eine Art Universalgewürz Fleisch-, Geflügel-, Fisch- und Gemüsegerichte, Suppen, Salate, Saucen, Eintöpfe.

In Antike und Mittelalter wurde Petersilie in erster Linie arzneilich verwendet. Dioskurides schildert die Pflanze bereits als harntreibendes und menstruationsförderndes Mittel, ebenso rund eineinhalb Jahrtausende später Leonhart Fuchs. Hildegard von Bingen rät Patienten mit Steinlei-den, Petersilie zusammen mit Steinbrech zu nehmen.

Insbesondere die Früchte galten als verhütendes und abtreibendes Mittel. Das entsprechende Kinderlied, das angeblich einen verschlüsselten Hinweis auf die verhütende Wirkung enthält, gibt es nicht nur mit Rosmarin (siehe S. 69f.), sondern eben auch mit der Anfangszeile »Petersilie, Suppenkraut…«. Abtreibungen, mit Petersilie versucht oder durchgeführt, sollen nicht selten tödlich für die betroffenen Frauen geendet haben. Diese Wirkung und ein unterstellter aphrodisierender Effekt für den Mann liegen dem Volksspruch zugrunde: »Petersilie hilft dem Mann aufs Pferd, den Frauen unter die Erd.«

Wichtige Inhaltsstoffe sind ätherisches Öl und Flavonoide. Die Phytotherapie erkennt Wurzel und Kraut allein oder als Bestandteil von Teemischungen zur Durchspülung bei Nierengrieß und sonstigen Erkrankungen der Harnwege an. Die Volksmedizin setzt die genannten Drogen auch zur Anregung der Verdauung, zur Förderung der Milchbildung und der Menstruation ein.

Achtung! Die Früchte haben einen höheren Gehalt an giftigem Apiol als die anderen Pflanzenteile und werden heute nicht mehr verwendet, da sie die Nieren reizen und verschiedene Vergiftungserscheinungen hervorrufen können.

Petersilie wurde mit dem Teufel in Verbindung gebracht – in Frankreich hieß er auch »Maître Persil«, in Deutschland Peterling. Der Teufel war es schließlich auch, der den als Hexen verfolgten Weisen Frauen das Wissen über verhütende und abtreibende Pflanzen eingab – so behaupteten die Hexenverfolger der frühen Neuzeit.

Gefährlich ist es, Petersilie zu verpflanzen, zumal wenn man dabei an eine bestimmte Person denkt, denn dann wird diese krank und stirbt. Wenn Petersilie nur teilweise aufgeht, dann hieß es dazu in England, der Teufel habe sich den Zehnten geholt. Als Duftpflanze war Petersilie allerdings auch geeignet, böse und neidische Geister fern zu halten. Deshalb trug in Galizien die Braut beim Kirchenzug Brot und Petersilie unter dem Arm.

Im **Garten** mag Petersilie Halbschatten, humose, nährstoffreiche Erde und viel Feuchtigkeit.

Lauch, Porree
Allium porrum

Staude (Zwiebel), 2-jährig kultiviert.
Familie der Liliengewächse (Liliaceae).
Stängel rund, im unteren Bereich mit zahlreichen flachen, länglich-lanzettlichen, graugrünen Blättern, die keine deutlich ausgeprägte Zwiebel bilden. Blüten zahlreich, hellpurpurn, lang gestielt, in kugeligem Blütenstand. Blütezeit: Juni–Juli. Höhe: bis 50 cm.

D ie auch Winterlauch oder Breitlauch genannte Pflanze stammt wahrscheinlich von dem im Mittelmeerraum beheimateten wilden Sommerlauch *(Allium ampeloprasum)* ab. Lauch soll bereits im alten Ägypten kultiviert und genossen worden

sein. Bei den germanischen Stämmen standen verschiedene wilde Laucharten in hohem Ansehen. So heißt es in der Lieder-Edda im Eröffnungsgedicht »Der Seherin Gesicht«, das auch die Entstehung der Welt beschreibt:

Sonne von Süden schien auf die Felsen,
und dem Grund entgrünte grüner Lauch.

Runeninschriften auf Waffen, Amuletten, Schmuck enthalten häufig das Wort »laukar«. Lauch wurde als heilkräftig betrachtet und in Magie und Ritualen verwendet. Der Porree allerdings kam wahrscheinlich erst im Mittelalter durch die Klöster nach Mitteleuropa, vielleicht auch schon früher mit den Römern. Jedenfalls verlangen »Capitulare« und »St. Gallener Klosterplan« den Anbau von »porros«.

Kaiser Nero soll mehrmals täglich zur Pflege seiner Sängerstimme rohen Lauch gegessen haben. In seinem im »Lorscher Arzneibuch« zu findenden Brief an den Frankenkönig empfiehlt Anthimus Lauch als Gemüse und bezeichnet ihn als immer zuträglich. Hildegard von Bingen hielt dagegen nicht viel vom Lauch: »Und dem Menschen verursacht er Beunruhigung in der Begierede.« Sie warnt insbesondere vor Rohgenuss, aber auch vor gekochtem Lauch und empfiehlt für Gesunde das Beizen in Wein oder Essig unter Beigabe von Salz. Leonhart Fuchs betont die blähungsfördernde Wirkung des Lauchs, behauptet, er würde böse Träume und trübe Augen machen und sei für Blase und Nieren schädlich. Allerdings würde

Im »Hausbuch der Familie Cerruti« (14. Jahrhundert) wird der Lauch gelobt, weil er harntreibend sei, gegen Pilzvergiftung und Luftröhrenkatarrh wirke sowie die sinnlichen Gelüste wecke.

er die Fruchtbarkeit der Frauen fördern, gegen Trunkenheit wirken und zusammen mit Gerste Schleim lösen.

In den bürgerlichen Kochbüchern erscheint Lauch fast ausschließlich als Suppenkraut. So zählt Anna Neudecker in »Die bayerische Köchin« auf: ein paar gelbe Rüben, Pastinak, ein kleines Stück Sellerie, etliche Petersilienwurzeln, Porri. Erst in neuerer Zeit hat man hier zu Lande Lauch als gutes und gesundes Gemüse, das vielfältig verarbeitet werden kann, erkannt, beispielsweise als Lauchkuchen, -strudel, -salat, als Bestandteil von Nudelsaucen oder einfach gedünstet.

Wichtige Inhaltsstoffe des Lauchs sind Vitamin C, Folsäure, Vitamin B6, Magnesium, Calcium, Kupfer und Sulfide.

Im **Garten** schätzt der Starkzehrer einen tiefgründigen, nährstoffreichen Boden.

Meerrettich, Kren

Armoracia rusticana und eine andere scharf schmeckende Wurzel

Er sagte: man raune sich einander ins Ohr, du seist zwischen dem Rindfleisch und Meerrettich gemacht worden, und dein Vater habe dich nie ansehen können, ohne an die Brust zu schlagen und zu seufzen: Gott sei mir Sünder gnädig!

FRIEDRICH SCHILLER (1759–1805): DIE RÄUBER

Unklar ist, ob der in Südosteuropa, Südrussland und Vorderasien ursprünglich beheimatete Meerrettich in der Antike schon bekannt war und genutzt wurde. Ins südliche Mitteleuropa brachten ihn slawische Stämme. Der Name Kren, mit dem er in Schlesien und im südlichen Mitteleuropa benannt wird, ist ein Lehnwort – russisch »chren«, tschechisch »křen« – aus slawischen Sprachen. Hildegard von Bingen nennt die Pflanze »merrich«, bei den Kräuterbuchautoren des 16. Jahrhunderts erscheint sie als »Merrättich« (Mattioli), »Merrhetich« (H.

Bock) oder »Meerhettich« (L. Fuchs).

Dass der Name mit Meer nichts zu tun haben dürfte, ist weitgehend unumstritten. Es gibt die Deutung als Mähr-Rettich, also Pferde-Rettich, für einen minderwertigen Rettich. Einleuchtender ist Hansjörg Küsters Vermutung, es könnte sich um einen »Mährischen Rettich« handeln – um einen Rettich, der aus Mähren stammt. Das im 9. Jahrhundert von slawischen Stämmen errichtete Großmährische Reich reichte weit über die Grenzen Mährens hinaus. Möglicherweise jedoch verdankt der Name Meerrettich seine Existenz einer Lehnübersetzung des lateinischen Worts »raphanus maior« (großer Rettich).

Die Kloster- und Bauerngartenpflanze wurde bereits früh auch feldmäßig kultiviert. Ein Hauptanbaugebiet ist bis in die Gegenwart die Gegend zwischen Bamberg und Nürnberg. In Baiersdorf (Landkreis Erlangen-Höchstadt) gibt es ein Meerrettich-Museum. Noch heute sieht man in süddeutschen Städten Krenfrauen aus dieser Gegend, die die Wurzel als frische Stangen und verarbeitet in Gläsern zum Verkauf anbieten.

GEWÜRZ UND GEWEIHTE SPEISE

Leonhart Fuchs würdigt die Verwendung des Meerrettichs in der Küche:

Es würt aber sonst sein wurtzel seer in der kuchen gebraucht an etlichen orten / dann man hennen

vnd ander fleysch darbey kocht.
Man pflegt auch gedachte wurtzel
klein zerschneiden / darnach stos-
sen / vnd mit saltz und essig abbe-
reyten / zu einem salsament zu
fisch vnd fleysch zugebrauchen.

Selbst bürgerliche Kochbuchauto-
rinnen des 19. Jahrhunderts mit
ihrer Zurückhaltung bei Gewürzen
und Kräutern kennen Meerrettich-
sauce in verschiedenen Zubereitungen. In »Die Bayerische Köchin« der
Anna Maria Neudecker (1867) findet man ein interessantes Meerret-
tichrezept:

Einen kalten Schnecken-Kreen
Man nimmt zwölf schön gekochte
Schnecken, hacket sie mit etwas
Zwiebel zu einem recht feinen
Hachis, nimmt dazu eine Kaffee-
schale voll aufgeriebenem Kreen
und eben so viel aufgeriebene
gelbe Rüben, gibt dieses zusam-
men sammt den gehackten Schne-
cken in eine Sauce-Schale, gibt
Essig und Oel, etwas Salz und
Pfeffer dazu; und schickt es, wenn
Alles gut abgemischt ist, zur Tafel.

Geriebener Meerrettich passt gut
zu kurz gebratenem Fleisch oder
Würsten. Milder schmeckt die
Würze, wenn man sie mit Sahne
und/oder geriebenem Apfel mischt.
Auch in Mischungen mit Semmelbrö-
seln oder gekocht in Saucen (insbesondere zu Tafelspitz, gekochtem
Fisch, Kartoffeln) verliert der Meerrettich etwas von seiner beißenden
Schärfe. Einzulegendes Gemüse wie
Rote Bete oder Gewürzgurken kann
mit Meerrettich pikanter gemacht
werden.

BOTANISCHER STECKBRIEF

Namen: Bauernsenf, Fleischkraut, Pfefferwurzel.
Familie: Kreuzblüter (Cruciferae).
Merkmale: Staude mit langer, walzenförmiger Wurzel. Grundblätter lang gestielt, bis 60 cm lang, oval, mit gekerbtem Rand; Stängelblätter sitzend, fiederspaltig, obere linealisch und fast ganzrandig.
Blüten weiß, am Stängelende in rispenartigen Blütenständen. Frucht
oval bis fast kugelig. Blütezeit: Juni–Juli. Höhe: bis 150 cm.
Vorkommen: Verwildert auf ehemaligen Kulturstandorten: Brachflächen, Weg- und Straßenränder. Kulturpflanze in Europa, Westasien und Nordamerika.

Am Ostersonntag wird bei der
Speisenweihe in der katholischen
Kirche neben Eiern, Schinken, Salz
und Osterbrot meist auch Kren geweiht. Der Genuss des scharfen
Meerrettichs soll möglicherweise an
die Bitterkräuter erinnern, die von
Juden am Passahfest gegessen werden oder – so sagte man im Kärntner
Gailtal und in Oberschlesien – an das
bittere Leiden und Sterben Jesu.

Mancherorts, so um Feuchtwangen
und Eichstätt, hieß es, durch den Genuss des geweihten Krens könne man
sich das ganze übrige Jahr vor Krankheit schützen.

In Gegenden, in denen um die
Sommersonnenwende der schädi-
gende Bilwis im Kornfeld umging,
hat man auch ein Stück Meerrettich
zusammen mit einem Stück Brot an
die erste Garbe gebunden.

Wer gerade und
dicke Meerret-
tichstangen
ernten will,
muss im Früh-
sommer die Sei-
tenwurzeln ent-
fernen. Aber
auch die dünne-
ren »wilden«
Wurzeln sind
gut zu verwen-
den und können
jederzeit ausge-
graben werden.

GÜNSTIGE WIRKUNG AUF DIE HARN- UND ATEMWEGE

Hildegard von Bingen empfiehlt, Meerrettich im März zu graben und zu essen, denn wenn alle Kräuter grünen, dann würde auch der Meer-rettich für kurze Zeit weich und sei für gesunde und starke Menschen gut zu essen, weil er die Grünkraft der guten Säfte in ihren stärke. Meerrettichpulver vermischt mit Galgantpulver sei hilfreich für Menschen mit Herzweh oder Lungenschmerzen.

Tabernaemontanus schreibt vom Meerrettichwasser: »Dis Wasser kann zu allen Gebrechen gebrauchet werden / treibt den Harn und den Stein gewaltiger /...« Leonhart Fuchs führt ebenfalls die harntreibende Wirkung des Meerrettichs an. Die Kräuterbücher des 19. Jahrhunderts sind voll des Lobs über die Pflanze. So schreibt Emma M. Zimmerer (1896), man würde den Meerrettich innerlich gegen Skorbut, Rheumatismus, Gicht, Wassersucht, Brust- und Lungenverschleimung anwenden, äußerlich bei Kopf- und Zahnschmerzen, bei Rücken- und Leibschmerzen, Lähmungen, Brust- und Magenkrämpfen, Schwindel, Ohrensausen, Betäubung und Erstickungsanfällen.

Die Meerrettichwurzeln enthalten Glucosinolate, ferner Vitamin C, Aminosäuren und keimtötende Stoffe. In der Phytotherapie anerkannt ist die Verwendung der frischen Wurzel und insbesondere des aus ihr gewonnenen Presssafts bei Katarrhen der Atemwege und zur Unterstützung bei Infekten der ableitenden Harnwege. In der Volksmedizin wird Meerrettich zudem eingesetzt: innerlich bei Darmbeschwerden wie Blähungen und Stuhlverstopfung, zur Förderung der Menstruation, gegen Appetitlosigkeit, gegen Asthma (geriebener Meerrettich mit Honig), äußerlich als Breiauflage bei Kopfschmerzen und Insektenstichen sowie der Krenessig als kosmetisches Mittel gegen Sommersprossen, Leberflecke und Akne.

Achtung: Vorsichtig dosieren, um Reizungen im Magen-Darm-Trakt und im Harntrakt zu vermeiden. Bei entsprechend veranlagten Personen kann Meerrettich allergische Reaktionen hervorrufen.

Gartenrettich
Raphanus sativus var. *niger*

Die Anfänge der Rettichkultur liegen im Dunkeln. Der griechische Geschichtsschreiber Herodot (5. Jahrhundert v. Chr.) berichtet, ihm sei in Ägypten erzählt worden, dass auf der Cheopspyramide in Hieroglyphen verewigt sei, für wie viele Talente Silber man die Pyramidenarbeiter mit Zwiebeln und Rettichen versorgt hat. Heute gilt diese Aussage Herodots nicht mehr als sicherer Nachweis für die Rettichkultur im 3. Jahrtausend v. Chr. in Ägypten. Jedenfalls wurde Rettich in der klassischen Antike angebaut. So nennt etwa Theophrast bereits verschie-

Der Schwarze Winterrettich wird von Oktober bis Dezember geerntet. Aquarell in Ludwig Kleins »Nutzpflanzen der Landwirtschaft und des Gartenbaues« (1909).

Das erst im 16. Jahrhundert in Mitteleuropa erschienene Radieschen stammt wahrscheinlich aus Italien. Aquarell in Ludwig Kleins »Nutzpflanzen der Landwirtschaft und des Gartenbaues« (1909).

Hildegard von Bingen nennt den »retich«; er sei ähnlich wie Meerrettich als Nahrung nur für Gesunde geeignet. Den Kranken empfiehlt sie ihn pulverisiert, dann würde er reinigend und kräftigend wirken.

Die Volksnamen Bierrettich und Furzwurzel weisen auf Rettichgenuss und seine Folgen hin. Man isst den in Süddeutschland auch Radi genannten Rettich hier zu Lande roh: in Scheiben geschnitten und gesalzen vor allem zum Bier oder als Salat zubereitet.

Fast alle Kräuterbücher des 16. Jahrhunderts behandeln den Rettich und seine Heilwirkungen. Sebastian Kneipp hebt die günstige Wirkung von Rettich und Rettichsaft auf die Leber hervor.

Die Rettichwurzel enthält Glucosinolate, zudem ätherisches Öl und Vitamin C. Anerkannt in der Phytotherapie ist die Verwendung des frischen Safts bei Magen- und Darmbeschwerden und bei Katarrhen der Atemwege. Für medizinische Zwecke wird vor allem der Schwarze Rettich verwendet. In der Volksmedizin ist auch Rettichsaft mit Honig als schleim- und krampflösendes Mittel bei Bronchitis und Keuchhusten beliebt.

Achtung: Rettichsaft kann den Magen reizen; nicht bei Gallensteinen und nicht in großen Mengen verwenden.

Heinrich Marzell erzählt zum Volksglauben um den Rettich: Rettiche soll man nicht im Sternbild des Steinbocks säen, denn sonst werden sie holzig, dagegen werden die im Wassermann oder Fisch gesäten Rettiche saftig. Die Rettichsamen soll man nur bei abnehmendem Mond

dene Rettichsorten. Die älteste bekannte farbige Rettichabbildung befindet sich im Codex des Dioskurides (Codex Byzantinus, 6. Jahrhundert). Aus der Aussage des Plinius, dass der Rettich in kalten Gegenden besonders gut gedeihe und in Germanien die Größe neugeborener Kinder erreiche, lässt sich möglicherweise schließen, dass die Römer die Pflanze nach Mitteleuropa gebracht haben.

»Radices« erscheinen im »Capitulare« und im »St. Gallener Klosterplan«. Walahfrid zu »Rafanum«:

Ziemlich scharf ist die Wurzel,
gegessen besänftigt sie aber
Husten, der dich erschüttert, und
Trank aus zerriebenem Samen
Heilet gar oft das Leiden derselben verderblichen Krankheit.

»stupfen«, denn dann zieht sie der Mond in den Boden, während die bei wachsendem Mond gestupften Rettiche aufschießen. An Donnerstagen gesäte Rettiche werden wurmig. Haben die Rettiche lange Schwänze, so kommt ein strenger Winter. Von Rettichen, die gegen das schweifartige Ende geschabt werden, muss man nicht aufstoßen.

Im **Garten** braucht Rettich einen nicht zu trockenen Platz und humosen, tiefgründig gelockerten Boden.

Das verwandte Radieschen *(Raphanus sativus* var. *sativus)*, das erst im 16. Jahrhundert in Mitteleuropa in Erscheinung getreten ist, hat eine Sprossknolle. Es mag im Garten einen sonnigen Platz und ist im Übrigen anspruchslos.

Spinat

Spinacia oleracea und anderes Spinatgemüse

Während dieser Szene kam der Signor padre nicht im mindesten aus dem Geleise, mit geschäftiger Seelenruhe raffte er die Scherben vom Boden auf, suchte die Teller zusammen, die noch am Leben geblieben, brachte mir darauf: Zuppa mit Parmesankäse, einen Braten derb und fest wie deutsche Treue, Krebse rot wie Liebe, grünen Spinat wie Hoffnung mit Eiern und zum Dessert gestovte Zwiebeln, die mir Tränen der Rührung aus den Augen lockten.

HEINRICH HEINE (1797–1856): REISEBILDER. DRITTER TEIL

Die antiken Autoren nennen den Spinat nicht und haben ihn wohl auch nicht gekannt. In chinesischen und arabischen Schriften wird er bereits in der Zeit zwischen dem 7. und 10. Jahrhundert n. Chr. erwähnt. Die aus dem westlichen Asien, möglicherweise dem Kaukasus, stammende Pflanze wurde im 9. Jahrhundert von den Arabern in die von ihnen beherrschten Teile Spaniens gebracht. Ob der Spinat von dort nach Mitteleuropa gelangte oder ob ihn die

Kreuzfahrer aus Kleinasien mitgebracht haben, ist nicht geklärt. Bei Albertus Magnus findet sich die früheste Erwähnung in der abendländischen Literatur als »spinachia«. Dieses Wort ist abgeleitet vom spanischen »espinaca« und dieses wiederum basiert auf dem arabischen »isfināğ« oder dem persischen »ispanāğ«. Leonhart Fuchs nennt in seinem Kräuterbuch (1543) die Pflanze »Bynetsch« und Spinat: »Auff Arabisch Hispanach / das ist

souil gesagt / als Hispanisch kraut / villeicht darumb / das es auß Hispania erstlich in ander nation ist gebracht worden.«

ERSATZ FÜR DIE MELDE UND ANDERE SPINATGEMÜSE

Nach der Einführung des Spinats verloren nach und nach verschiedene Pflanzen an Bedeutung, die für die Bereitung von spinatartigem Gemüse verwendet worden waren: insbesondere die Gartenmelde (siehe S. 160f.), aber auch Amaranth (siehe S. 161f.), Mangold (siehe S. 162), Wilde Malve (siehe S. 108ff.), Erdbeerspinat *(Chenopodium foliosum und Ch. capitatum)*, Englischer Spinat *(Rumex patientia)* und andere.

Albertus Magnus zieht den Spinat als Gemüse der damals allgemein ge-

Katharina von Medici (1519–1589), die 1533 nach Paris kam, um den Thronfolger und späteren König Heinrich II. zu heiraten, soll verschiedene Spinatrezepte aus ihrer Heimatstadt Florenz mitgebracht haben.

nossenen Gartenmelde vor. Er vergleicht die Blätter mit denen des Borretschs, spricht von der Ähnlichkeit der Blüten mit Wegerichblüten und erwähnt auch die stacheligen Früchte.

Spinat soll das Lieblingsgemüse Katharinas von Medici gewesen sein. Sie, die als Königinmutter in der so genannten Bartholomäusnacht (1572) Tausende von Hugenotten ermorden ließ und deshalb noch heute eine Art schauriger Berühmtheit genießt, hatte Florenz 1533 verlassen, um den französischen Thronfolger, den späteren König Heinrich II., zu heiraten. Sie nahm aus ihrer Heimatstadt auch Köche mit, die ihre Leibspeisen, darunter unterschiedliche Zubereitungen von Spinat, meisterhaft zu kochen verstanden. Seit dieser Zeit tragen Speisen auf Spinatbett manchmal den Zusatz »Florentiner Art«.

In deutschen bürgerlichen Kochbüchern des 19. und 20. Jahrhunderts wurde Spinat häufig unfreundlich behandelt – und er rächte sich mit geringem Wohlgeschmack. Da heißt es etwa in einem Kochbuch von 1908:

Dann gibt man ihn in gut gesalzenes, siedendes Wasser und kocht ihn langsam, bis er sich zwischen den Fingern zerdrücken läßt, seiht ihn dann ab, gießt ein paarmal frisches Wasser darüber, drückt ihn dann fest aus und wiegt ihn fein. Nun läßt man in heißer Butter oder Suppenfett feingehackte Zwiebel mit einem Eßlöffel Mehl hell anlaufen, verrührt den Spinat gut damit, dünstet ihn 5 Minuten, verdünnt ihn mit guter Fleischbrühe, gibt Salz, Pfeffer und etwas

Noch heute gilt für die richtige Zubereitung von Spinat, was bereits im »Hausbuch der Familie Cerruti« (14. Jahrhundert) empfohlen wird: in einem Topf ohne Wasser zusammenfallen lassen.

geriebene Muskatnuß dazu und läßt ihn nur 1/4 Stunde kochen, da er sonst die Farbe verliert.

Erst in jüngerer Zeit wurde der Spinat durch Anregungen und Rezepte aus den Mittelmeerländern, aus arabischen Ländern, der Türkei oder aus Persien über seinen Status als Beilage oder Fastenspeise hinausgehoben.

Heute schätzt man Spinat als gesundes Gemüse mit einem hohen Ge-

BOTANISCHER STECKBRIEF

Namen: Binatsch, Binetsch.
Familie: Gänsefußgewächse (Chenopodiaceae).
Merkmale: 1-jährig. Blätter lang gestielt, 3-eckig bis pfeilförmig, ganzrandig oder leicht gezähnt, dunkelgrün. Blüten klein, unscheinbar, grünlich; männliche Blüten in unbeblätterten Scheinähren, weibliche Blüten in achselständigen Knäueln. Individuen männlich, weiblich oder 1-häusig (gemischtgeschlechtig). Früchte mit stacheliger Hülle. Blütezeit: Mai–September. Höhe: 30–40 cm (Blütenstängel).
Vorkommen: Anbau in gemäßigten Gebieten der Erde.
Wissenswertes: Langtagpflanze: Entwicklung von Blütensprossen erst im Sommer unter Auflösung der Rosette, während im Frühjahr und Herbst (Kurztag) Blattmasse produziert wird.

halt an Vitamin C und dem zu den bioaktiven Stoffen gehörenden Carotinoid Lutein. Der noch vor einigen Jahrzehnten als sicher geltende hohe Eisengehalt, der Generationen von Müttern dazu brachte, widerstrebenden Kindern Spinat aufzuzwingen, hat sich inzwischen als falsch erwiesen und soll auf einem Kommafehler beruhen. Der Widerwillen mancher Kinder gegen Spinat mag auch mit dem relativ hohen Oxalatgehalt zusammenhängen oder mit Nitrit, das beim Zubereiten oder beim Verzehr von stark mit Nitrat gedüngtem Spinat entstehen kann und das für Kleinkinder gefährlich ist.

Spinat wird roh und gegart gegessen. Er ist eine klassische Beilage zu Kalbfleisch, Geflügel, Fisch, Rührei oder Pfannkuchen. Man kann ihn in Gratins, Lasagne und anderen Nudelgerichten oder in pikanten Kuchen genießen. Gut bekommen ihm meist Knoblauch- und Muskatwürze. Beim Garen lässt man ihn nur 1–3 Minuten bei größerer Hitze im Topf zusammenfallen.

Achtung! Wegen des hohen Oxalat- und möglicherweise Nitratgehalts Spinat nicht häufiger als 2–3-mal pro Woche verzehren.

»SPINAT ERWEYCHT DEN HERTEN BAUCH ...«

Leonhart Fuchs, der angibt, dass das Gemüse 2-mal im Jahr, im Frühling und im Herbst, gesät wird, schreibt unter »Krafft vnd würckung«: »Spinat erweycht den herten bauch / darum er vnder allen kochkreütern fast das best vnd lieblichst ist denen so der stulgang verstopfft

---

IM HAUSGARTEN

Anbau: Aussaat im Februar/März für die Ernte im Mai/Juni, im Juli/August für die Ernte im September/Oktober (Sommerspinat, Wurzelspinat), im September/Oktober für die Ernte im darauf folgenden Frühjahr.
Standort: Sonnig bis halbschattig; humose, nicht zu sandige Erde.
Pflege: Nicht austrocknen lassen. Übermäßige Stickstoffdüngung vermeiden, da es dadurch zu erhöhter Oxalatbildung und zudem zu Umwandlung von Nitrat in Nitrit kommen kann.
Ernte: Laufend, solange die Blätter noch zart sind. Spinat eignet sich auch besonders als Tiefkühlkost.
Wissenswertes: Für die Aussaat im Frühjahr, Sommer und Herbst stehen jeweils verschiedene Sorten zur Verfügung.

---

ist.« Er merkt an, dass das Kochwasser stuhlerweichend wirke, dem Magen jedoch nachteilig sei, dass ein Pflaster aus den zerstoßenen Blättern dem hitzigen Magen die Hitze nehme und dass der Spinat fast alle Wirkungen der Melde habe.

Adam Lonicer äußert sich ähnlich über Binetsch, weiß aber zudem: »Dieses Krauts Brüh getruncken / treibt die böse Feuchtigkeit auß / und macht einen sanften Athem. Aber

---

Die Kräuterbücher der Renaissance bringen verschiedene therapeutische Verwendungsmöglichkeiten für Spinat. Holzschnitt im Kräuterbuch des Adamus Lonicerus (Ausgabe 1679).

täglich solch Gemüß gessen / bringt viel Melancholey.« Vom gebrannten Binetschwasser schreibt er, es würde die Hitze löschen, den Leib heilen und den Milchfluss anregen.

In späterer Zeit bis in die Gegenwart gilt Spinat im Gegensatz zu Möhre, Spargel, Weißkraut oder Zwiebel nicht mehr als Heilpflanze.

Gartenmelde
Atriplex hortensis

1-jährig.
Familie der Gänsefußgewächse (Chenopodiaceae).
Stängel wenig verzweigt. Blätter in jungem Zustand mehlig bestäubt; untere Blätter herzförmig-dreieckig, mittlere spießförmig und weitläufig gezähnt, oberste lanzettlich und ganzrandig. Blüten klein, unscheinbar, grünlich, in reichblütigen Blütenständen. Blütezeit: Juli–August. Höhe: 170–200 cm.
Stellenweise verwildert.

Die Gartenmelde ist ursprünglich in Zentral- und Westasien sowie in Südeuropa beheimatet. Sie wurde bereits in der Antike als Gemüsepflanze kultiviert. Nach Mitteleuropa gelangte sie wohl mit den Römern. Im römischen Ostkastell von Welzheim bei Stuttgart fand man Fruchthüllen und Samen in den Verfüllschichten eines ehemaligen Brunnens. Als »adripia« taucht die Pflanze im »Capitulare« auf. Hildegard von Bingen empfiehlt ein Mus aus »melda«, dem Schnittlauch und Ysop beigefügt werden, gegen Skrofeln. Albertus Magnus nennt die Gartenmelde als bekanntes Kraut von geringem Nährwert. Lonicerus unterscheidet »Scheiß Milten« (Weißer Gänsefuß?) und »Zame Milten«

und bemerkt zu beiden, dass sie zur »Speiß und Artzney« dienen, und gibt als Indikationen unter anderem Gelbsucht, Podagra und Gebärmutterschmerzen an.

Gartenmelde ist reich an Vitamin C, Calcium und Eisen. Sie hat eine längere Garzeit als Spinat.

Im **Garten** schätzt die anspruchslose Gartenmelde einen sonnigen bis halbschattigen Platz und jeden nicht zu schweren oder zu trockenen Boden.

Ein seltener Anblick ist angebauter Gemüseamaranth. Heute findet man das einstige Gemüse fast nur noch als Ruderalpflanze zerstreut an Wegen, auf Äckern oder in Gärten.

Gemüseamaranth
Amaranthus lividus
Syn.: *Amaranthus blitum*

1-jährig.
Familie der Fuchsschwanzgewächse (Amaranthaceae).
Stängel kahl. Blätter lang gestielt, ei- oder rautenförmig, dunkelgrün. Blüten weißlichgrün, klein, unscheinbar; in Knäueln in den Blattachseln. Blütezeit: Juni–Oktober. Höhe: 40–70 cm.
Zerstreut als Ruderalpflanze mit dem Namen Grüner Fuchsschwanz oder Aufsteigender Fuchsschwanz an Wegen, auf Äckern oder in Gärten.

Die auch Maier oder Blitum genannte, ursprünglich in Südeuropa beheimatet Pflanze gelangte wohl schon in vorgeschichtlicher Zeit nach Mitteleuropa.

Die antiken Autoren Theophrast, Dioskurides und Plinius erwähnen »bliton« beziehungsweise »blitum« als Gemüse. In Mitteleuropa wurde die Pflanze nachweislich bereits in

Eine eindrucksvolle Höhe bis zu 2 m kann die heute in Gärten kaum mehr anzutreffende, einst als Gemüsepflanze geschätzte Gartenmelde erreichen. Aquarell in Ludwig Kleins »Nutzpflanzen der Landwirtschaft und des Gartenbaues« (1909).

der Römerzeit angebaut. Im »Capitulare« ist sie als »blida« angeführt. Die Kräuterbuchautoren des 16. Jahrhunderts zeigen über den Maier eher gedämpfte Begeisterung. So schreibt Leonhart Fuchs: »Maier ist

Ab dem späten Mittelalter verdrängte der Spinat allmählich die früher genossenen spinatartigen Gemüse. »Bürgerliche Tischgesellschaft« nach der Abbildung in einer Handschrift aus dem Jahre 1468.

ein vnschädlich kraut / mag mit anderen kochkreütern in den küchen zur speiß bereyt werden. Lindert den stulgang / doch nit seer / neeret auch nit fast.«

Gemüseamaranth wird wie Spinat zubereitet. Er enthält einen hohen Anteil an Eiweiß und ist reich an Beta-Carotin und Vitamin C.

Im **Garten** braucht Gemüseamaranth einen sonnigen, warmen Platz und humosen, feuchten Boden.

Mangold
Beta vulgaris ssp. *vulgaris*

2-jährig, 1-jährig kultiviert. Familie der Gänsefußgewächse (Chenopodiaceae). Hauptwurzel wenig verdickt. Blätter lang gestielt, bis 30 cm lang, gelblichgrün, runzelig. Blüten zwittrig, klein, grünlich, im 2. Jahr in knäuelartigen Blütenständen. Blütezeit: Juli–September. Höhe: 0,5–1 m. Varietäten: Blattmangold (var. *cicla*) mit großen spinatähnlichen Blättern und Rippenmangold, auch Römischer Kohl genannt, (var. *flavescens*) mit breiten, fleischigen, grünen, gelben oder roten Blattstielen.

Die auch Beißkohl genannte Pflanze stammt von einer an den Küsten des Mittelmeers und des Atlantiks beheimateten Wildrübe ab. Von dieser wurden in vorgeschichtlicher Zeit im Mittelmeerraum 4 Nutzpflanzen herauskultiviert: Mangold, Rote Rübe (*Beta vulgaris* var. *conditiva*), Runkelrübe (*Beta vulga-*

Beim Stielmangold wachsen die Blätter an dicken weißen oder roten Stielen. Man kann die Blätter als spinatartiges Gemüse, die Stiele ähnlich wie Spargel zubereiten.

ris var. *rapa*) und Zuckerrübe (*Beta vulgaris* var. *altissima*).

Nach Aussagen der antiken Autoren aß man sowohl die Blätter (Mangold) als auch die Wurzeln (Rote Rübe, Runkelrübe) der Pflanze. Im »Capitulare« ist »beta« angeführt, ebenfalls im »St. Gallener Klosterplan«. Konrad von Megenberg stellt die merkwürdige Behauptung auf, dass aus »mangolt« Frösche entstehen könnten. An anderer Stelle äußert er: »daz kraut ist kalt und fäut in mittelmâz und dar umb, wenn man petersil dar zuo mischt, sô ist ez gesunt ze ezzen und ist waich und lât sich sanft kochen in dem magen, wenn man ez sauber beraitt und kocht pei dem feur.« Auch empfiehlt er an einer dritten Stelle, man solle die heiße und trockene Rauke dem Mangold zumischen. Leonhart Fuchs

unterscheidet den Weißen und den Roten Mangold und weiß zu beiden unterschiedliche medizinische Wirkungen. Der Name Mangold steht möglicherweise in Zusammenhang mit dem althochdeutschen Männernamen Managolt (Vielherrscher, Stärke, Kraft).

Mangold enthält die Carotinoide Beta-Carotin und Lutein sowie größere Mengen an Vitaminen, Mineralien und Ballaststoffen. (Zu Oxalat und Nitrat siehe Spinat.) Man isst sowohl beim Blattmangold als auch beim Stielmangold Stiele (als Stielgemüse) und Blätter (als spinatartiges Gemüse). Blattmangold verträgt sich gut mit Pinienkernen und Rosinen.

Im **Garten** bevorzugt Mangold einen sonnigen bis halbschattigen Platz und einen tiefgründigen, humosen, nährstoffreichen Boden.

Gemüsespargel

Asparagus officinalis und anderes
seltenes Gemüse

*Ich weiß zwar wohl, daß es theoretische und praktische Erzieher gibt, welche
den Zögling nie genug einzuschränken und zu fesseln glauben: Menschen, die
sich vorstellen, man dürfte die menschliche Seele im Erziehungsinstitute treiben,
wie man Spargel im Lohbeete treibt, und die dann auch wirklich nur saft- und
kraftlose, ekelhafte Geschöpfe in die Welt liefern, unfähig sich auf einen Augenblick von ihren auswendig gelernten Regeln zu entfernen, und selbständig zu
denken, Maschinen in jeder Bedeutung des Wortes!*

GEORG FORSTER (1754–1794): ANSICHTEN VOM NIEDERRHEIN

Die Herkunft des Gemüsespar-
gels ist unbekannt, möglicherweise liegt seine Heimat in Vorderasien. Spargel wurde bereits 3000
v. Chr. in der Heilkunde verwendet.
Im alten Ägypten war er Heil-, Nah-
rungs- und Kultpflanze, die – wie Bilder in Grabkammern zeigen – den
Toten mit ins Grab gegeben wurde.
Auch bei Griechen und Römern der
Antike war »asparagos« beziehungsweise »asparagus« geschätzt. Die
Aussagen betreffen aber wahrscheinlich teilweise auch den noch heute in
den Mittelmeerländern wild wachsenden Spitzblättrigen Spargel *(Asparagus acutifolius)* oder eine andere
Wildspargelart. Die Spargelkultur
des Mittelalters war eine arabisch-is-
lamische Angelegenheit: In Ägypten

und Syrien, aber auch in Spanien
baute man Spargel an. Erst im 16.
Jahrhundert wurde die Pflanze in
Mitteleuropa bekannt.

Seit Ende des 18. Jahrhunderts gibt
es die Methode, Spargel in Hügelbee-
ten ohne Lichteinwirkung und damit
weißen Spargel zu ziehen. In neuerer
Zeit schätzt man aber auch wieder
grünen und violetten Spargel, also
Spargel, der unter Lichteinfluss
stand, ehe er geerntet wurde.

Spargel braucht sandigen Boden.
Heute kommt zeitig im Frühjahr
Frühspargel aus Südeuropa in den
Handel. Ab April gibt es dann Spargel aus heimischen Anbaugebieten
wie Schwetzingen, Schrobenhausen,
Niederrhein oder der Gegend von
Hannover. Nach Johanni (24. Juni)
wird traditionell kein Spargel mehr
gestochen, damit die Pflanze sich er-
holen und Nährstoffe aufbauen
kann. In Schrobenhausen (Oberbayern) gibt es das »Europäische Spar-
gelmuseum«.

KAISERLICHES UND
KÖNIGLICHES GEMÜSE

Die Römer schätzten Spargel als
besonderen kulinarischen Genuss und als Luxusspeise, die er
wegen des arbeitsintensiven Anbaus
stets war und bis in die Gegenwart
geblieben ist. Die römischen Autoren
Cato, Columella, Plinius und Palla-
dius machen genaue Angaben zur
Spargelkultur. So schreibt Columella,
dass die aus Samen gezogenen Pflanzen, wenn sie nach 2 Jahren ein gutes
Wurzelgeflecht gebildet haben, ver-
setzt und dann wenigstens 1 Jahr ge-
schont werden sollen, ehe man ern-

Im »Hausbuch der Familie Cerruti« (14. Jahrhundert) heißt es, man solle vorzugsweise diejenigen Spargelstangen ernten, deren Köpfe sich zur Erde neigen.

tet. Cato lässt die aus Samen gezogenen Pflanzen 9–10 Jahre stehen und setzt dann um. Kaiser Augustus soll ein besonderer Spargelliebhaber gewesen sein und sein Zeitgenosse, der Kochbuchautor Apicius, hat verschiedene Spargelrezepte notiert, etwa dieses:

Gib in einen Mörser die abgeschnittenen Teile von Spargeln, die sonst weggeworfen werden, zerstampfe sie, gieße Wein hinzu und passiere es. Zerstoße Pfeffer, Liebstöckel, frischen Koriander, Saturei [Bohnenkraut], Zwiebel, Wein, Liquamen und Öl. Gib den Brei hinüber in eine eingefettete Auflaufform und verrühre, wenn du willst, am Feuer Eier darin, um es zu binden. Streue gemahlenen Pfeffer darauf.

Wieder einmal äußert sich Plinius gesellschaftskritisch wenn er schreibt:

Die Natur hat den wilden Spargel geschaffen, damit ihn jeder überall stechen kann. Siehe da! jetzt sieht man künstlich großgezogenen Spargel, und in Ravenna wiegen drei Stück ein Pfund. O Ungeheuerlichkeit des Bauches!

Leonhart Fuchs berichtet in seinem Kräuterbuch, dass man »Spargen« siede und mit Essig, Salz und Öl zu Salat bereite.

Um den Spargel ranken sich Anekdoten. Einst erschien Karl V., Kaiser des Heiligen Römischen Reiches von 1519 bis 1556, unerwartet am päpstlichen Hof in Rom und brachte seine Gastgeber wegen eines standesgemäßen Banketts in Verlegenheit, denn es war gerade Fastenzeit. Der zuständige Kardinal entschied sich schließlich für 3 verschiedene Spargelgerichte mit 3 verschiedenen Weinen auf 3 unterschiedlich parfümierten Tischtüchern. Der Kaiser soll so angetan gewesen sein, dass er noch lange von dem köstlichen Mahl geschwärmt habe.

In einer anderen Geschichte wird erzählt, dass der Philosoph, Schriftsteller und Vorläufer der Aufklärung, Bernhard de Fontenelle (1657–1757!) eines Tages unangemeldeten Besuch von einem Abbé Terrasson erhielt und sich verpflichtet fühlte, den Geistlichen zum Abendessen einzuladen. Fontenelle befahl also, einen Teil des Spargels mit der vom Abbé geschätzten weißen Sauce zuzubereiten, während er den für ihn selbst bleibenden Rest mit Essig und Öl angemacht haben wollte. Noch ehe es Essenszeit war, ereilte Terrasson ein Schlaganfall und der Spargelnarr Fontenelle eilte schnurstracks in die Küche und rief: »Alle Spargel mit Essig und Öl! Alle Spargel mit Essig und Öl!«

König Ludwig XIV. von Frankreich (1643–1715) war ebenfalls von dem Gemüse begeistert und ließ es in seinen Schlossgärten anbauen. Die Methode, Spargel in angehäufelten Beeten zu ziehen, soll auf den Gärtner Jean de la Quintinie zurückgehen, der auf diese Weise, dem König zu

BOTANISCHER STECKBRIEF

Namen: Korallenkraut, Schwammwurz, Sparsich.
Familie: Liliengewächse (Liliaceae).
Merkmale: Staude (Wurzelstock). Stängel verzweigt. Blattsprosse (Phyllokladien) mit Blattfunktion nadelförmig, zu 3–8; Blätter schuppenförmig, am Grund der nadelförmigen Blattsprosse und der Blüten. Blüten 2-häusig; weiß, weißgelb oder grünweiß; klein, trichterförmig. Früchte rund, rot; (wenig) giftig. Blütezeit: April–Mai. Höhe: 30–100 cm.
Vorkommen: Verwildert zerstreut in Trockenrasen oder auf Sandbänken von Flüssen. Wildformen im Mittelmeergebiet und Osteuropa weit verbreitet. Anbau in den gemäßigten Gebieten in und außerhalb Europas.

Gefallen, die Spargelsaison verlängern wollte. Ludwig XIV. war in vielerlei Hinsicht Vorbild für die Fürsten Europas und deshalb ließ auch der pfälzische Kurfürst Karl Ludwig um 1650 auf seinem Hofgut Schwetzingen Spargel für seine Tafel anbauen. So entstand der berühmte Schwetzinger Spargel, für den die ersten Großkulturen allerdings erst um 1870 angelegt wurden.

Die bürgerlichen Kochbücher des 19. und 20. Jahrhunderts enthalten in der Regel Spargelrezepte, deren Varianten sich allerdings in gekochtem Spargel mit Butter, gekochtem Spargel in weißer Sauce, Spargelsuppe und Spargelsalat erschöpfen. Heutige Spargelverehrer können unter einer Vielzahl von Rezepten wählen, darunter auch verschiedene Nudelrezepte oder pikante Kuchen mit Spargel.

Spargel enthält Fructo-Oligosaccharide, die im Darm das Wachstum guter Lactobazillen fördern. Sie können helfen, krebserregende Stoffe abzubauen und den Cholesterinspiegel im Blut zu senken. Weitere wichtige Inhaltsstoffe sind Flavonoide, Carotinoide, Saponine und Folsäure. Der nach Spargelgenuss auftretende spezifische Geruch des Harns entsteht durch schwefelhaltige Verbindungen, die im Stoffwechsel des Spargelessers entstehen.

Treibt den Harn und reinigt die Niere

Bereits die antiken Ärzte verwendeten Spargel als Heilpflanze, so etwa Hippokrates gegen Hüftweh und Gelbsucht. In China wurde eine

---

Im Hausgarten

Anbau: Im Herbst Graben (25 cm tief, 45 cm breit) ausheben; mit Stallmist, im Frühjahr mit Kompost, insgesamt etwa zur Hälfte, auffüllen. Darauf im Frühjahr Rhizomstücke verteilen und so mit Erde bedecken, dass Knospen 5 cm unter der Erde liegen. Im Herbst Laub abschneiden, im Frühjahr Graben mit Erde schließen. Im Frühjahr des 3. Jahres etwa 50 cm hohen Erddamm aufhäufen und oben und an den Seiten festklopfen. Bei Grünspargel entfällt der Erddamm.
Standort: Sonnig und warm; durchlässiger, tiefgründiger, sandiger Boden.
Pflege: Beete unkrautfrei halten, gießen, düngen. Bei Bleichspargel Dämme nach der Ernte einebnen, im Frühjahr neu anlegen. Nach der Ernte jeweils mit Dünger wie Stallmist versorgen.
Ernte: Ab dem 3. Jahr nach dem Auspflanzen von Mitte April bis 24. Juni. Die Ernte kann viele Jahre fortgeführt werden.

Spargelart schon vor 5000 Jahren gegen Husten, zur Stärkung der Lunge, gegen Hautschwellungen, Geschwüre und heiße, schmerzende Füße eingesetzt.

Der Arzt Anthimus schreibt in seinem Brief an den Frankenkönig Theudrich, dass Spargel sehr gut sei, harntreibend wirke und dass man ihn mit Salz und Öl essen solle. In den nachfolgenden Jahrhunderten war er vergessen und erst in der Medizinschule von Salerno wurde man wieder auf Spargel und seine Heilkräfte aufmerksam, allerdings verwendete man vor allem die Früchte.

Leonhart Fuchs bemerkt über die gesottenen Sprossen, dass sie den Bauch erweichen und den Harn treiben, über den Wurzelabsud, dass er ebenfalls harntreibend sowie gegen Gelbsucht und Hüftweh wirke, zudem die Nieren reinige. Ähnliche Heilkraft billigt er auch den Samen zu.

Der Wurzelstock enthält Asparagin, Arginin, Asparagose, Saponine, Flavonoide, Vitamine und Mineralstoffe. In der Volksmedizin behandelt man Harnverhaltung, Blasen-, Nieren-, Leber- und Milzleiden, Gelbsucht, Rheumatismus, Gicht und Hautunreinheiten mit Tee aus dem Wurzelstock.

Achtung! Bei Ödemen infolge eingeschränkter Herz- oder Nierenfunktion keine Durchspülungstherapie. Spargel kann allergische Reaktionen der Haut hervorrufen (»Spargelkrätze«). Früchte nicht verzehren.

Die Form der Sprosse als Signum

Wegen ihrer Form hat man Spargelsprosse seit alten Zeiten mit dem Penis verglichen und ihnen nach der Signaturlehre eine entsprechende Wirkung unterstellt.

Diese prächtige Artischocke wurde in dem nach historischen Vorbildern im Jahr 2000 angelegten Gemüsegarten des ehemaligen Zisterzienserklosters Michaelstein (Sachsen-Anhalt) fotografiert. Seit 1997 ist Kloster Michaelstein eine öffentlich-rechtliche Stiftung.

Der griechische Geschichtsschreiber Plutarch (50–125 n. Chr.) berichtet, dass Neuvermählte sich mit Spargel bekrönten. Lucius Apuleius (2. Jahrhundert n. Chr.), der Verfasser des berühmten Romans »Der goldene Esel«, soll durch ein Philtrum (Liebestrank) aus Spargel, Krebsschwänzen, Fischlaich, Taubenblut und der Zunge des fabelhaften Vogels Jyop die reiche Pudentilla sich geneigt gemacht haben. Dioskurides hingegen riet zu einem Spargelwurzelamulett und einer Abkochung aus der Wurzel, wenn die Empfängnis verhütet werden sollte.

Auch in Mitteleuropa konnte Spargel seinen Ruf als Aphrodisiakum bewahren. So schreibt etwa Mattioli: »Spargel in der Speis genossen bringt lustige Begier den Männern.« Leonhart Fuchs weiß, dass Wurzel und Samen des Spargels »mehren den Lust zu den weibern.«

Vielleicht hat neben der Form auch die erwähnte harntreibende Wirkung zu diesem Ruf beigetragen. In den Kräuterbüchern des 19. und 20. Jahrhunderts wird entweder Spargel überhaupt nicht erwähnt oder man schweigt zumindest zur aphrodisischen Verwendung. Im Volk allerdings waren allerlei Sprüche in Umlauf und ein Pfarrgarten, in dem Spargel angebaut war, ließ Lästermäuler nicht nur auf kulinarische Genüsse schließen:

Der Spargel ist ein edle Speis,
Er stärkt die Kraft im Mann.
Und weil das der Herr Pfarrer weiß,
Baut er viel Spargel an.

Aigremont berichtet, dass in der Steiermark in Wein zubereiteter Spargelsamen als Fruchtbarkeitsmittel gelte.

Wie der Eingangstext zeigt, galt Spargel wegen seiner bleichen Farbe, der intensiven Pflege und der Bemühung um frühe Ernten bisweilen in der Literatur auch als Sinnbild für frühreife, aber unfreie und kraftlose Menschen.

Artischocke
Cynara scolymus

Staude.
Familie der Köpfchenblüter (Asteraceae).
Stängel aufrecht. Blätter groß, dornenlos oder nur schwach dornig, 1–2fach fiederteilig; unterseits graufilzig behaart, oberseits hellgrün und kahl. Blütenköpfe bis 5 cm breit; Blütenboden fleischig, von eiförmigem Hüllkelch aus dachziegelartig angeordneten Hüllkelchblättern umgeben; Einzelblüten blauviolett. Blütezeit: Juli–August. Höhe: bis 2 m.

Die Artischocke soll aus Nordafrika stammen, wo noch heute eine wilde Artischockenart wächst und gegessen wird. In altägyptischen Darstellungen sieht man (wilde) Artischocken, und Griechen und Römer schätzten die Pflanzen als Arznei und als Delikatesse. Apicius schlägt verschiedene Zubereitungsarten für die inzwischen in Kulturform vorliegende Artischocke vor: 1. mit Liquamen, Öl und gehackten Eiern; 2. mit Raute, Minze, Koriander, Fenchel, Pfeffer, Liebstöckel, Honig, Liquamen und Öl; 3. mit Pfeffer, Kümmel, Liquamen und Öl. Für Plinius ist sie offenbar Symbol für verachtenswerte

Schlemmerei, denn er schreibt, dass er über »cardui« nur mit Scham sprechen könne:

Es ist nämlich gewiss, dass bei Großkarthago und besonders bei Corduba die aus kleinen Feldern gezogenen Disteln 6000 Sesterzen abwerfen; denn wir verwenden auch Abenteuerliches aus den Ländern zu unserer Schlemmerei und pflanzen sogar, was alle Vierfüßer meiden. ... Man macht sie auch in Essig ein, worin man Honig aufgelöst hat, und fügt Laserwurzel [vgl. S. 46] und Kümmel hinzu, damit nur ja kein Tag ohne eine Artischocke vergeht.

Das »Lorscher Arzneibuch« erwähnt die Artischocke, aber dann scheint sie aus Mitteleuropa verschwunden zu sein. Mit den Arabern gelangte die Pflanze im frühen Mittelalter nach Spanien. Dort wurde aus dem spanisch-arabischen Namen »al-harsufa« das altspanische »alcarchofa«, das man in Italien zu »articiocco« machte, woraus das deutsche Wort entlehnt wurde. Im 15./16. Jahrhundert gelangte die Artischocke nämlich erneut, wahrscheinlich aus Italien, nach Mitteleuropa, war dort jedoch selten und kostbar und somit den Adeligen und Reichen vorbehalten. Sie soll zu den Lieblingsspeisen Heinrichs VIII. von England gehört haben. Noch heute spielen Artischocken in der mitteleuropäischen Küche eine untergeordnete Rolle.

Man kocht die Blütenköpfe in Salzwasser und isst die Blütenböden sowie die fleischigen Basen der inneren Hüllblätter. Sie enthalten Fructo-

In mildem Klima lassen sich auch in Mitteleuropa im Freiland Auberginen für schmackhaftes Gemüse ziehen.

Oligosaccharide, die das Wachstum von günstigen Darmbakterien fördern und cholesterinsenkend wirken können, zudem Bitterstoffe.

Erst Mitte des 20. Jahrhunderts begann man mit der wissenschaftlichen Erforschung der Inhaltsstoffe für eine arzneiliche Verwendung. Die getrockneten Blätter enthalten Flavonoide und Bitterstoffe, darunter das stark bitter schmeckende Cynaropikrin. Zubereitungen aus den Blättern werden in der Phytotherapie bei Verdauungsstörungen, die in Zusammenhang mit Leber-Galle-Störungen stehen, eingesetzt. Hoch dosierte und standardisierte Extrakte verwendet man zur Senkung der Blutfettwerte und des Cholesterinspiegels.

Achtung! Bei Korbblüterallergie, bei Gallensteinen oder Verschluss der Gallenweg keine Artischockenpräparate verwenden.

Im **Garten** wächst die Artischocke am besten an einem warmen und sonnigen Platz mit nährstoffreicher Erde. Es gibt für den Anbau in Deutschland geeignete Sorten der Wärme liebenden Pflanze. Hier legt man in der Regel Artischocken als 1-jährige Kultur aus Samen an.

Aubergine
Solanum melongena

Staude (meist 1-jährig kultiviert). Familie der Nachtschattengewächse (Solanaceae).
Stängel aufrecht, verzweigt, etwas stachelig. Blätter groß, oval, samtig behaart. Blüten violett, gelbe Staubgefäße. Beeren dunkelviolett, länglich; ei-, birnen- oder wurstförmig. Blütezeit: Mai–September. Höhe: 50–100 cm.

Die wegen ihrer ursprünglich runden, weißgelblichen Früchte auch Eierfrucht genannte Aubergine stammt aus dem tropischen Indien und wurde schon seit etwa 500 v. Chr. in China kultiviert. Die Araber, die sie »al-badingan« nannten, woraus das katalanische »alberginia« wurde, brachten die Pflanze im Lauf des Mittelalters – möglicherweise bereits im Frühmittelalter – nach Europa und kultivierten sie im maurischen Spanien. Der arabische Gelehrte und Arzt Ibn El Beithar erwähnt sie im 13. Jahrhundert. Nach Italien und von dort nach Mitteleuropa kam die Pflanze erst im Hoch- bis Spätmittelalter. Die bittere Frucht, die, abgeleitet vom italienischen Namen »melanzana«, auch

Nicht nur manche Nutzpflanzen wie etwa die Aubergine verdanken wir den Arabern, sondern eine Fülle an Überlieferungen und Neuerungen auf technischem, medizinischem und kulturellem Gebiet. Illustration zur Geschichte »Albondokani« aus der Märchensammlung »Tausendundeine Nacht«.

wirkt. Neben weiteren gesundheitsfördernden Stoffen wie Carotinoiden, den Vitaminen B1, B2, Nicotinamid und Vitamin C sind wie in anderen Nachtschattengewächsen auch in Auberginen in sehr kleinen Mengen Glykoalkaloide enthalten, die in großen Mengen schädlich sind.

In den arabischen Ländern sowie rund ums Mittelmeer, insbesondere auch in Süditalien und Sizilien, spielen Auberginen in der Küche eine große Rolle. Auch hier zu Lande schätzt man zunehmend die Früchte, etwa in Scheiben gebraten, in Aufläufen wie der griechischen Moussaka und Eintöpfen wie beispielsweise dem französischen Klassiker Ratatouille.

Im **Garten** lässt sich die Aubergine nur in mildem Klima kultivieren. Sie braucht einen vollsonnigen und geschützten Platz sowie lockeren und humusreichen Boden.

Melanzan genannt wurde, hat man verdächtigt, Fieber und epileptische Anfälle hervorzurufen, sodass man sie zunächst meist nur als Dekoration verwendete.

Leonhard Fuchs schreibt über die Melanzan: dass sie auch »Mala insana« (ungesunde Äpfel) oder »Poma amoris« (Liebesäpfel) genannt würde, dass es sie mit braunen oder mit weißlichen oder gelblichen Früchten gebe, dass sie ein fremdländisches Gewächs sei, das in Gärten oder Töpfen gezogen werden muss. Über die Verwendung äußert er sich so:

Die Melanzan / so vil vn mir bewüßt / haben noch keinen brauch in der artzney. Doch isset man die öpffel an ettlichen orten mit öl / saltz vnd pfeffer / wie die Pfiffer-

ling. Die andern lassens ein wenig bey dem fewr sieden / vn machen darnach runde blettlin darauß / die brauchen sie zu dem essen / mit essig / öl vn pfeffer vermischt. Etlich machens jn mit saltzbrüe wie andere frücht / vn setzens zu dem essen auff / wie rot Rüben vnnd dergleichen. Aber sölche speiß lieben allein den schleckmeülern / die nit hoch achten wie gesund ein ding sey / wann es nur wol schmeckt. Die andern so der gesundtheyt wöllen pflegen / sollen sich vor dieser frucht hüten / dann sie vngesundt vnd hertdewig ist.

Auberginen enthalten Flavonoide, in der glänzend violetten Haut das Flavonoid Nasuin, das antioxidativ

Auch wenn Leonhart Fuchs nicht viel von der Aubergine als Gemüsepflanze hielt, findet man in seinem Kräuterbuch (1543) diese schöne Darstellung der Pflanze.

Süßkirsche

Prunus avium und anderes Steinobst

Zweifelhaft ist die immer wieder zu lesende und auf eine Aussage des Plinius gegründete Behauptung, der römische Feldherr Lucius Licinus Lucullus (117–57 v. Chr.), der als Feinschmecker noch heute die Verantwortung für »lukullische Genüsse« trägt, habe die Süßkirsche aus seiner Heimat Kleinasien nach Rom gebracht. Schon im 4. Jahrhundert v. Chr. wurden in Kleinasien Süßkirschen kultiviert und so verwundert es nicht, dass auch die Griechen die Süßkirsche kannten. Sie nannten den Kirschbaum »kerasia«, die Frucht »kerasion«. Man nimmt an, dass die Bezeichnungen aus einer nichtindoeuropäischen Sprache aus dem kleinasiatischen Raum zusammen mit dem Baum importiert wurden. Das deutsche Wort ist vom lateinischen »cerasium« (Kirsche) und »cerasus« Kirschbaum abgeleitet. Es erscheint im Althochdeutschen als »kirs(a)«, im Mittelhochdeutschen als »kirs(ch)e«.

Theophrast beschreibt den Süßkirschbaum, und sein Zeitgenosse Diphilos von Siphnos unterscheidet bereits verschiedene Kirschen. Die Sauerkirsche *(Prunus cerasus),* die wild in Kleinasien und im Kaukasus vorkommt, soll erst 64. v. Chr. nach Italien eingeführt worden und im Frühmittelalter nach Mitteleuropa gelangt sein. Ihr Name »Weichsel«, althochdeutsch »wihsila«, ist verwandt mit dem lateinischen »viscum« (Mistel), da man aus dem Baumharz ähnlich wie aus den Mistelbeeren Vogelleim gewonnen hat.

Das »Capitulare« verlangt »cerasios diversi generis«, also Kirschbäume verschiedener Art, anzubauen, wobei unsicher ist, ob damit auch

Kirschkerne fand man in Mitteleuropa bei Kempen am Niederrhein in Ablagerungen aus der mittleren Steinzeit, bei Stuttgart in Schichten aus der Jungsteinzeit sowie in den jungstein- und bronzezeitlichen Pfahlbau-Siedlungen des Voralpenlandes. Es handelte sich jeweils um Samen der Vogelkirsche *Prunus avium* ssp. *avium.* Dagegen stammen die in einigen römischen Siedlungen nördlich der Alpen gefundenen Samen aus Süßkirschen. Besonderes Interesse verdienen die Kerne aus den Gräbern von Oberflacht/Rottweil, legen sie doch nahe, dass die Alemannen und möglicherweise auch andere germanische Stämme die Vogelkirsche bereits in Kultur genommen haben.

Sauerkirschen gemeint waren. Der »St. Gallener Klosterplan« führt den Kirschbaum ebenfalls auf. Wahrscheinlich bedeutet »cerasus« bei Hildegard von Bingen ebenfalls die Süßkirsche, während Albertus Magnus deutlich zwischen Süßkirsche (»cerasus«) und Sauerkirsche (»amarena«) unterscheidet. Zuvor war schon in einer Handschrift des 12. Jahrhunderts die Sauerkirsche als »amarellus wichselboum« erwähnt.

Zweifache Freude bringt ein Süßkirschenbaum im Garten: den Anblick der Blüten im Frühjahr und den Genuss der Früchte im Frühsommer. Aquarell in Ludwig Kleins »Nutzpflanzen der Landwirtschaft und des Gartenbaues« (1909).

»Rote Kirschen ess ich gern, schwarze noch viel lieber…«

Offenbar hat sich die Süßkirsche in Mitteleuropa zunehmender Beliebtheit erfreut. So fand man in Fundkomplexen des hohen und späten Mittelalters häufig und in immer größeren Mengen Steine der Süßkirsche. Beispielsweise stellte man bei Ausgrabungen in der etwa zwischen 1000 und 1200 bestehenden Niederungsburg Haus Meer bei Neuss am Rhein 2 verschiedene Süßkirschensorten fest. Auch spätmittelalterliche Funde aus Neuss enthalten Süßkirschensteine, und zwar bereits deutlich größere als in Haus Meer, sodass von entsprechender züchterischer Tätigkeit auszugehen ist. Heute unterscheidet man die Unterarten Herzkirsche (ssp. *juliana*) mit rotem oder schwarzem weichem Fruchtfleisch und Knorpelkirsche (ssp. *duracina*) mit festem gelbem oder rotem Fruchtfleisch. Zu beiden Unterarten gibt es viele Sorten.

Bei der Begründung und Fortentwicklung des Kirschenanbaus haben sich vielfach die Klöster hervorgetan.

Dies gilt beispielsweise auch für das Anbaugebiet »Forchheim-Fränkische Schweiz«, welches das größte zusammenhängende Süßkirschenanbaugebiet Deutschlands und zugleich eines der größten geschlossenen Anbaugebiete der Europäischen Union ist. Der Süßkirschenanbau in dieser Gegend, die sich durch warme, durchlässige Böden auszeichnet, geht auf das Benediktinerkloster Weißenohe bei Gräfenberg zurück und ist bereits im 11. Jahrhundert erstmals urkundlich erwähnt. Von Mönchen, Lehrern und Pfarrern wurden Anbau und züchterische Bemühungen über die Jahrhunderte fortgeführt.

Später war der Anbau der Süßkirsche für die vielen Kleinlandwirte eine willkommene, wenn auch aufwändige zusätzliche Einnahmequelle. In den Obstgärten gab es Unterkultur mit allen Feldfrüchten, sogar mit Getreide. Wegen der Schwierigkeiten und Gefahren bei der Ernte von Hochstämmen – es gab alljährlich schwere Unfälle – dominieren heute Niedrigstämme. Kirschen sind wegen der frühen Blütezeit durch Frost und während der Ernte im Juni durch Regen gefährdet. Deshalb dient der Anbau verschiedener Sorten auch einer Risikoverteilung für den einzelnen Obstbauern.

Der Landkreis Forchheim unterhält 10 ha Versuchsanlagen, in denen zur Anbautechnik geforscht wird und in denen 220 Sorten kultiviert werden, darunter neue internationale, aber auch alte. Von den 15 für den Marktanbau kultivierten Sorten sind 4–5 besonders wichtig. Großfrüchtige Sorten sind meist für den Frischmarkt bestimmt, Verwertungskirschen, insbesondere auch Schwarzkirschen, für Marmelade, Gelee, Kompott und Ähnliches, und dann gibt es noch Sorten, aus denen das fränkische Kirschwasser hergestellt wird.

Wichtige Sauerkirschanbaugebiete sind Rheinhessen und das Gebiet um Koblenz. Auch dort besteht jeweils eine jahrhundertealte Obstanbautradition.

Kirschen waren wegen ihres süßen, fruchtigen und aromatischen Geschmacks von jeher als Nascherei und Speise beliebt, wie der alte Kinderreim zeigt:

Rote Kirschen ess ich gern,
Schwarze noch viel lieber.
In die Schule geh ich gern,
Alle Tage wieder.

Bereits im ausgehenden Mittelalter gibt es Rezepte für Kirschsuppen wie etwa im Kochbuch von Frantz von Routzier (1598), für Kirschsaucen und -kompott oder für getrocknetes und in Würfel geschnittenes Fruchtmus. Auch Anna Wecker hat im zweiten Teil ihres Kochbuchs, in dem es vornehmlich um Obstspeisen geht, mehrere Süß- und Sauerkirschenrezepte aufgeschrieben. In den bürgerlichen Kochbüchern des 19. und 20. Jahrhunderts spielen die Früchte eine größere Rolle als in aktuellen Kochbüchern.

STEINE, STIELE, HARZ, BLÄTTER UND FRUCHTFLEISCH

Hildegard von Bingen hält nicht viel von der Frucht, die nur dem Gesunden nicht schade, dem Kranken jedoch bei zu ausgiebigem Genuss Schmerz bereite. Die Steine jedoch, zerquetscht und mit Bärenfett zu seiner Salbe verarbeitet, lobt die Äbtissin als heilsam gegen lepraartige Geschwüre. Gegen Bauchschmerzen empfiehlt sie, oft rohe Kirschkerne zu essen – ein Tipp, der im Hinblick auf die in den Samen enthaltenen Blausäureglykoside als nicht ganz ungefährlich erscheint, und so warnt auch Emma Zimmerer im »Kräutersegen« (1896): »Doch hüte man sich, die Kerne zu verschlucken, da das Verschlucken derselben tödlich werden kann.«

Das aus der Rinde fließende Harz verwendet Hildegard gegen Augen- und Ohrenleiden, Leonhart Fuchs empfiehlt es unter anderem gegen Husten und Appetitlosigkeit. Ein Absud aus den Fruchtstielen schätzt man in der Volksmedizin als Mittel gegen starken Husten. Kirschenwein und Kirschengeist gelten als kräftigend und wohltuend, auch für den Magen. In ähnlicher Weise hat man Sauerkirschen verwendet. Der Weichselsaft ist beliebt als kühlendes Getränk bei hitzigen Fiebern.

Frische Kirschen enthalten verschiedene Flavonoide, darunter beachtliche Mengen des zu den Polyphenolen gehörenden bioaktiven Pflanzenstoffs Anthocyanidin, der oxidations- und entzündungshemmend wirkt und möglicherweise die Herzkranzgefäße schützt. Dazu passt, dass Kirschsaft seit langem in der Volksmedizin als herzstärkend gilt.

BOTANISCHER STECKBRIEF

Namen: Kirschbaum, Vogelkirsche.
Familie: Rosengewächse (Rosaceae).
Merkmale: Baum. Borke glänzend, rotbraun, in horizontalen Streifen sich ablösend. Blätter dünn, etwas runzelig, eiförmig, zugespitzt, am Rand grob gesägt; am Blattstiel unterhalb der Spreite 1 oder 2 Drüsen. Blütenknospen ohne Laubblätter; Blüten in Büscheln, weiß, lang gestielt, vor den Blättern erscheinend. Früchte gelblich, hell- bis schwarzrot; kugelig; Stein mit glatter Schale. Blütezeit: April–Mai. Höhe: 15–25 m.
Vorkommen: Europäische Länder mit hoher Süßkirschenproduktion sind Italien und die Bundesrepublik Deutschland. Wildform ssp. *avium* mit sehr kleinen, dünnfleischigen Früchten zerstreut in Laubwäldern und Gebüschen; in ganz Europa und im westlichen Asien.
Verwandte Art: Sauerkirsche *(Prunus cerasus)*, auch Amarelle, Morelle oder Weichsel genannt, hat einen beblätterten Blütenstand, die Drüsen am Blattstiel können fehlen.
Wissenswertes: Die Samen von *Prunus*-Arten enthalten in unterschiedlicher Konzentration cyanogene Glykoside, aus denen im Verdauungstrakt giftige Blausäure abgespalten wird.

Der Brauch, am Barbaratag (4. Dezember) Kirschzweige zu schneiden und aus ihrem Aufblühen zu Weihnachten auf ein gutes neues Jahr zu schließen, geht bis ins Mittelalter zurück. Zeichnung der heiligen Barbara mit ihren Attributen Kelch, Schwert und Turm.

Achtung! Samen von Kirschen wie von anderen *Prunus*-Arten nicht verzehren.

Das gelbrötliche, kurzfaserige, harte und schwere Holz ist ein beliebtes Möbelholz.

BAUM MIT WEISSAGENDER UND ERLÖSENDER KRAFT

Bis in die Gegenwart ist es Brauch, am 4. Dezember, dem Tag der heiligen Barbara, Kirschzweige zu schneiden und in einer Vase im Zimmer aufzustellen. Erblühen sie zur Weihnachszeit, gilt dies als allgemein gutes Vorzeichen fürs kommende Jahr, als Vorbote guter Ernten oder einer Hochzeit. In Schlesien gaben die Mädchen jeweils einem der Zweige den Namen eines möglichen Heiratskandidaten. Wessen Zweig am schönsten erblühte, galt als künftiger Ehemann.

Blüht ein Kirschbaum in einem Jahr zweimal, so ist dies ein schlechtes Vorzeichen und bedeutet Krieg oder Tod.

Wie auf verschiedene andere Bäume wurden auch auf Kirschbäume Krankheiten übertragen. Insbesondere in der Magdeburger Gegend soll es üblich gewesen sein, kranke Kinder durch gespaltene Kirschbäume zu ziehen.

Die Redensart, mit jemandem sei »nicht gut Kirschen essen«, soll darauf zurückgehen, dass Witigi I. 1265 den Markgrafen Friedrich von Meißen mit vergifteten Kirschen ermordete. In einer Sage über Burg Raueneck (Unterfranken) ist der Kirschbaum mit dem Motiv des Erlösers in der Wiege verbunden. In der Burgruine ist ein Schatz vergraben, der von einem auf Erlösung hoffenden Geist bewacht wird:

Auf der Mauer steht ein Kirschbäumchen; das wird einst ein Baum werden, und der Baum wird abgehauen, und daraus wird eine Wiege gemacht. Wer nun in dieser Wiege als ein Sonntagskind geschaukelt wird, wird erwachsen – aber nur, wenn er rein und jungfräulich geblieben ist – in einer Mittagsstunde den Geist befreien und den Schatz heben und über alle Maßen reich werden, sodass er die Burg Raueneck und alle zerstörten Burgen in der Nähe wieder aufbauen kann. Wenn das Bäumchen verdorrt oder ein Sturm es bricht, dann muss der Geist wieder harren, bis abermals ein durch einen Vogel auf die hohe Mauer getragener Kirschkern aufkeimt und aufgrünt und vielleicht zum Baum wird.

In der christlichen Malerei kann der Kirschbaum den Paradiesbaum darstellen, wie beispielsweise im »Paradiesgärtlein« des rheinischen Meisters. In Zusammenhang mit Maria haben Kirschbaum und Kirschen auch die Bedeutung: Die Gottesmutter macht als zweite, sündenlose Eva die Sünde zunichte.

IM HAUSGARTEN

Pflanzung: Siehe unter Apfelbaum (S. 180).
Standort: Sonnig, möglichst windgeschützt; in jedem guten Gartenboden.
Pflege: Baumschnitt (von Fachleuten oder mit fachkundiger Anleitung).
Ernte: Je nach Sorte Ende Mai bis Ende Juli.
Wissenswertes: Sorten mit hellroten, dunkelroten bis schwarzen und gelben Früchten. Selbstfruchtende Sorten brauchen nicht mit sortenfremdem Pollen bestäubt werden. Manche Sorten platzen bei Regen nicht so leicht auf.

»Die Kirschenmadonna« (1516/18) von Tizian. Links der heilige Josef, rechts der Johannesknabe und der heilige Zacharias. Öl von Leinwand auf Holz übertragen.

Zwetschgen gedeihen auch in kälteren Lagen.

Pflaume
Prunus domestica

Baum.
Familie der Rosengewächse (Rosaceae).
Äste selten dornig; Zweige samtig behaart. Blätter eiförmig bis elliptisch, spitz zulaufend, am Rand gesägt, auf der Unterseite behaart. Blüten meist zu 2 in der Knospe, weiß, Blütenstiel flaumig behaart. Steinfrüchte länglich bis fast rund, hängend, blau bereift, mit spitzem Stein. Blütezeit: April–Mai. Höhe: 3–15 m.
Zwetschge *(Prunus domestica* ssp. *domestica)*: Zweige kahl; Blüten grünlichweiß; Frucht eiförmig, mit deutlicher Furche. Von der Kriechenpflaume oder Haferschlehe *(Prunus domestica* ssp. *insititia)* sind die Reineclaude (f. *italica*) und die Mirabelle (f. *syriaca*) abgeleitet. Die Pflaume sowie ihre Unterarten und Formen kommen bisweilen auch verwildert vor.

Die Pflaume ist wahrscheinlich als Bastard von Kirschpflaume *(Prunus cerasifera)* und Schlehe *(Pru-* *nus spinosa)* in Kleinasien entstanden, bereits früh nach Mitteleuropa gelangt und dort kultiviert worden, wie Funde von Pflaumensteinen aus jungsteinzeitlichen und bronzezeitlichen Pfahlbausiedlungen nahe legen. Auch aus der vorrömischen Eisenzeit und der römischen Kaiserzeit hat man Pflaumenkerne gefunden. Für die Zwetschge stammen die frühesten mitteleuropäischen Nachweise aus der römischen Kaiserzeit. Pflaume und Zwetschge wurden ab dem Hochmittelalter überall in Mitteleuropa kultiviert.

Der Name Pflaume ist aus dem lateinischen »prunum« entlehnt, Zwetschge oder Zwetsche – seit dem 15. Jahrhundert bezeugt – aus dem italienischen »davascena« (ursprünglich »damascena«) zur Kennzeichnung der orientalischen Herkunft entstanden.

Die Römer kannten verschiedene Sorten der Pflaume und auch die Zwetschge. Das »Capitulare« verlangt verschiedene Arten von Pflaumenbäumen (»prunarios diversi generis«), »prunarius« steht auch im »St. Gallener Klosterplan«. Hildegard von Bingen führt unter »prunibaum« auf: Rosspflaume, Gartenschlehe, Krieche und wilde Pflaume, Albertus Magnus unterscheidet Schlehe, Zwetschge, verschiedene Pflaumen und die Kriechpflaume. Konrad von Megenberg nennt unter der Überschrift »Kriechpaum« verschiedene Pflaumen mit roten, grünen, gelben, großen und kleinen Früchten.

Für Pflaumenkompott als Dessert gibt es schon im Spätmittelalter Rezepte. Anna Wecker bringt ein Rezept für »Zwetschgenbrey«. Als Kuchenfüllung und -belag, Marmelade und Mus, in Strudeln und Knödeln spielen Pflaumen und Zwetschgen eine große Rolle in den Kochbüchern des 19. und 20. Jahrhunderts und der Gegenwart.

Hildegard von Bingen gibt für Rinde, Blätter und Saft des Baumes allerlei Heilwirkungen an, warnt jedoch Gesunde und Kranke davor, die Frucht zu essen. Dagegen hat die verdauungsfördernde und den Stuhlgang erweichende Wirkung der Früchte, auf die in verschiedenen Va-

rianten über die Zeiten hingewiesen wurde, schon der römische Dichter Martial gelobt:

Pflaumen nimm für des Alters morsche Last,
denn sie pflegen zu lösen den hart gespannten Bauch.

Zwetschgenwasser, ein alkoholisches Destillat aus den Früchten, wirkt erwärmend und verdauungsanregend.

Pflaumen enthalten die mit einem verringerten Darmkrebsrisiko in Verbindung gebrachten Hydroxyzimtsäuren, zudem andere Polyphenole, viel Eisen und Kalium. Insbesondere Trockenfrüchte haben einen hohen Ballaststoffanteil.

Ein lyrisches Denkmal hat Bertolt Brecht (1898–1956) dem Pflaumenbaum in dem Gedicht »Erinnerung an die Maria A.« gesetzt. Der erste Vers lautet:

An jenem Tag im blauen Mond September
Still unter einem jungen Pflaumenbaum
Da hielt ich sie, die stille bleiche Liebe
In meinem Arm wie einen holden Traum.
Und über uns im schönen Sommerhimmel
War eine Wolke, die ich lange sah
Sie war sehr weiß und ungeheuer oben
Und als ich aufsah, war sie nimmer da.

Im **Garten** kommen Pflaumen und Zwetschgen mit jedem guten Gartenboden zurecht. Die Sorte 'Haus-

zwetschge' und lokal daraus hervorgegangene Typen gedeihen auch noch in raueren Lagen.

Aprikose
Prunus armeniaca

Baum.
Familie der Rosengewächse (Rosaceae).
Blätter breit-eiförmig, am Grund herzförmig, 2–3fach gesägt, vor den Blüten erscheinend, Blattstiel meist mit 2 Drüsen. Blüten innen weiß, außen rötlich, kurz gestielt. Steinfrucht kugelig, orangegelb. Blütezeit: April. Höhe: 3–10 m.

Die Aprikose stammt aus Mittel- und Ostasien. In China soll sie seit über 4000 Jahren kultiviert werden. Auch in den Hängenden Gärten von Babylon wuchsen Aprikosenbäume, und die Sage berichtet, dass Alexander der Große sie nach Griechenland gebracht habe. Dioskurides unterscheidet »persische Äpfel« (Pfirsich) und die kleineren »armenischen Äpfel«. Wegen der frühen Blüte- und Fruchtzeit hießen die Aprikosen bei den Römern »mala praecocia« (frühreife Äpfel). Die Araber machen »al barqûq« daraus, was im Italienischen zu »albicocco«, im Spanischen zu »albaricoque«, im Französischen zu »abricot« und schließlich im Deutschen zu Aprikose wurde.

Die frühesten archäologischen Funde für Mitteleuropa stammen aus der römischen Kaiserzeit. Zu den »persicarios diversi generis« (verschiedenen Arten von Pfirsichbäumen) des »Capitulare« gehörte mög-

licherweise auch bereits die Aprikose. Sie fehlt bei Hildegard von Bingen, Albertus Magnus bezeichnet sie als »prunum armenum«. Die Botaniker des 16. Jahrhunderts drücken die frühe Reifezeit – ab Johanni (24. Juni) – mit dem Namen »St. Johanns Persing« aus. Auch Marille ist seit dem 16. Jahrhundert – gegenwärtig noch in Österreich – gebräuchlich.

Aprikosen enthalten beachtliche Mengen an Beta-Carotin, Folsäure, Niacin, Pantothensäure sowie Mineralstoffen wie Kalium und Magnesium. Sie wirken adstringierend, regen Appetit und Verdauung an. Beliebt sind auch getrocknete Aprikosen. Die entbitterten, das heißt vom Blausäureglykosid Amygdalin befreiten Samen werden in der Süßwarenindustrie zu Persipan als Marzipanersatz verarbeitet.

In Mitteleuropa gedeihen Aprikosen am ehesten in Weinbauklima, sonst nur in sehr warmen, geschützten Lagen, etwa an der Hauswand.

In China ist die Aprikose Sinnbild des weiblichen Geschlechts und im englischen Volksglauben bedeuten Träume von Aprikosen Glück und Gesundheit.

Im **Garten** gedeihen Aprikosen am ehesten in Weinbauklima, sonst nur in sehr warmen, geschützten Lagen (Hauswand). Bevorzugt werden leichtere und nicht zu kalte Lehmböden.

Pfirsich
Prunus persica

Baum.
Familie der Rosengewächse (Rosaceae).
Blätter länglich-lanzettlich, gesägt, vor den Blüten erscheinend, Blattstiel ohne Drüsen. Blüten rosa oder hellrot, meist einzeln oder zu 2 an 1-jährigen Zweigen. Steinfrucht samtartig behaart, rund. Blütezeit: April. Höhe: 2–10 m.

Der Pfirsich stammt wahrscheinlich aus China, von wo er über Persien nach Europa gelangte. Im alten Griechenland war er zunächst nicht bekannt, erst als sich das römische Kaiserreich bis nach Kleinasien und Persien erstreckte, machten die Römer Bekanntschaft mit dem Pfirsichbaum. Die frühesten bisher bekannten Funde für Mitteleuropa stammen aus der römischen Kaiserzeit. Das »Capitulare« verlangt den Anbau verschiedener Pfirsichbäume. Im »St. Gallener Klosterplan« und bei Konrad von Megenberg erscheint »persicus«, Hildegard und Leonhart

Fuchs schreiben vom »persichbaum«. Bereits Hieronymus Bock unterscheidet 3 Sorten: »gemein weisz saftig«, »gantz gäl« und »gantz blütroth«.

Hildegard von Bingen verwendet die Rinde gegen Ausschlag, die Blätter für einen wohlriechenden Atem und gegen Würmer, die Steine gegen Gicht, das Baumharz gegen Brustleiden, Kopfweh und Triefaugen, hält jedoch die Frucht als Nahrungsmittel für unbekömmlich. Konrad von Megenberg und Leonhart Fuchs warnen dagegen lediglich davor, Pfirsiche nach anderer Nahrung zu essen, und raten, sie lieber längere Zeit vor einer Mahlzeit zu sich zu nehmen.

Anna Wecker schreibt in ihrem Kochbuch, dass in den Apfel- und Birnenrezepten die Früchte auch durch Pfirsiche ersetzt werden könnten, zusätzlich bringt sie ein Rezept für »Gefüllte Pfersing«. Die klassische Nachspeise »Pfirsich Melba« wurde 1892 von dem berühmten französischen Küchenmeister Georges August Escoffier (1846–1935) zu Ehren der Sängerin Nellie Melba kreiert.

Pfirsiche enthalten viel Beta-Carotin und sind reich an Mineralstoffen wie Kalium.

Zeichen der Zuneigung und Symbol der Unsterblichkeit ist der Pfirsich in China. In der deutschen Literatur und Malerei sind mit ihm manchmal erotische Anspielungen verbunden. So heißt es etwa in einer Strophe von Gottfried August Bürgers Gedicht »Die beiden Liebenden«:

Selinde schenkt mir Nektar ein,
Erst aber muss sie selber nippen.
Hierauf kredenzet sie den Wein,

Die Zeichnung Grandvilles zeigt eindrücklich, dass der aus dem Süden stammende Pfirsichbaum in nördlicheren Gegenden in den Frühjahrsfrösten oft leiden muss.

Mit ihren süßen Purpurlippen.
Der Pfirsich, dessen zarten Flaum
Ihr reiner Perlenzahn verwundet,
Wie lüstern macht er Zung' und
Gaum!
Wie süß mir dieser Pfirsich
mundet!

Im **Garten** brauchen Pfirsichbäume einen sonnigen, warmen Platz und einen nicht zu trockenen Boden. Es gibt viele verschiedene Sorten wie samtig behaarte Pelzpfirsiche und glattschalige gelbe Nektarinen (*Prunus persica* var. *nucipersica*).

Apfelbaum

Malus domestica und anderes Kernobst

*Sneewittchen sah den schönen Apfel an, und als es sah,
dass die Bäuerin davon aß, so konnte es nicht länger widerstehen,
streckte die Hand hinaus und nahm die giftige Hälfte.
Kaum aber hatte es einen Bissen davon im Mund, so fiel es tot zur Erde nieder.*

KINDER- UND HAUSMÄRCHEN DER BRÜDER GRIMM: SNEEWITTCHEN

Der Apfel gehört zu den ältesten Wildobst- und zugleich zu den ältesten Kulturobstarten. Die Apfelkultur entstand vor mindestens 5000 Jahren in Vorderasien und gelangte um 1000 v. Chr. nach Griechenland, von dort nach Italien und in der spätrömischen Kaiserzeit nach Mitteleuropa. Das Wort Apfel – germanisch »apli«, althochdeutsch »apful«, keltisch »ubull« geht auf eine sehr frühe Benennung zurück und ist möglicherweise nichtindoeuropäischer Herkunft. Der Wilde Apfelbaum hieß auch Affolter; bei Hildegard erscheint er als »affaldra«.

APFELSORTEN

Die Römer kultivierten bereits Dutzende von Apfelsorten, das »Capitulare« verlangt den Anbau verschiedener Apfelbäume (»pomarios diversi generis«), Albertus Magnus schreibt von verschiedenen Apfelsorten mit unterschiedlichem Geschmack und unterschiedlicher Größe. Im Lauf des Mittelalters und der darauf folgenden Jahrhunderte kamen immer neue Sorten dazu, sodass im 18. und 19. Jahrhundert Tausende verschiedener Apfel- und Birnensorten verbreitet waren und die Sortenvielfalt kaum mehr überschaut werden konnte.

Damals begannen Bemühungen um eine Systematisierung und Beschreibung von Sorten.

So entstand etwa die Bilddokumentation des »Apfelpfarrers« Korbinian Aigner (1885–1966) mit von ihm gefertigten farbigen Zeichnungen von Äpfeln und Birnen. Vorlagen waren Sorten, die er selbst anbaute oder die er sich aus dem gesamten deutschsprachigen Raum zuschicken ließ. Insgesamt hat Aigner etwa 1000 Sorten im Bild dargestellt. Die zu seinen Ehren »Korbiniansapfel« benannte Sorte ist im Konzentrationslager Dachau entstanden. Der Pfarrer war dort inhaftiert, weil er aus seiner entschiedenen Ablehnung des Nationalsozialismus keinen Hehl gemacht hatte. Den Apfel hatte Aigner selbst als KZ-3 bezeichnet und ihn zusammen mit 3 anderen im KZ entstandenen Züchtungen aus dem Lager geschmuggelt. Seine wertvolle Sammlung hat Korbinian Aigner, der sich nach dem Krieg neben seiner seelsorgerischen Tätigkeit weiterhin der Apfelkunde widmete, dem Lehrstuhl für Obstbau in Weihenstephan (Technische Universität München) vermacht.

Um die Sorten besonders echt darzustellen, betrieb man vom 18. bis ins 20. Jahrhundert in vielen Ländern Europas und in Amerika die Herstellung pomologischer Modelle für wissenschaftliche Zwecke. Im Naturkundemuseum Bamberg gibt es eine seltene Sammlung von Wachsmodellen – 66 Apfel-, 71 Birnen-, 24 Pflaumen- und Zwetschgen-, 23 Kirschen-, 6 Pfirsich-, 3 Aprikosensorten. Sie stammen aus dem so genannten Landes-Industrie-Comptoir des Weimarer Verlegers Friedrich Justin Bertuch (1747–1824). Nur noch etwa ein Drittel der dargestellten und benannten Obstsorten kommt auch heute noch vor.

Bereits vor Jahrzehnten wurden im Obstbau die Sorten reduziert, da Großabnehmer auf Transport- und Lagerfähigkeit sowie zur Absatzsteigerung auf makelloses Aussehen setzten, während Geschmack und gesundheitliche Aspekte eine untergeordnete Rolle spielten. Heute besteht wieder ein stärkeres Interesse an der Erhaltung der regionalen und überregionalen Sortenvielfalt.

Der gegen Krankheiten und Schädlinge sehr widerstandsfähige Korbiniansapfel, von Pfarrer Korbinian Aigner 1944 im Konzentrationslager gezüchtet, ist heute noch in Baumschulen erhältlich.

»Aber die Frucht jenes Baumes ist zart und leicht verdaulich ...«

Äpfel erscheinen zu allen Zeiten als besonders genussreiches Nahrungsmittel. Für Schneewittchen war der von der bösen Stiefmutter mit Gift präparierte Apfel mit weißer Schale und roten Backen so verlockend, dass das Mädchen seine schlechten Erfahrungen mit Erwerbungen an der Haustür sowie auch die Ermahnungen der Zwerge vergaß und in den Apfel biss. Der Apfelbaum ist im »St. Gallener Klosterplan« vorgesehen und für Hildegard von Bingen ist der Apfel eine für die menschliche Ernährung gut geeignete Frucht: »Aber die Frucht jenes Baumes ist zart und leicht verdaulich und roh genossen schadet sie gesunden Menschen nicht. ... Aber die gekochten und gebratenen sind sowohl für die Kranken als auch für die Gesunden gut.« Konrad von Megenberg schreibt über »Holzöpfel«, dass es saure und süße gebe und dass es gesünder sei, sie gebraten oder gesotten anstatt roh zu essen.

Unübersehbar ist die Fülle der Rezepte für Apfelspeisen vom Mittelalter bis zur Gegenwart, keine Obstart wird in dem Maße in den Kochbüchern gewürdigt.

Äpfel enthalten verschiedene Polyphenole, vor allem Quercetin, eines der stärksten Antioxidanzien unter den Flavonoiden, ferner Phenolsäure, Mineralien, Vitamine und Ballaststoffe.

Nicht alle der heute gängigen Sorten sind wohlschmeckend. In vielen Gegenden Mitteleuropas gibt es noch immer alte Streuobstbestände mit höchst schmackhaften Sorten. Diese finden selten den Weg in den Handel, allerdings spielt heute die Direktvermarktung eine gewisse Rolle.

Während Hildegard von Bingen auch Blätter, Knospen und Baumsaft verwendet, greift man in der Volksmedizin vor allem zur Frucht. Äpfel gelten insbesondere als Verdauung und Stuhlgang regulierendes Mittel – »Ein saurer Apfel verstopft, ein süßer erweicht« – aber auch allgemein als der Gesundheitsvorsorge höchst dienliche Kost: »An apple a day keeps the doctor away.« Der aus den Äpfeln gewonnene Most gilt als Vorbeugungsmittel gegen Grieß- und Steinleiden.

Achtung! Kerne von Äpfeln und anderen Kernobstarten wegen enthaltener cyanogener Glykoside, von denen im Verdauungstrakt Blausäure abgespalten wird, nicht in größeren Mengen roh essen.

Symbol der Sünde und des Glücks

Keine andere Frucht kommt so häufig in Mythen und Märchen, in Volksglauben und Symbolik, in Dichtung und bildender Kunst vor, selbst wenn man anerkennt, dass es sich bei einigen der »Äpfel« um den

Granatapfel, die Quitte oder andere Früchte handelt. Aus der großen Zahl der Bezüge können hier nur beispielhaft einige genannt werden.

Der Paradiesapfel hat über die Jahrhunderte die Menschen beschäftigt und Heinrich Heine hat ihm in dem Gedicht »Hortense« einen ironischen Vers gewidmet:

*Steht ein Baum im schönen Garten
Und ein Apfel hängt daran,
Und es ringelt sich am Aste
Eine Schlange und ich kann
Von den süßen Schlangenaugen
Nimmer wenden meinen Blick,
Und das zischelt so verheißend,
Und das lockt wie holdes Glück!*

Trotzdem: Der Baum der Erkenntnis des Guten und Bösen, dessen Früchte im Garten Eden Adam und Eva verboten waren, wird in der Bibel (1. Mose, 3) nicht mit Namen, also auch nicht als Apfelbaum benannt. Vielleicht kam die Zuordnung im Mittelalter nicht nur durch das Wortspiel »malum e malo« (das

Hermes und ein Hund schauen zu, wie Paris der Göttin Aphrodite den Apfel mit der Aufschrift »der Schönsten« überreicht und die Göttinnen Athene und Hera sich beleidigt abwenden.

Übel, entstanden aus dem Apfel) zustande, sondern auch weil der Apfel bereits bei Kelten und Germanen, Griechen und Römern Symbol des Glücks und der Liebe war. Auch im Hohen Lied (2, 5) heißt es: »Er erquickt mich mit Blumen und labt mich mit Äpfeln; denn ich bin krank vor Liebe.«

Als König Artus in der Schlacht gegen die Rebellen tödlich verwundet wurde, bestieg er ein Zauberboot, das ihn nach Avalon (Apfelland), einem keltischen Paradies brachte. Er wird dort von der Fee Morgana gepflegt und wartet auf die Stunde seiner Wiederkehr.

In der Snorri-Edda wird erzählt: Die nordische Göttin Idun, die Gemahlin des göttlichen Dichters und Sängers Bragi, besaß goldene Äpfel, die sie in einem Schrein verwahrte. Sie reichte sie den Göttern und diese bewahrten durch ihren Genuss Jugend und Schönheit. Als der Riese Thiassi den finsteren Gott Loki geraubt hatte, verlangte er als Bedingung für dessen Freilassung, dass ihm Idun mit ihren Äpfeln ausgeliefert würde. Nachdem dies geschehen war, begannen die Götter zu altern. Sie zwangen darauf Loki, Idun aus der Gewalt des Riesen zu befreien. Der Gott legte ein Falkengewand an, verwandelte Idun in eine Nuss und brachte sie so nach Asgard zurück.

Im Skirnirlied der Lieder-Edda macht Skirnir für den Gott Freyr, den Sohn Njörds und Skadis, Brautwerbung bei Gerd, in die sich Freyr verliebt hat:

*Der Äpfel elf
hab ich hier, eitel golden,
die will ich dir geben, Gerd,*

In tiefem Schmerz beweinen die Zwerge das von der Stiefmutter mit einem präparierten Apfel vergiftete Schneewittchen. Holzschnitt von Ludwig Richter (1803–1884).

*Frieden zu kaufen,
dass du Freyr nennest
im Leben den liebsten dir.*

Aber Gerd ist nicht käuflich und weist das Ansinnen empört zurück.

Auch durch die griechische Mythologie rollen Äpfel. Als Zeus sich mit Hera vermählte, ließ die Erdmutter Gaia am Westgestade des Weltmeeres einen Baum voll goldener Äpfel wachsen und machte diese der Hera zum Geschenk. Sie ließ die Äpfel von den Hesperiden, Töchtern der Nacht, schützen und von einem 100-köpfigen Drachen bewachen. Eine der Arbeiten des Herkules war es, die Hesperidenäpfel zu holen. Herkules bat Atlas, den Träger des Himmelsgewölbes, die Äpfel zu holen, und lud sich selbst dessen Last auf. Atlas holte die Äpfel und Herkules gelang es mit einer List, dem Unwilligen wieder das Himmelsgewölbe aufzuhalsen.

Ein Apfel löste den Trojanischen Krieg aus. Weil Eris, die Göttin der Zwietracht, zu einem Hochzeitsfest nicht eingeladen war, warf sie aus Rache einen golden Apfel, der die Aufschrift »der Schönsten« trug, unter die Gäste. Wegen dieses »Zankapfels« brach unter den anwesenden Göttinnen Hera, Athene und Aphrodite Streit über die Frage aus, wem der Apfel gebühre. Zeus wollte sich nicht in die Sache hineinziehen lassen und befahl Paris, dem Sohn des trojanischen Königs Priamus, der Schönsten den Apfel zu reichen. Paris entschied sich bei dieser undankbaren Aufgabe für Aphrodite und diese revanchierte sich, indem sie ihm die schönste der irdischen Frauen, Helena, als Frau versprach.

In Magdeburg soll Kaiser Karl der Große ein Bild der Liebes- und Fruchtbarkeitsgöttin Frija zerstört haben, das sie mit 3 goldenen Äpfeln in der linken Hand und 3 hinter der Göttin stehende Mädchen zeigte, von denen jedes einen Apfel hielt.

Auch die Gottesmutter Maria wird auf vielen Bildern des Mittelalters und der frühen Neuzeit mit einem Apfel dargestellt: Der Apfel ist nicht länger Symbol der Sünde, sondern der Gnade für das Menschengeschlecht.

In verschiedenen europäischen Volksmärchen ist der »Apfel des Lebens« ein zentrales Symbol, etwa im Kinder- und Hausmärchen der Brüder Grimm »Die weiße Schlange«: Der Held muss 3 Aufgaben bewältigen, die ihm die Königstochter stellt. Die letzte, den Apfel vom Baum des Lebens holen, erledigen für ihn die 3 Raben, die er einst vor dem Hungertod bewahrt hat. Als der Jüngling die Frucht teilt und sie zusammen mit der Königstochter isst, wird deren hartes Herz von Liebe erfüllt, und sie leben glücklich bis an ihr Ende.

Der aus der Stauferzeit stammende Reichsapfel gehörte zu den Krö-

nungsinsignien der Herrscher des Heiligen Römischen Reiches Deutscher Nation. Als Kugel mit einem Kreuz symbolisiert er die christliche Weltherrschaft. Er befindet sich heute zusammen mit den anderen Reichskleinodien wie Krone und Zepter in der Wiener Hofburg.

Der heilige Nikolaus hat als Attribut 3 goldene Äpfel. Der Legende nach soll er sie einst 3 armen Mädchen in die Stube geworfen haben.

VON ZAUBERÄPFELN, ISAAC NEWTON UND DEM APFELSCHUSS

Auch in Volksbrauch und -glauben hat der Apfel wandelnde und zaubernde Kraft. So aß man in

Den Vollfrühling kündigt der Beginn der Apfelblüte an, der in Mitteleuropa je nach Region zwischen Anfang April und Mitte Mai (mancherorts noch später) liegt.

BOTANISCHER STECKBRIEF

Namen: Affalter, Affolter.
Familie: Rosengewächse (Rosaceae).
Merkmale: Baum. Zweige ohne Dornen. Krone im Vergleich zum Birnbaum mehr kugelig. Borke hell, von älteren Bäumen in dünnen Schuppen abblätternd. Blätter gestielt, eiförmig, gezähnt, meist beiderseits behaart. Blüten vor der vollen Laubentfaltung erscheinend; außen rosa, innen weiß, Staubbeutel gelb; zu 2–6 in traubig-doldigen Blütenständen. Blütezeit: April–Mai. Höhe 5–10 m.
Vorkommen: Kulturäpfel sind das bedeutendste Fruchtobst der gemäßigten Klimabreiten. Der Wilde Apfelbaum oder Holzapfel *(Malus sylvestris)* wächst in Europa zerstreut in Laubwäldern und Gebüsch: meist dornige Zweige; Blätter unterseits behaart, später kahl; Früchte klein, gelb, hart, bitter.
Wissenswertes: Bei Apfelfrüchten ist auch die fleischig gewordene und mit den Fruchtblättern verwachsene Blütenachse an der Fruchtbildung beteiligt. Apfelfrüchte sind Scheinfrüchte, da sie aus einer Blüte mit mehreren Fruchtknoten entstehen. Die Kerne in den Früchten enthalten Amygdalin, aus dem bei der Verdauung die giftige Blausäure abgespalten wird.

Der Schweizer Sagenheld Wilhelm Tell musste auf Anordnung des Landvogtes Gessler einen Apfel vom Haupte seines Sohnes schießen. Kolorierte Federlithographie (um 1850).

Mecklenburg am Oster- und Pfingstmorgen stillschweigend vor Sonnenaufgang einen Apfel, um das ganze Jahr vor dem kalten Fieber bewahrt zu sein. In den 12 Nächten (25. Dezember bis 5. Januar) war es möglich, dass man Äpfel fand und diese sich auf dem Weg nach Hause in Gold verwandelten. Man musste darüber aber schweigen. Reling/Brohmer erzählen dazu eine Sage:

Einst war ein Musiker bei einer Kindtaufe in der Mordmühle bei Hildesheim gewesen. Er ging spät in der Nacht zurück und kam am Zwergloch vorüber, in dem diese Erdgeister soeben ein Gastmahl hielten, bei dem alles klein war, nur die Weinflaschen und das Obst ausgenommen; denn Wein und Obst besitzen die Zwerge nicht, sondern müssen sie den Menschen stehlen. Die Gesellschaft war sehr freundlich gegen den Musikus, beschenkte ihn mit Äpfeln und Birnen, gebot ihm

aber, streng zu schweigen. Nach dem Fest schlief er ein, und als er erwachte, war sein Rock so schwer, daß er sich kaum erheben konnte; denn Äpfel und Birnen hatten sich in Gold verwandelt. Das machte ihn sehr fröhlich, und als er nach Hildesheim kam, fragte er den Torschreiber, was die halbe Stadt koste, indem er beifügte, die Zwerge hätten ihm dazu Geld genug geschenkt. Da wurden die Taschen plötzlich leicht und feucht, und statt der goldenen Äpfel zog er verfaulte hervor.

In der Andreasnacht (30. November) erbittet das Mädchen von einer Witwe einen Apfel, teilt ihn schweigend in 2 Hälften, isst die eine und legt die andere unter das Kopfkissen.

IM HAUSGARTEN

Pflanzung: Nach Anleitung; grundsätzlich gilt: Pflanzloch mit ca. doppelter Breite und Tiefe des Wurzelballens. Zugespitzten Pflanzpfahl, der so lang ist, dass der Leittrieb sicher angebunden werden kann, in den Boden des Pflanzlochs schlagen. Baum in das Loch stellen, Veredelungsstelle über dem späteren Bodenniveau liegend. Feinkrümelige Erde in 2 Portionen einfüllen und jeweils festtreten. Mehrmals gründlich wässern, auch bei Regen. Baum anbinden, indem der Strick in einer »8« um Pfahl und Leittrieb geschlungen wird.

Standort: Möglichst zugfreier Platz; sandig-lehmiger, humoser, gut durchlüfteter Boden.

Pflege: Beschneiden (durch Fachleute oder mit entsprechenden Fachinformationen).

Ernte: Frühäpfel wie 'Klarapfel' bereits einige Tage vor der Vollreife, Herbstäpfel wie 'James Grieve' vollreif und Spätsorten wie 'Boskoop' oder 'Winterrambour' etwas vor der Vollreife.

Wissenswertes: Alle Apfelsorten sind selbstunfruchtbar, müssen also durch sortenfremden Pollen bestäubt werden.

Im Traum erscheint ihr dann der zukünftige Ehemann. Wenn man in dieser Nacht einen Apfel schält, ohne die Schale zu zerbrechen, und diese dann über die Achsel wirft, so bildet sie am Boden liegend den Anfangsbuchstaben des Künftigen.

In vielen Varianten ist der Apfel Mittel im Fruchtbarkeitszauber. Aigremont berichtet hierzu, dass in der Herzegowina die Braut Äpfel unter die Kinder, in Kroatien einen Apfel über das Haus des Bräutigams werfe, sich in Slawonien und Dalmatien beim Hochzeitsgang in die Kirche Äpfel ins Mieder stecke.

In Dossenheim an der Bergstraße bei Heidelberg findet noch alljährlich zur »Kerwe«, am 3. Wochenende im September, ein Holzäpfeltanz statt, bei dem neben dem Apfel auch die Haselnuss als Fruchtbarkeitssymbol erscheint. Der Brauch lässt sich bis ins 18. Jahrhundert zurückverfolgen. Die Paare tanzten ursprünglich auf ausgeschütteten Holzäpfeln, heute, da es in der Gegend keine Holzäpfelbäume mehr gibt, auf kleinen Kulturäpfeln. Ein Nusszweig wird von Paar zu Paar weitergegeben. Gewonnen hat das Paar, das gerade den Nusszweig hält, wenn ein Schuss fällt.

Isaac Newton (1643–1727) soll durch einen vom Baum fallenden Apfel zur Formulierung des Gravitationsgesetzes angeregt worden sein. Dieses beschreibt die zwischen Massen herrschende Anziehungskraft (Gravitationskraft) mit einer Formel.

Allgemein bekannt ist die Geschichte von Wilhelm Tell und dem Schuss, mit dem dieser auf Befehl des habsburgischen Landvogts Gessler einen Apfel vom Kopf seines Sohnes

schießen musste. Das Motiv erscheint bereits in der Edda und Saxo Grammaticus (ca. 1150–1220), der Verfasser einer in Latein geschriebenen Geschichte Dänemarks, berichtet Ähnliches von einem Dänenkönig.

Auch im Spruchgut hat sich der Apfel behauptet, denn »er fällt nicht weit vom Stamm«, man muss »in den sauren Apfel beißen« oder verkauft etwas »für 'n Appel und 'n Ei.«

Birnbaum
Pyrus communis

Baum.
Familie der Rosengewächse (Rosaceae).
Zweige ohne Dornen. Krone im Vergleich zum Apfelbaum schlanker. Borke würfelförmig tiefrissig. Blätter glänzend, rundlich bis eiförmig, Rand fein gesägt, abschnittsweise ganzrandig. Blüten weiß, Staubbeutel dunkelrot, in Doldentrauben. Apfelfrucht »birnenförmig«. Blütezeit: April–Mai. Höhe: bis 20 m. Früchte: August–Oktober.
Wilder Birnbaum *(Pyrus achras)* mit den Unterarten Holzbirnbaum (ssp. *achras*) und Knödelbirnbaum (ssp. *pyraster*): Äste oft dornig; Früchte klein, holzig; zerstreut bis selten in Wäldern und Gebüsch.

Ähnlich wie die Früchte des Wilden Apfelbaums wurden auch Wildbirnen seit der Jungsteinzeit gesammelt. Die Kulturbirne ist in Persien und Armenien entstanden und gelangte von dort ins antike Grie-

chenland. Theophrast berichtet von 3 Birnensorten, Dioskurides, dass aus Birnen Wein gemacht würde. Die Römer entwickelten viele Sorten von »pirum«. Cato führte bereits mehrere Birnensorten an, Plinius um die 40. Das »Capitulare« verlangt den Anbau verschiedener Birnbäume (»pirarios diversi generis«). Hildegard schreibt »birboum«, Konrad von Megenberg »pirpaum«.

Apicius gibt in seinem Kochbuch ein Rezept für einen Birnenauflauf. Auch die Birnen beurteilt Hildegard als gutes Nahrungsmittel, aber sie rät vom Rohgenuss ab und empfiehlt, die Früchte am Feuer zu braten oder besser zu kochen. Eine Latwerge, gekocht aus Birnenmus mit Bärenwurz, Galgant, Süßholz, Pfefferkraut und

Ein besonderes Merkmal der Birnbaumblüten sind die rotbraunen Staubbeutel.

Der Fuchs lässt sich im Spätsommer Birnen schmecken. Holzschnitt aus dem Kräuterbuch des Adamus Lonicerus (Ausgabe 1679).

Honig, lobt sie als nützlicher als das reinste Gold gegen Migräne und schlechte Säfte im Menschen.

Ähnlich wie für Äpfel gibt es seit Jahrhunderten auch für Birnen eine unübersehbare Fülle an Rezepten. »Birne Hélène« ist eine noch heute beliebte klassische Nachspeise. Getrocknete Birnen sind wichtiger Bestandteil des Kletzenbrotes. Kleinfrüchtige Sorten, so genannte Mostbirnen, werden für Most, Birnensaft und Birnenschnaps verwendet.

Birnen enthalten zu den Polyphenolen gehörende antioxidativ wirkende Hydroxyzimtsäuren, zudem Flavonoide, Tannine, Kalium und Vitamin C.

Philipp Melanchthon (1497–1560), der Reformator und Freund Luthers, war einmal auf einer Reise zu Kurfürst August von Sachsen in Zöschen zu Gast bei dem Pfarrer Göch. Dieser ließ zu Ehren des Besuchers die schönsten Birnen aus seinem Garten bringen. Melanchthon schmeckten die Früchte so sehr, dass er sich einige für den Kurfürsten ausbat und beim Überreichen Pfarrer Göchs Fähigkeiten herausstrich. Dieser wurde bald darauf Superintendent und nannte die Birne, der er sein Glück verdankte, »Melanchthonbirne«.

Ebenfalls mit Birnengenuss hat Theodor Fontanes Gedicht »Herr von Ribbek auf Ribbek im Havelland« zu tun. Dieser Herr war Besitzer eines Birnbaums und schenkte jeweils im Herbst den Buben und Mädchen von dessen Früchten. Als Herr Ribbek eines Herbstes starb, verfügte er, dass ihm eine seiner Birnen ins Grab mitzugeben sei. Daraus wuchs ein neuer Birnbaum und die Kinder konnten sich nun auf dem Friedhof Birnen holen.

Birnenholz ist ziemlich hart und schwer spaltbar. Es wird als Möbelholz sowie als Werkholz für Mess-

instrumente und Weinpressen verwendet.

Mythologische und symbolische Bedeutung hat beim Birnbaum, der sehr stattlich werden und ein hohes Alter erreichen kann, der Baum selbst und nicht wie beim Apfelbaum die Frucht. Ohne Näheres dazu auszuführen, schreibt Perger, dass die Waldbirnbäume bei den Germanen sicher eine besondere Bedeutung gehabt hätten, weil so viele von den Verbreitern des Evangeliums zerstört worden seien. Tatsächlich spielen Birnbäume in Sagen eine zwiespältige Rolle: einerseits Orte der Hexen und des Teufels, andererseits verbunden mit der Gottesmutter Maria. So heißt es bei manchen Marienkultorten, in einem Birnbaum sei ein Marienbild gefunden worden oder jemand habe ein Marienbild in einem hohlen Birnbaum aufgestellt, wie beispielsweise in Maria Birnbaum bei Sielenbach (Landkreis Aichach-Friedberg, Schwaben).

Alte Wurzeln hat auch die in verschiedenen Fassungen erzählte Sage vom Birnbaum auf dem Walserfeld bei Salzburg. Einst – so heißt es – wird der dürre Baum blühen und Früchte tragen und dann – wenn

Die Sage berichtet über einen dürren Birnbaum auf dem Walserfeld, er werde einst blühen und Früchte tragen. Walserfeld-Birnbaum im Jahr 2002, im Hintergrund der Untersberg.

Mit ihrem dunkelgrünen Laub, den großen rötlichweißen Blüten und den apfel- oder birnenförmigen gelben Früchten ist die Quitte ein attraktiver Baum oder Strauch im Garten, der zudem angenehm genutzt werden kann.

Deutschland in größter Not liegt – der in den Untersberg entrückte Kaiser Karl mit all seinen Helden aus dem Berg herauskommen und eine große und schreckliche Schlacht schlagen, sodass auf dem Felde den Kämpfenden das Blut in die Schuhe rinnen wird. Der Kaiser mit seinen Getreuen wird siegen und er wird mit der Siegesfahne auf einem dreifüßigen Schimmel davonreiten. Der Kurfürst von Baiern aber wird seinen Wappenschild an den Birnbaum hängen. Der erneut blühende und fruchtende dürre Baum steht auch mit dem Weltende in Verbindung, und die Schlacht wird zur Endschlacht des

Antichrists. Einen Birnbaum gibt es noch immer an derselben Stelle, denn über die Jahrhunderte wurde immer wieder ein neuer gepflanzt, wenn der alte umgefallen oder von Frevlerhand gefällt war.

Einen so genannten Zwergengürtel, worunter ein Menschen zerreißender Zaubergürtel zu verstehen ist, erkennt man daran, dass der Stamm eines Birnbaumes zerplatzt, wenn man ihm den Gürtel umlegt.

Im **Garten** brauchen Birnbäume einen warmen Platz, etwa Spätsorten als Spalierbäume an einer Süd- oder Südwestwand und einen tiefgründigen, leichten, sandigen Boden.

Quitte
Cydonia vulgaris

Strauch oder Baum.
Familie der Rosengewächse (Rosaceae).
Zweige, Blattunterseite und Blütenkelch graufilzig behaart. Blätter elliptisch bis breit-eiförmig, ganzrandig. Blüten einzeln, rötlichweiß, groß. Apfelfrucht gelb, birnen- oder apfelähnlich (var. *pyriformis* und var. *maliformis*), filzig behaart, duftend. Blütezeit: Mai–Juni. Höhe: bis 8 m.
Selten verwildert an sonnigen Hängen und Waldrändern sowie in Gebüschen; wild im westlichen Asien (Iran, Kaukasus, Kleinasien, Armenien).

Die Quitte wurde bereits früh in Kultur genommen. Der Apfel aus Cydon wurde von den Griechen »melon kydonion«, von den Römern

»malum cotoneum« oder »malum cydonium« genannt. Im »Capitulare« erscheint der Baum als »cotonarius«, im »St. Gallener Klosterplan« als »guduniarius«, bei Albertus Magnus, der schon die Formen mit kugeligen und birnenförmigen Früchten unterscheidet, als »citonius« oder »coctanus«, im Althochdeutschen als »kutini«.

In der Antike bereitete man Quittenwein und Quittenhonig zu. Für letzteren wurden entkernte Quitten mit Honig übergossen und die Masse ein Jahr lang stehen gelassen. Albertus Magnus stellte für Kranke einen Quittenwein her, indem er die geschälte Frucht in Regenwasser vergären ließ, ähnlich tat es auch Konrad von Megenberg mit den »küten«. Er empfiehlt: Früchte entkernen und in die Höhlung Honig füllen, Haut abziehen, Frucht mit Flachs oder Werg umwickeln und in der heißen Asche braten lassen.

Auch Hildegard von Bingen lobt die Frucht des »quittenbaums«: »Und wenn sie reif ist, schadet sie roh genossen weder dem kranken noch dem gesunden Menschen, aber gekocht oder gebraten ist sie dem Kranken und dem Gesunden sehr bekömmlich.« Sie empfiehlt sie innerlich den Gichtkranken und äußerlich als Auflage gegen Geschwüre. Auch die Kräuterbücher sind voll des Lobes. Noch in Oertel-Bauer's Heilpflanzen-Taschenbuch (1908) wird als »ganz vorzüglich, besonders für Rekonvaleszenten« ein Quittenwein empfohlen.

Im Kochbuch der Anna Wecker gibt es »Quitten zubereiten für die krancken«, außerdem Quittenmus und Quittenpastete. Auch in den bür-

gerlichen Kochbüchern des 19. und 20. Jahrhunderts finden sich noch reichlich Quittenrezepte. So führt Henriette Davidis auf: Quitten in Branntwein, Quitten in Zucker, Quittenbrot, Quitteneis, Quittengelee, Quittenlikör und Quittenmarmelade. In der Gegenwart gehören die Früchte eher zu den vergessenen Obstarten.

Quitten sind reich an Vitaminen und Mineralien sowie dem zu den Polyphenolen gehörenden bioaktiven Quercetin.

Manche »Äpfel« mögen auch Quitten gewesen sein, etwa die goldenen Äpfel der Hesperiden. Der Quittenbaum war der Minerva heilig.

Im **Garten** braucht die Quitte einen geschützten, möglichst warmen Platz und ist im Übrigen anspruchslos. Quitten dienen manchmal als Unterlagen für Birnenedelreiser.

Trotz ihres wissenschaftlichen Namens und trotz Willforts Lob »für dieses alte, deutsche, so gesunde Obst« – deutsch ist die Mispel nicht. Sie stammt aus Südosteuropa. Die frühesten Funde von Steinkernen der Mispel in Mitteleuropa stammen aus der römischen Kaiserzeit. Das »Capitulare« verlangt, »mespilarios« anzupflanzen.

Hildegard von Bingen sagt über den »nespelbaum« (so nennt ihn auch Konrad von Megenberg), dass Rinde und Blätter nicht viel zu Heilmitteln taugten, weil die Kraft ganz in der Frucht sei. »Aber die Frucht dieses Baumes ist für gesunde und kranke Menschen nützlich und gut, wieviel man auch davon isst, weil sie das Fleisch wachsen lässt und

das Blut reinigt.« Albertus Magnus bemerkt, dass die Früchte vor dem Verspeisen etwas angefault sein sollen.

Mispeln kommen vereinzelt noch in den Kochbüchern des 19. und frühen 20. Jahrhunderts vor, waren dann fast vergessen und kommen erst in jüngster Zeit wieder etwas in Mode.

Sie enthalten Gerbstoffe, organische Säuren, Vitamine und Mineralien.

Im **Garten** mag die Mispel einen geschützten und warmen Platz sowie kalkhaltige, gut durchlüftete Erde. Die Früchte haben ein kurzes Reifestadium, sind bis zum Spätherbst hart und werden dann für wenige Tage weich und wohlschmeckend.

Echte Mispel
Mespilus germanica

Strauch oder Baum.
Familie der Rosengewächse (Rosaceae).
Blätter länglich-lanzettlich, fein gezähnt oder gesägt und abschnittsweise ganzrandig, unterseits filzig behaart. Blüten einzeln, groß, grünlichweiß. Apfelfrucht bräunlich, birnenförmig, mit von Kelchblättern umgebener Einbuchtung am äußeren Ende, 5 Steinkerne. Blütezeit: Mai–Juni. Höhe: bis 3 m.
Zerstreut verwildert im mittleren und südlichen Mitteleuropa in Wäldern und Gebüsch.

Ein seltener Anblick ist die Mispel, deren Früchte einst als heilkräftig geschätzt und in der Küche viel verwendet wurden.

Walnussbaum

Juglans regia und anderes Schalenobst

Auf einmal kamen sie an einen freien Platz im Wald; da schien der Mond so hell wie Silber und in der Mitte stand ein großer Nussbaum voll Nüsse, die klinkerten und klankerten vom Winde bewegt wie goldene Glocken.

Clemens von Brentano (1778–1842): Das Märchen von den Märchen oder Liebseelchen

Wahrscheinlich wurde der in Persien und den benachbarten Gebieten beheimatete Walnussbaum nicht erst mit den Römern nach Mitteleuropa gebracht. In mitteleuropäischen Pfahlbausiedlungen der Bronze- und Jungsteinzeit fand man kleine Walnüsse und vermutet deshalb, dass der Baum entweder im südlichen Mitteleuropa heimisch war oder jedenfalls sehr früh als Wild- oder primitive Kulturform hierher gelangt ist. Funde etwas größerer Walnüsse gibt es aus der späten La-Tène-Zeit vom Magdalensberg in Kärnten und aus der Römerzeit. Namen wie »karya persica« oder »karya sinopica« (nach der Stadt Sinopa am Schwarzen Meer) weisen darauf hin, dass die Griechen der Antike veredelte Walnusssorten aus Vorderasien bezogen. Die Römer kultivierten den Baum in Italien und in den Provinzen des römischen Reichs, insbesondere auch auf galli-

schem Gebiet, was zur spätlateinischen Bezeichnung »nux gallica« führte, die als »Welschnuss« oder »Walnuss« ins Deutsche überging. Von »jovis glans« (= Eichel des Jupiter) sollen die Römer den Namen »juglans« abgeleitet haben.

Lange vor der Ankunft der Angelsachsen im 5. Jahrhundert wurde der Baum bereits in England kultiviert. In der nordischen Mythologie kommt die Walnuss in der Snorri-Edda vor: Die vom Riesen Thiassi geraubte Göttin Iduna wurde in Gestalt einer Nuss von Loki nach Asgard zurückgebracht.

Im »Capitulare« erscheint der Baum als »nucarius«, im »St. Gallener Klosterplan« als »nugarius«, Hildegard von Bingen nennt ihn »nuszbaum«, Konrad außerdem noch »wälhisch nuz«.

NAHRUNGSMITTEL, ERSATZGEWÜRZ, FARBE, HOLZ

Nüsse zu essen war zu Zeiten Hildegards von Bingen selbstverständlich. Die Äbtissin warnt allerdings vor übermäßigem Genuss. Über das aus den Nüssen gepresste Öl sagt sie, dass es fröhlich mache, jedoch auch die Brust mit Schleim füllen könne.

Als Ersatz für den teuren Pfeffer dienten früher die getrockneten grünen Nussschalen. Hieronymus Bock berichtet dazu in seinem Kräuterbuch:

Etliche Kuchenmeister dörren nußleüffel / pulverisieren die selbige / und brauchen sie für Pfef-

ferwurtz in der Kost / und so man ein wenig gedörrter salbei dazu nimpt /schmeckts nit übel. Das jung gedörrt laub / wann es noch braunrot ist / mag gleicher gestalt gebraucht werden.

Die bürgerlichen Kochbücher des 19. Jahrhunderts bringen insbesondere Kuchen- und Konfektrezepte mit Walnüssen. Beliebt war auch der Likör aus den unreifen Nüssen. So lautet etwa bei Henriette Davidis ein Rezept:

30 Stück Walnüsse, die um Johanni gepflückt sein müssen, zerstößt man, gibt 30 Gewürznelken, 3 Gramm guten Zimt und 1 Flasche Kognak hinzu und lässt dies 7–8 Wochen an der Sonne stehen, während man die Mischung täglich gut schüttelt. Dann filtriert man sie durch ein wollenes Tuch, gibt 200 Gramm Kandiszucker hinzu, lässt den Likör noch einige Tage stehen und füllt ihn hierauf in kleine Flaschen.

Walnüsse enthalten Fett mit einem hohen Anteil an mehrfach ungesättigten Fettsäuren, darunter auch reichlich Omega-3-Fettsäuren, Vitamine und Mineralien, an bioaktiven Stoffen Polyphenole (Ellagsäure, Flavonoide) und Phytosterole.

Nicht nur zur Herstellung von Kuchen, beispielsweise der köstlichen Engadiner Nusstorte, von Weihnachtsgebäck und Desserts eignen sich Walnüsse, sondern sie passen auch in Salate und verschiedene Fleischgerichte. Walnussöl sollte unerhitzt, etwa an Salate, verwendet werden.

Der Name für die von den Römern bevorzugt in Gallien angepflanzte »nux gallica« ging als Wälsche Nuss, Welschnuss oder Walnuss ins Deutsche ein. Holzschnitt aus dem Kräuterbuch des Leonhart Fuchs (1543).

Die grünen Nussschalen wurden früher zum Braunfärben verwendet. Nussbaumholz gilt als besonders wertvolles Möbelholz.

GEGENGIFT, ABFÜHRMITTEL, GERBSTOFFDROGE

Dioskurides behauptete, die Walnüsse seien dem Magen schädlich und würden Kopfschmerzen verursachen; zusammen mit Feige und Raute bildeten sie aber ein Mittel gegen Pfeilgifte und den Biss tollwütiger Hunde, auch würden sie den Bandwurm vertreiben. Hildegard von Bingen verwendet Nussbaumblätter zusammen mit Pfirsichblättern gegen Eingeweidewürmer, Konrad von Megenberg die Nüsse gegen Vergiftungen durch Kräuter oder Pilze. Mattioli schreibt in seinem Kräuterbuch (1586), der Wurzelsaft sei ein drastisches Abführmittel.

In der Sympathiemedizin diente der Nussbaum zum Übertragen von Krankheiten, insbesondere von Fieber. In den Albertus Magnus fälschlicherweise zugeschriebenen »Ägyptischen Geheimnissen« findet sich folgendes Rezept: Man muss auf ein Zettelchen schreiben: »Nussbaum, ich komme zu dir, nimm meine sieben und siebzigerlei Fieber von mir, ich will dabei verbleiben + + +.« Dann geht man vor Sonnenaufgang zu einem Nussbaum, schneidet einen Splitter heraus, legt das Zettelchen in die Höhlung und fügt den Splitter wieder ein.

In der Tasche getragenes Nusslaub, so ein Glaube im Kanton Thurgau (Schweiz), verhindert, dass man sich beim Gehen wund reibt (Hautwolf). Insbesondere im französischen Sprachgebiet gab es die Anweisung, Nüsse für Heilzwecke an Johanni (24. Juni) zu sammeln. So hieß es etwa in Poitou, man solle bei Zahnweh die noch am Zweige hängenden Nüsse im Johannisfeuer braten und hineinbeißen.

Die getrockneten Walnussblätter enthalten Gerbstoffe, Juglon, Flavonoide, Pflanzensäuren und in geringen Mengen ätherisches Öl. Der Teeaufguss ist in der Phytotherapie anerkannt zur äußerlichen Anwendung bei Hautentzündungen und übermäßiger Schweißabsonderung. Die Volksmedizin setzt den Aufguss auch innerlich bei Magen-Darm-Störungen und leichten Durchfallerkrankungen ein.

FRUCHTBARKEITS-SYMBOL, LIEBESMITTEL, LIEBESORAKEL

Im Hohen Lied (6, 11) heißt es: »Ich bin hinab in den Nussgarten gegangen, zu schauen die Sträuchlein am Bach, zu schauen, ob der Weinstock sproßte, ob die Granatbäume blühten.«

Schon Plinius sah in der Nuss das im Keime ruhende, von 3 Fruchthüllen geschützte Leben. Die Nuss ist auch Symbol der weiblichen Genitalien oder der Frau überhaupt. Ein mittelalterlicher Spruchreim warnt vor der Heirat eines alten Mannes mit einem jungen Mädchen:

Ein harte Nuss und stumper Zan,
Ein junges Weib und ein alter
Mann
Zusammen sich nicht reimen
woll;
Seinesgleichen jeder nehmen soll.

Manchmal stehen die Nüsse auch für die Hoden, so in der Redesart »einem die Nüsse unterbinden«, wenn jemandem der Mut genommen oder die Schneid abgekauft wird.

Die Walnuss galt als kräftiges Aphrodisiakum. So berichtet Aigremont, dass es zu seiner Zeit noch im Taunus ein übliches Liebesmittel war, Glied und Hoden mit einem Absud aus Nussbaumblättern zu baden.

Als Liebesorakel verwendeten in Oberösterreich Mädchen den Nussbaum. Sie warfen Stecken in sein Geäst und waren überzeugt, dass diejenige junge Frau, deren Stecken beim ersten Wurf im Baum hängen blieb, im selben Jahr heiraten würde.

Die Verbindung zwischen menschlicher Fruchtbarkeit und der des Baumes wird deutlich in einem Volksglauben, der in der Gegend von Pforzheim herrschte: Damit ein Nussbaum reichlich Früchte bringt, muss seine erste Ernte eine schwangere Frau besorgen.

Die alten Sprichwörter: »Nuss, Stockfisch, junges Weib, kommen darin überein, sie tun nicht gut, ohne geschlagen zu sein« oder »Nussbaum, Esel und Weib verlangen gedroschenen Leib« sind nicht ganz so frauenfeindlich, wie sie auf den ersten Blick anmuten: Das Schlagen hat mit dem Fruchtbarkeit erweckenden Schlag mit der Lebensrute zu tun, der in vielen Gegenden und in verschiedenem Brauchtum eine Rolle spielt.

GESCHÄTZT UND GEFÜRCHTET

Der Nussbaum galt vielerorts als blitzabwehrend. So schützte am Niederrhein der »Jans-tak«, ein am Johannistag in die Häuser gehängter Nussbaumzweig, vor Gewitterschäden. In Lothringen pflückte man an Johanni Nussbaumblätter, die ebenfalls vor dem Blitz schützen sollten. In Sizilien dagegen hieß es, der Nussbaum ziehe den Blitz an.

Nussbäume galten als Versammlungsplätze von Hexen und Dämonen. In Rom soll auf der Piazza del popolo einst ein Nussbaum gestanden haben, von dem es hieß, in seinen Ästen würden böse Geister hausen. Papst Paschalis II. (1099–1118) sprach einen Bann über den Baum aus, dieser wurde später gefällt und an seiner Stelle die Kirche erbaut. Bei einer anderen Geschichte fühlt man sich an das Fällen der Donareiche durch Bonifatius erinnert: In Stettin soll der heidnische Slawengott Triglaff in einem alten Nussbaum gewohnt haben. Bischof Otto nahm eine Axt und wollte den Baum fällen, der Eigentümer des Grundes, auf dem der Baum stand, griff ebenfalls nach einer Axt und wollte dem Bischof den Schädel spalten. Aber der

BOTANISCHER STECKBRIEF

Namen: Welschnussbaum.
Familie: Walnussgewächse (Juglandaceae).
Merkmale: Baum. Rinde hellgrau, im Alter rissige Borke. Blätter unpaarig gefiedert, Blättchen eiförmig zugespitzt, ganzrandig, aromatisch duftend. Blüten grünlich; männliche Blüten in herabhängenden Kätzchen in den Blattachseln der vorjährigen Zweige; weibliche Blüten in wenigblütigen Ähren an den Spitzen der diesjährigen Zweige. Steinfrucht mit fleischiger, in unreifem Zustand grünlicher, später brauner Fruchtschale. Blütezeit: April–Mai. Höhe: 10–20 m.
Vorkommen: In weiten Teilen Europas kultiviert und eingebürgert. Anbau weltweit, insbesondere in den USA, China, der Türkei, Russland, Italien.

Heide hieb daneben und die Axt fuhr so heftig in den Baum, dass man sie nicht wieder herausziehen konnte. Als die Anwesenden das sahen, bekehrten sie sich zum christlichen Glauben.

Der Nussbaum galt nicht selten als schädigend und Unheil bringend, und schon Plinius schreibt, dass der Schatten des Baumes so schädlich sei, dass in seinem Umkreis keine anderen Pflanzen aufkommen könnten. Ähnlich äußert sich Isidor von Sevilla (560–636) und Mattioli schreibt in seinem Kräuterbuch (1586): »Man sagt / daß so eine hefftige Feindschaft unter dem Nußbaum und Eychbaum sey / daß einer neben dem andern gepflantzt verderbe.« Im Westerwald hieß es: »Was unterm Nussbaum wächst, taugt nichts«, und in der Haute-Bretagne vermied man, Schweineställe in die Nähe von Nussbäumen zu bauen, weil die Tiere dort nicht gedeihen würden. Marzell (1930) bringt noch einige andere Beispiele für diese Anschauungen, die er aber als kuriosen Aberglauben betrachtet.

Heute gilt in der Biologie der Walnussbaum als Beispiel für Allelopathie, weil er Stoffwechselprodukte ausscheidet, die hemmend auf das Wachstum und die Entwicklung benachbarter Pflanzen wirken, und ihm damit Vorteile gegenüber möglichen Konkurrenten verschaffen. Unter einem Nussbaum bleibt man auch weitgehend von Stechmücken verschont.

Johann Wolfgang von Goethe würdigt in seinem Roman »Die Leiden des jungen Werther« den Nussbaum als Haus- und Lebensbaum. Hieronymus Bock berichtet von einem Nussbaum bei Wesel am Rhein, der alljährlich bis Johanni kahl sei, dann jedoch wie andere Nussbäume Laub und Früchte trage. In einem Bericht aus dem Jahre 1583 steht das Gleiche über einen Nussbaum bei Gorizia (Friaul) und Marzell (1930) bringt einen ähnlichen zeitgenössischen Bericht über einen Nussbaum bei Brescia. Diese Berichte weisen auf alte kultische Wurzeln in Verbindung mit der Sommersonnenwende hin, aber auch darauf, dass Nussbäume relativ spät austreiben.

IM HAUSGARTEN

Anbau: Anzucht aus Samen möglich. Sämlingsbäume tragen erst nach 10–20 Jahren Früchte. Im Fachhandel veredelte Bäume erhältlich, darunter solche mit kleineren Kronen oder bereits nach wenigen Jahren fruchtende.
Standort: Möglichst nicht in Tallagen (Gefahr von Kaltluftstau). Boden warm, aber nicht zu trocken, gut durchwurzelbar; insbesondere tiefgründiger Sandboden oder nicht zu schwerer Lehmboden.
Pflege: Pflegeleicht, allgemeine Dünge- und Pflegeregeln für Obstbäume beachten.
Ernte: Die vom Baum gefallenen Früchte im Herbst.

Mancherorts galten die um Johanni (24. Juni) gepflückten unreifen Nüsse als besonders heilkräftig, auch hängte man an diesem Tag Nussbaumzweige in die Häuser, um sie vor Blitzeinschlag zu schützen. Johannes der Täufer, griechische Miniatur.

Mandelbaum
Prunus dulcis
Syn.: *Amygdalus communis*

Baum.
Familie der Rosengewächse (Rosaceae).
Blätter länglich-eiförmig, unter der Mitte am breitesten, am Rand drüsig gesägt, lang gestielt. Blüten weißlich oder zartrosa, vor den Blättern erscheinend, meist zu 2 beisammen stehend. Steinfrucht mit samtartig behaarter Umhüllung. Fleisch trocken ledrig, gefurchter Stein mit weißem Kern. 2 Sorten: Süßmandel (*Prunus dulcis* var. *dulcis*) und Bittermandel (*Prunus dulcis* var. *amara*) mit dem stark giftigen Bittermandelöl in den Samen. Blütezeit: Februar–April. Höhe: 3–10 m. Ziergehölz; Samen reifen nur in Gegenden mit besonders mildem Klima.

Kleinasien und Zentralasien gelten als ursprüngliche Heimat des Mandelbaums, der jedenfalls schon sehr früh nach Griechenland gelangt ist. Von dort brachten ihn die Römer als »griechische Nuss« – so nennen ihn Cato und andere Autoren – nach Italien. Hansjörg Küster allerdings berichtet von einem jungsteinzeitlichen Mandelfund in Sizilien und dass die Phöniker eine Göttin Amygdale verehrt hätten, welcher der Mandelbaum geweiht war. Der Name ist abgeleitet von dem griechischen »amygdale« und dem von Plinius und Columella verwendeten lateinischen »amygdala«. Im »Capitulare« erscheint der Baum als »amandalarius«, als »amygdalus« bei Hildegard und als »mandelpaum« bei Konrad von Megenberg.

Die Griechen stellten Mandelgebäck her und die Römer verwendeten – wie uns das Kochbuch des Marcus Gavinus Apicius belehrt – Mandeln auch geröstet, unter anderem für die Herstellung verschiedener Saucen. In mittelalterlichen und frühneuzeitlichen Rezeptsammlungen fehlt selten die Mandelmilch. Ihre Herstellung geht auf Fastenvorschriften zurück, nach denen auch der Milchgenuss zu bestimmten Zeiten verboten war. Im Kochbuch der Anna Wecker finden sich dazu Rezepte und noch in den bürgerlichen Kochbüchern des 19. und frühen 20. Jahrhunderts fehlt die Mandelmilch nicht, auch wenn sie dort meist nur noch als Getränk empfohlen wird und nicht wie in den Jahrhunderten zuvor als Zugabe für verschiedene Speisen und als Grundstoff auch für die Käsebereitung. In diesen Kochbüchern nehmen auch andere Mandelrezepte noch einen großen Raum ein, unter anderem »Blanc manger« (Weißes Essen), das später oft zu Plamausch, Blamensier, Blamasch verballhornt wurde.

Das aus Mandeln, Zucker (oder Honig) und Rosenwasser bereitete und noch heute sehr beliebte Marzipan soll der Sage nach in Lübeck entstanden sein: Die Stadt wurde von Feinden belagert, die Vorräte waren weitgehend verbraucht. Da bereitete ein Bäcker aus Mandeln und Zucker ein Ersatzbrot, das er – es war Markustag (25. April) – »Pan Marci« (Markusbrot) nannte. Tatsächlich stammt aber Marzipan aus dem Orient, von wo es die Kreuzfahrer oder auch Handelsleute nach Europa gebracht haben, denn in Lübeck und in anderen Handelsstätten der Hanse wurde bereits um 1400 Marzipan produziert.

Das aus den Samen gepresste Mandelöl wurde früher als Heilmittel innerlich (beispielsweise bei Bronchitis oder Magenbeschwerden) und äußerlich (Wunden, Ohrenschmerzen) verwendet. Die Mandelmilch galt als beruhigend und den Schlaf fördernd. Heute spielt die Mandel als Heilmittel keine Rolle mehr.

Süßmandeln haben einen hohen Anteil an ungesättigten Fettsäuren (67% einfach, 21% mehrfach ungesättigt), zudem enthalten sie Magnesium und Kalium, an bioaktiven Stoffen insbesondere Phytinsäure und Phytosterine.

Süßmandelöl wird in der Kosmetik und als Massageöl eingesetzt, kann aber auch in der Küche verwendet werden. Bittermandelöl verleiht dem Amarettolikör seinen köstlichen Geschmack. Süßmandeln sind nicht nur für Kuchen, anderes Gebäck, Süßspeisen und Desserts verwendbar, sondern passen auch gut zu Fisch, Geflügel und Gemüse. Mandelmilch kann man selbst herstellen oder neuerdings im Fachhandel erwerben. Sie ist auch für Personen, die wegen Allergien oder Unverträglichkeiten Milch meiden müssen, geeignet. In

Nur in mildesten Lagen Mitteleuropas reifen die Früchte des Mandelbaums.

Bereits im frühen Frühjahr entfalten sich die Blüten des Mandelbaums.

der Bittermandel ist als Bitterstoff mit bis zu 8% das Blausäureglykosid Amygdalin enthalten, aus dem bei der Verdauung Blausäure abgespalten wird.

Achtung! Bittere Mandeln sind stark giftig und sollen roh überhaupt nicht, zur Aromatisierung von Gebäck oder anderen Speisen stets nur gekocht und in kleinen Mengen verwendet werden.

Frühzeitig waren Mandel und Mandelbaum Sinnbild nicht nur der sich erneuernden Natur, sondern auch der Zeugungs-, Gebär- und Lebenskraft. Der Stecken Aarons ergrünte und trug Mandeln als Zeichen, dass Gott Aaron auserwählt hatte (4. Mose 17). Griechische Sagen erzählen, dass der Mandelbaum aus dem von den Göttern abgeschnittenen und eingegrabenen Penis des Agdistis, eines doppelgeschlechtlichen Wesens, entsprossen sei und dass Nana, die Tochter des Flussgottes Sangarius, durch eine in den Busen gesteckte Mandel schwanger geworden sei und den Attis geboren habe.

Die Mandel galt als Symbol der jungfräulichen Empfängnis: Wie sich der Mandelkern in der unverletzt bleibenden Mandel bildet, so wurde Christus in Maria gezeugt. Im Melker Marienlied wird Maria eine Gerte genannt, »diu gebar nüzze, mandalon also edele, diu süzze hâst du füre brât, muoter âne mannes rât, Sancta Maria.« Christus erscheint in mittelalterlichen Darstellungen häufig in der so genannten Mandorla.

In den **Garten** sollte man den Mandelbaum nur in mildem Weinbauklima setzen. Allerdings gibt es inzwischen Sorten, die eher winterhart sind. Auf jeden Fall braucht der Baum einen sonnigen und geschützten Platz, ist im Übrigen aber anspruchslos und gedeiht in jedem Gartenboden.

Esskastanie, Edelkastanie
Castanea sativa

Baum.
Familie der Buchengewächse (Fagaceae).
Blätter länglich-lanzettlich, am Rand buchtig gezähnt, gestielt. Männliche Blüten in gelblichen, aufrechten Kätzchen, weibliche Blüten zu 1–3 am Grunde der männlichen Kätzchen oder in eigenen schuppigen Blütenständen, die von einem grünen Fruchtbecher umhüllt werden. Nüsse zu mehreren von stacheligem Fruchtbecher umschlossen, der bei der Reife mit 4 Klappen aufspringt. Blütezeit: Juni. Höhe: bis 35 m. Bestände bildend in Südtirol, der Rheinpfalz, der Südschweiz und im Elsass.

In der mittelalterlichen Malerei oder Plastik erscheint Christus oft in der »Mandorla«, einem mandelförmigen Strahlenkranz. Zeichnung nach einem Mosaik in Santa Maria Domenica in Rom.

Die aus Kleinasien stammende Esskastanie gelangte früh nach Südeuropa. Von dort brachten die Römer »castanea« nach Mitteleuropa. Als »castanearius« erscheint der Baum im »Capitulare«, als »castenarius« im »St. Gallener Klosterplan«. Hildegard nennt ihn »kestenbaum«. Keschten oder Köschten heißt die Esskastanie oder Marone auch im bayerisch-österreichischen Sprachgebiet und am Rhein. Das Holz verwendet man als Bau-, Werk- und Möbelholz.

Im Kochbuch des Apicius gibt es ein Rezept mit Kastanien, Linsen und vielen Gewürzen.

Obwohl dieses Obst (oder Gemüse) im größten Teil Mitteleuropas nicht gedeiht, nehmen Kastanien in den bürgerlichen Kochbüchern des 19. und 20. Jahrhunderts einen relativ großen Raum ein. Da gibt es Kastanienauflauf, -creme, -mus, -pudding, -torte, Kastanien gebraten, gedünstet oder glasiert. Die neuere heimische Küche hält sich da eher zurück, vielleicht auch wegen des nicht unerheblichen Arbeitsaufwands. In der Mittelmeerküche, ganz besonders in der Sardiniens und Korsikas, spielen Kastanien traditionell eine wichtige Rolle.

Esskastanien enthalten reichlich Stärke, zudem Vitamine und Mineralien. Man isst sie geschält und gekocht (gedämpft, geschmort, geröstet) und auf unterschiedliche Weise weiterverarbeitet. Zur Füllung von Geflügel oder als Beilage zu Wild sind Kastanien ebenfalls geschätzt. Zu Mehl vermahlen, können sie dem Brot- oder Nudelteig zugesetzt oder in Suppen gerührt werden.

Hildegard von Bingen hielt sehr viel vom Kastanienbaum:

Der Kastanienbaum ist sehr warm, hat aber doch große Kraft, die der Wärme beigemischt ist, und bezeichnet die Weisheit. Und was in ihm ist und auch seine Frucht ist sehr nützlich gegen jede Schwäche im Menschen.

Sie empfiehlt einen Stock aus Kastanienholz zur allgemeinen Kräftigung, ein Dampfbad mit Blättern und

Schon im »Hausbuch der Familie Cerruti« (14. Jahrhundert) heißt es, Esskastanien würden Gehirn und Magen nicht belasten, wenn sie »über lebhaft brennendem Feuer aus trockenem Holz geröstet und mit einer Prise Salz sowie einem guten, leichten Wein verzehrt werden.«

Schalen gegen Gicht, die Früchte gegen Kopf- und Herzschmerzen, Traurigkeit sowie gegen Leber-, Milz- und Magenbeschwerden.

In der Volksmedizin werden die im Herbst gesammelten und getrockneten Blätter – sie enthalten Gerbstoffe, Harz, Pektin, Flavonoide – als Tee gegen Husten verwendet.

Im **Garten** gedeiht die frostempfindliche Esskastanie nur in milden Lagen. Sie braucht einen warmen und geschützten Platz und schätzt einen tiefgründigen, leicht sauren Boden.

Auch nördlich der Alpen reifen in geschützten Lagen, hier am Westufer des Attersees (Salzkammergut), die Früchte der Esskastanie.

OBST

Walderdbeere

Fragaria vesca und anderes Beerenobst

Erdbeeren aus Wald und Garten,
wie duften sie fein,
Die großen voll Saft, die kleinen
sind mir noch lieber.
Ich mache sie trunken zuvor
mit gezückertem Wein,
Pechvögel nur erkranken an
Nesselfieber.

FRANK WEDEKIND (1864–1918): DIE JAHRESZEITEN

Vergil und Plinius loben die Walderdbeere, die in der Antike als Nahrung gesammelt und gegessen, jedoch nicht als Heilpflanze verwendet wurde. Sie fehlt in »Capitulare«, »Hortulus« und »St. Gallener Klosterplan«. Hildegard von Bingen aber schreibt über »erpere«.

In Mittel- und Nordeuropa hat die Walderdbeere als Nahrungs- und wohl auch als Heilpflanze eine lange Tradition. In Schweizer Pfahlbauten (Jungsteinzeit) wurden Reste von Erdbeerfrüchten gefunden. Der deutsche Name der Frucht erklärt sich aus dem bodennahen Wuchs der Früchte,

der lateinische ist abgeleitet von »fragare« (duften) und »vescus« (zehrend, dürftig). Die Bedeutung ist umstritten: eine kleine oder eine den Boden auszehrende Duftpflanze?

VERSCHIEDENE ERDBEERARTEN UND -SORTEN ALS GARTENPFLANZEN

Seit dem 14. Jahrhundert hat man, zunächst in Frankreich, die Walderdbeere auch in Gärten kultiviert. Von ihr abgeleitet ist die im Alpenraum entstandene Monatserdbeere *(Fragaria vesca* var. *semperflorens)*. Im 17. Jahrhundert tauchte in der Kultur die hexaploide (mit 6fachem Chromosomensatz, siehe S. 38) Moschuserdbeere *(Fragaria elatior)* auf, die auch Zimt- oder Muskatellererdbeere genannt wurde und wegen ihres spezifischen Aromas beliebt war, ihrer 2-Häusigkeit wegen jedoch keine besondere Bedeutung erlangt hat. Im 17. Jahrhundert wurden aus Amerika großfrüchtige oktoploide Erdbeerarten nach Europa eingeführt: 1623 die Scharlacherdbeere *(Fragaria virginiana)*, 1712 die Chileerdbeere *(Fragaria chiloensis)*. Mitte des 18. Jahrhunderts erschien in Holland die Ananaserdbeere *(F. grandiflora)*, wahrscheinlich eine Kreuzung von *Fragaria virginiana* mit *Fragaria chiloensis*. Sie vereinte die erwünschten Eigenschaften beider Arten: große Früchte wie die Chileerdbeere und Winterfestigkeit sowie Ertragsreichtum wie die Scharlacherdbeere. Die heutigen Gartenerdbeeren sind durch intensive Kreuzungszüchtung aus der Ananaserdbeere abgeleitet.

192

VOM ERDBEEREN-SAMMELN UND -ESSEN

Auch als die Walderdbeere längst kultiviert wurde, hat man die Früchte weiterhin im Wald gesammelt, denn der Platz im Garten war meist anderen, nicht sammelbaren Pflanzen vorbehalten. Mit dem Erdbeerensammeln beschäftigen sich Märchen, Sagen, Legenden und Volksbrauch.

Im Kinder- und Hausmärchen der Brüder Grimm »Die drei Männlein im Walde« verlangt die böse Stiefmutter von der Stieftochter, sie solle mitten im Winter in einem dünnen Kleid in den Wald gehen und ein Körbchen voll Erdbeeren sammeln.

Die Ananaserdbeere (F. grandiflora), *Stammform unserer Gartenerdbeeren, wurde Mitte des 18. Jahrhunderts in Holland gezüchtet. Aquarell in Ludwig Kleins »Nutzpflanzen der Landwirtschaft und des Gartenbaues« (1909).*

Das arme frierende Mädchen trifft im Wald auf drei kleine Haulemännchen und teilt mit ihnen mitleidig sein Stück Brot. Sie geben ihm Erdbeeren und dazu noch andere Geschenke, so auch, dass der König das Mädchen zu seiner Gemahlin macht. Die böse Stiefmutter wird am Schluss für ihre Bosheit märchengemäß bestraft.

Als Christus noch auf Erden wanderte, begegnete er einmal einer Frau, die vom Erdbeerensammeln nach Hause ging. Er fragte sie freundlich, was denn in ihrem Korb sei. Die Frau war aber geizig und sagte: »Nichts!« Da sprach Christus: »Nun, dann soll es auch nichts sein.« Da waren die mühsam gesammelten Früchte verschwunden und seitdem nähren und sättigen die Erdbeeren nicht mehr. Diese Sage wurde in verschiedenen Gegenden und auch mit Variationen erzählt, etwa, dass statt Christus die Gottesmutter Maria erschienen und die Geschichte einem Kind widerfahren sei.

Um Johanni (24. Juni) führt Maria die verstorbenen Kinder zum Erdbeerenpflücken. Wenn eine Frau, deren Kind gestorben ist, vor dem Johannistag Erdbeeren isst, dann verweigert diesem die Gottesmutter den Erdbeergenuss mit der Begründung, dass seinen Anteil bereits seine genäschige Mutter gegessen habe. So kleinlich diese Sage auch anmutet, passt sie doch zu der alten Verbindung weiblicher Gottheiten und Dämonen mit der Erdbeere, etwa der germanischen Frija, einer Göttin der Liebe und der Fruchtbarkeit. Frija, so berichtet eine Legende, soll tote Kinder in Erdbeeren verborgen haben, um sie unentdeckt nach Walhall bringen zu können. Auch die Geister

Holda oder Frau Holle, die noch in christlicher Zeit in der Tradition der heidnischen Fruchtbarkeitsgöttinnen stehen, haben mit Erdbeeren zu tun, denn sie sollen Kindern erscheinen und ihnen Erdbeeren schenken.

Ebenfalls alte Glaubensschichten mögen berührt worden sein, wenn es bis ins 20. Jahrhundert bei Beeren sammelnden Kindern im Bayerischen Wald und im Böhmerwald der Brauch war, einzelne Erdbeeren, die ihnen beim Pflücken entfielen, als Gabe für die »Armen Seelen« liegen zu lassen oder 3 Beeren auf einem Stein, an einer Kapelle oder bei einem Kreuz als Opfer niederzulegen.

In den bürgerlichen Kochbüchern nehmen verschiedene Erdbeerrezepte jeweils relativ breiten Raum ein. So findet man beispielsweise bei Henriette Davidis: Erdbeerbowle, Erdbeercreme, Erdbeeren in Zucker, Erdbeerkaltschale, Erdbeerkompott, Erdbeerlikör, Erdbeermarmelade, Erdbeersaft, Erdbeersauce, Erdbeerschaum in Gläsern, Erdbeerspeise, Erdbeertorte mit Vanillecreme. Neuere Kochbücher bieten da weniger, vielleicht weil die zur falschen Jahreszeit aus weit entfernten Gegenden nach Mitteleuropa gebrachten Erdbeeren mit ihrer Giftlast und dem fehlenden oder wenig feinen Aroma den Ruf der Erdbeeren insgesamt etwas beschädigt haben.

Walderdbeeren sind reich an Vitamin C, verschiedenen Mineralstoffen und Ellagsäure, einer zur Gruppe der bioaktiven Polyphenole gehörenden Säure mit antioxidativer und Krebs vorbeugender Wirkung. Die Früchte verlieren beim Garen einen Großteil ihres Aromas, daher ist Rohgenuss vorzuziehen.

Achtung! Walderdbeeren können – wie auch andere bodennah wachsende Pflanzen und Pflanzenteile – mit den Eiern des Kleinen Fuchsbandwurms infiziert sein. Daher Walderdbeeren nur roh essen, wenn eine Infektion ausgeschlossen oder sehr unwahrscheinlich ist wie etwa bei Früchten aus dem eigenen Garten.

Bei entsprechend veranlagten Personen kann es nach dem Erdbeergenuss zu allergischen Reaktionen in Form von Urtikaria (Nesselsucht) kommen.

ERST IN DER NEUZEIT ALS HEILMITTEL VERWENDET?

In Antike und mittelalterlicher Klostermedizin galten Erdbeeren nicht als Heilpflanzen, möglicherweise jedoch bei Kelten und Germanen. Hildegard von Bingen schätzte weder Blätter noch Früchte:

Das Kraut, an dem Erdbeeren entstehen, ist mehr warm als kalt. Es bereitet Schleim im Menschen, der es isst, und für Heilmittel taugt es nicht. Auch die Früchte, nämlich die Erdbeeren, verursachen gleichsam einen Schleim im Menschen, der sie isst, und sie taugen weder dem gesunden noch dem kranken Menschen zum Essen, weil sie nach an der Erde wachsen und weil sie sogar in fauliger Luft wachsen.

Albertus Magnus erwähnt Brombeere, Himbeere und Maulbeere, nicht aber die Erdbeere. Diese taucht dann in den Kräuterbüchern des 16. Jahrhunderts auf. Adam Lonicer etwa schreibt über aus den reifen Früchten gebranntes Erdbeerwasser und lobt unter anderem dessen blutreinigende und herzstärkende Wirkung sowie das gegen Gelbsucht, Aussatz und rote Augen eingesetzte Erdbeerkrautwasser.

In der Volksmedizin waren Erdbeeren sehr geschätzt, wegen der leuchtend roten Früchte insbesondere gegen Krankheiten und Beschwerden, die mit Hautrötungen einhergehen oder mit dem Blut in Zusammenhang gebracht wurden. So berichtet der Arzt und Volksbotaniker Max Höfler (1848–1914), dass

Die Walderdbeere, einst verbunden mit heidnischen Göttinnen, ist Zeichen der Demut der Jungfrau Maria. »Ruhe auf der Flucht nach Ägypten« (1504) von Lucas Cranach d. Ä.

man gegen Erfrierungen der Füße mancherorts so vorging: Man füllte ein Paar Stiefel mit Erdbeeren, trat dann mit bloßen Füßen in die Stiefel und trug sie einige Stunden lang. In verschiedenen Gegenden hieß es, Erdbeeren seien gesund für Männer, aber schädlich für Frauen.

Sebastian Kneipp hielt viel von der Walderdbeere: Den Blättertee mit Milch und Zucker als Getränk vor allem auch für schwächliche Kinder, die Früchte als Mittel gegen Stein- und Leberleiden, zur Blutreinigung und für Kranke, Schwache und Rekonvaleszenten. Er empfahl zur Erdbeerzeit folgende Kur: täglich 1 Schoppen (etwa 1/4 l) Milch mit 1/2

Botanischer Steckbrief

Namen: Erber, Irber, Rotbeer.
Familie: Rosengewächse (Rosaceae).
Merkmale: Staude (Wurzelstock). Blätter in grundständiger Rosette, gestielt, 3-zählig gefiedert, behaart; Teilblättchen eiförmig, am Rand grob gezähnt, das mittlere kurz gestielt. Blüten gestielt, weiß; Kelchblätter 5, zur Fruchtzeit zurückgeschlagen, beim Pflücken der Früchte zurückbleibend; Außenkelch; Scheinfrüchte rot, mit eingesenkten Nüsschen. Lange, fadenförmige, laubblattlose oberirdische Ausläufer. Blütezeit: Mai–Juni. Höhe: 5–20 cm.
Vorkommen: In Wäldern, auf Waldlichtungen, an Böschungen, an Wegrändern.
Verwandte Art: Knackerdbeere *(Fragaria viridis)*: Blüte cremefarben, keine oder nur kurze Ausläufer; Früchte fade schmeckend, fest am Kelch sitzend; zerstreut in Halbtrockenrasen, Gebüschsäumen, lichten Eichen- und Kiefernwäldern.

Die Alten sahen im Dreiblatt der Erdbeere eine Erinnerung an die Dreifaltigkeit, in der blutroten, zur Erde geneigten Frucht ein Sinnbild der Blutstropfen Christi, in der Fünfzahl der Blütenblätter ein Andenken an die fünf Wunden Christi.

Die Erdbeere erscheint auf dem Gemälde »Ruhe auf der Flucht« (1504) von Lucas Cranach und auf Albrecht Dürers Zeichnung »Maria mit den vielen Tieren« hält das Christkind ein Erdbeerpflänzchen.

Schoppen Erdbeeren vermischt oder 2-mal täglich ein Stück Roggenbrot mit je 1/4 Schoppen Erdbeeren. Kräuterpfarrer Künzle empfahl die Früchte als Blutreinigungsmittel sowie gegen Gicht und Rheumatismus. Auch Künzle behauptete gemäß altem Volksglauben, Erdbeeren würden von Männern besser vertragen als von Frauen und empfahl diesen, die Beeren mit etwas Wein und Zucker zu nehmen. Die bei manchen Personen durch den Erdbeergenuss ausgelöste Urtikaria (Nesselsucht) deutete der Naturheilkundler als starke Ableitung »verhockter Stoffe« durch die Haut. Er empfahl den Blättertee gegen Durchfall und zur Reinigung von Leber und Nieren sowie gemischt mit anderen Kräutern als Familientee.

Walderdbeerblätter enthalten Gerbstoffe, Flavonoide, Leukoanthocyane und wenig ätherisches Öl.

In der Volksmedizin verwendet man die getrockneten Blätter als Teeaufguss gegen leichte Durchfälle.

Sinnbild für Verlockung, Lust und Demut

Wegen der leuchtend roten Farbe, des süßen Geschmacks, ihrer Beziehung zur Liebesgöttin sowie der gestaltlichen Verbindung zur weiblichen Brustwarze ist die Erdbeerfrucht Sinnbild der Verlockung und Lust. Jacob van den Bosch (1636–1676) hat eine Erdbeere gemalt, die umgeben ist von Menschen, die nach ihr lechzen und sich dabei in Tiere und Ungeheuer verwandeln.

Die Erdbeere gilt – weil sie ihre Früchte am Boden versteckt hält – als Symbol der Demut. Pfarrer Künzle schreibt in »Chrut und Uch-

Schwarzer Maulbeerbaum
Morus nigra

Baum.
Familie der Maulbeergewächse (Moraceae).
Blätter verschiedengestaltig, ei- oder herzförmig, ungeteilt oder gelappt, am Rand grob gesägt, zumindest unterseits behaart. Meist 2-häusig; Kätzchen mit unscheinbar grünlichen entweder nur weiblichen oder nur männlichen Blüten. »Beere« (aus Blütenstand hervorgegangener Fruchtstand) dunkelpurpurn. Blütezeit: Mai. Höhe: bis 15 m.
Kommt in Mitteleuropa nicht wild vor; angepflanzt in Gärten und Parks, mancherorts, etwa in der Nähe von Burgen, als lebendiges Zeugnis früherer Kultivierung.

Burgruinen bergen manchmal als Relikte und Zeugnisse früherer Gärten vergessene Kulturpflanzen wie den Schwarzen Maulbeerbaum, hier in einer Burgruine an der Donau in Niederbayern.

Der aus Südwestasien (Transkaukasien bis Iran) stammende Baum wird schon in der Bibel erwähnt. So fragt David den Herrn, wie er die Philister angreifen soll, und dieser antwortet ihm (2. Samuel 5; 23, 24):

Du sollst nicht hinaufziehen, sondern komm von hinten zu ihnen, dass du an sie kommst gegenüber den Maulbeerbäumen. Und wenn du hören wirst das Rauschen auf den Wipfeln der Maulbeerbäume einhergehen, so eile; denn der Herr ist dann ausgegangen vor dir her, zu schlagen das Heer der Philister.

Jesus verwendet den Maulbeerbaum für ein Gleichnis. Er sagt zu den Aposteln: »Wenn ihr Glauben habt wie ein Senfkorn und sagt zu diesem Maulbeerbaum: Reiß dich aus und versetze dich ins Meer! so wird er euch gehorsam sein« (Lukas 17; 6).

Der Maulbeerbaum wurde in der Antike von Griechen und Römern kultiviert. Die Römer nannten den Baum »morus« und weihten ihn der Göttin Minerva. Er heißt »morarius« im »Capitulare« sowie im »St. Gallener Klosterplan«, »maulperbaum« bei Konrad von Megenberg. Hildegard von Bingen empfiehlt den Absud von Blättern des »mulbaums« gegen Krätze und den Blättersaft gegen mit Essen oder Trinken aufgenommenes Gift. Die Frucht – so Hildegard – würde weder Gesunden noch Kranken schaden. Leonhart Fuchs nennt für Rinde, Früchte und Blätter verschiedene medizinische Verwendungen. Er rät, Maulbeeren nur bei gutem Magen und stets vor dem Essen anderer Speisen zu verzehren.

Die Maulbeerfrüchte enthalten Fruchtsäuren, Zucker und Polyphenole. Sie schmecken süß und erinnern auch im Aroma ein wenig an Brombeeren. Maulbeeren eignen sich sowohl zum Frischgenuss als auch zur Herstellung von Wein, Sirup und Marmelade.

Albertus Magnus gibt an, dass mit den Blättern des Baumes die Seidenraupen gefüttert werden, und auch Leonhart Fuchs beschreibt die Seidenraupenzucht mit Hilfe der Maulbeerblätter. In beiden Fällen ist der Schwarze Maulbeerbaum gemeint, da der in Ostasien beheimatete Weiße Maulbeerbaum *(Morus alba)* erst im Mittelalter zunächst nach Italien und noch später nach Deutschland kam. Seine weißen Früchte schmecken fade. Der Weiße Maulbeerbaum ist die eigentliche Raupenfutterpflanze.

In seinen »Metamorphosen« erzählt der römische Dichter Ovid: Zur Zeit der Königin Semiramis lebten in Babylon Thisbe und Pyramus. Sie waren in Liebe füreinander entbrannt, aber die Eltern lehnten eine Verbindung strikt ab. Eines Tages beschlossen die Liebenden, sich heimlich in der Nähe eines Maulbeerbaumes zu treffen. Als sich Thisbe zum vereinbarten Treffpunkt schlich, erschien plötzlich eine Löwin. Das entsetzte Mädchen floh und verlor dabei den Schleier, den es um unerkannt zu bleiben getragen hatte. Die Löwin nahm den Schleier mit ihrem Maul auf, das noch rot vom Blut ihres letzten Beutetiers war, spielte ein wenig damit und ließ ihn dann blutbefleckt zurück. Da kam Pyramus, sah den blutigen Schleier und glaubte, die Geliebte sei von einem wilden Tier zerrissen worden. Voller Gram stürzte er sich in sein Schwert, sodass sein Blut zu den Ästen des Maulbeerbaumes hinaufspritzte. Als sich Thisbe wieder zum vereinbarten Treffpunkt zurückwagte und den Leichnam sah, tötete sie sich ebenfalls. Seither trägt der

Der Holzschnitt in Hieronymus Bocks Kräuterbuch (Ausgabe 1577) zeigt die Szene aus Ovids »Metamorphosen«: Thisbe entdeckt Pyramus, der sich in der Annahme, der Löwe hätte seine Geliebte zerrissen, selbst getötet hat. Kurz darauf wird sich Thisbe vor Gram entleiben.

Schwarze Maulbeerbaum blutfarbene Früchte.

Maulbeerkeim (Morula) heißt das Embryonalstadium der vielzelligen Tiere (Metazoen), wenn aus der befruchteten Eizelle (Zygote) nach dem Furchungsstadium ein kugeliger Zellhaufen entstanden ist.

Im **Garten** setzt man den Baum an einen warmen, sonnigen oder halbschattigen Platz und in durchlässige, nährstoffreiche Erde.

Rote Johannisbeere
Ribes rubrum

Strauch.
Familie der Stachelbeergewächse (Grossulariaceae).
Blätter 3–5-lappig, am Rand grob gezähnt, Blattstiel höchstens so lang wie die Blattspreite. Blüten gelbgrün, meist mehr als 15 in hängenden Trauben, Beeren rot oder gelblichweiß. Blütezeit: April–Mai. Höhe: 100–150 cm. Selten in Auwäldern, auch verwildert.

Wahrscheinlich ist der Strauch im nördlichen Mitteleuropa heimisch. Die antiken Autoren schweigen über die Pflanze, in mitteleuropäischen Gärten erscheint sie erst im 15. Jahrhundert. Hieronymus Bock schreibt in seinem Kräuterbuch, »daz di wolschmekkend rothen Johanns Treublin würt inn königlich Lustgärtn gepflanzet.«

Zum Namen der um Johanni (24. Juni) reifenden Früchte erzählt eine Legende: Johannes der Täufer gelangte auf seiner Wanderung eines

Die Früchte der Roten Johannisbeere werden gern für Marmeladen, Kuchen, Kompott oder Rote Grütze verwendet.

Abends in ein ödes Felsental, wo er weder Hunger noch Durst stillen konnte. Ermattet sank er unter einem Strauch in Schlaf. Als der fromme Mann im Morgengrauen erwachte, sah er, dass der Strauch, der am Abend nur grünes Laub getragen hatte, voller leuchtend roter Beeren hing. Johannes erquickte sich an dieser köstlichen Speise und dankte Gott für das Wunder. Seither trägt der Strauch Früchte und den Namen des Heiligen.

Rote Johannisbeeren enthalten viel Vitamin C, zudem andere Vitamine, Mineralstoffe und zu den bioaktiven Stoffen gehörende Carotinoide.

Große Johannisbeerfrüchte erntet man auf dieser Abbildung im Florilegium des Ulrich Völler von Gellhausen vom Jahr 1616.

Die zerstreut bis verbreitet in lichten Wäldern vorkommende Stachelbeere *(Ribes uva-crispa)* wird in Mitteleuropa erst seit dem 18. Jahrhundert in Gärten kultiviert. Mancherorts in Bayern wurden in der Walpurgisnacht Stachelbeerzweige in ein ausgestochenes Rasenstück gesteckt und dieses vor die Stalltür gelegt: Die Hexe wird dann durch die Stacheln abgehalten, zudem muss sie erst alle Grasspitzen zählen, ehe sie die Schwelle überschreiten kann.

Achtung! Unreife oder in größeren Mengen verzehrte Früchte der *Ribes*-Arten können Magen-Darm-Beschwerden verursachen.

Stachelbeeren können roh genossen werden und lassen sich auch zu Saft, Gelee, Marmelade oder Wein verarbeiten. Aquarell in Ludwig Kleins »Nutzpflanzen der Landwirtschaft und des Gartenbaues« (1909).

Die Früchte können roh und ohne weitere Zutaten gegessen werden. Wer es lieber weniger sauer mag, vermischt sie mit süßen Früchten und/oder verarbeitet sie etwa zu Marmeladen, Kuchen, Kompott, Roter Grütze. Beliebt sind auch Johannisbeersaft und insbesondere Johannisbeerwein (daher Name »Weinbeerl« im bayerisch-österreichischen Sprachraum).

Im **Garten** sind die Sträucher anspruchslos. Sie gedeihen an sonnigen bis halbschattigen Plätzen und in einem humosen, nicht zu trockenen Boden.

Die zerstreut in Auwäldern und Erlengebüsch wachsende und in Gärten kultivierte Schwarze Johannisbeere *(Ribes nigrum)* wird auch Gichtbeere oder Gichtstock genannt, weil ihre getrockneten Blätter in der Volksmedizin bei Gicht und rheumatischen Erkrankungen als Teeaufguss verwendet werden. Die Früchte sind ebenfalls ein beliebtes Beerenobst. Man verarbeitet sie auch zu Likör, etwa dem berühmten »Cassis«.

Färberwaid, Waid

Isatis tinctoria zum Blaufärben und eine
traditionsreiche rot färbende Pflanze

Farberwaid in der Nähe von Erfurt

DIE BLAUE HAND

Ein Richter war, der sah nicht wohl:
Ein Färber kommt, der schwören soll.
Der Färber hebt die blaue Hand;
Da ruft der Richter: Unverstand!
Wer schwört im Handschuh? Handschuh aus!
Nein! ruft der Färber; Brill heraus!

GOTTHOLD EPHRAIM LESSING (1729–1781): SINNGEDICHTE

B ei den Kelten hieß die Pflanze »glastum« und bei den Germanen »uuisdil« (gotisch) oder »waizda« (westgermanisch), bei den Griechen »isatis« und bei den Römern »vitrum«. Im »Capitulare« erscheint sie als »walsdo«, als »weyt« bei Hildegard von Bingen und als »sandix« bei Konrad von Megenberg und Albertus Magnus.

Waid wurde also früh in Europa verwendet, man weiß aber nicht genau, wie er aus Südosteuropa und Westasien, wo er ursprünglich beheimatet war, in den Westen und Norden gekommen ist. Udelgard Körber-Grohne vermutet, Waid könne ähnlich wie Hanf in keltischer Zeit die Donau entlang gekommen sein. Ein Fund aus der Jungsteinzeit in einer Höhle in Frankreich (Bouche-du-Rhône) sei allerdings älter und lasse sich vor diesem Hintergrund nicht deuten. Jedenfalls hat man bei Ausgrabungen in der Heuneburg an der oberen Donau Abdrücke von Waidfrüchten gefunden, die dem 5. oder 6. Jahrhundert v. Chr. (frühe La-Tène-Zeit) zuzuordnen waren. Aus der römischen Kaiserzeit gibt es Früchte und Samen: verkohlt aus der Siedlung von Ginderup in Dänemark, unverkohlt aus der Feddersen-Wierde, einer in frühgeschichtlicher Zeit bewohnten Wurt nördlich von Bremerhaven. Man geht davon aus, dass Früchte und Samen in beiden Fällen aus planmäßigem Anbau in Gärten stammen. In einem Schiffsgrab, das man bei Oseberg in Norwegen gefunden hat und das auf ca. 850 n. Chr. datiert ist, befand sich unter den zahlreichen Grabbeigaben für die beigesetzte Wikingerkönigin Asa auch ein Gefäß mit Waid und Krapp.

Das Ernten der Waidblätter erfolgte durch Abstoßen mit dem Waideisen. Holzschnitt aus dem 17. Jahrhundert, Erfurt.

EINE WIKINGERKÖNIGIN ALS WAIDFÄRBERIN?

Die in diesem Grab ebenfalls gefundenen Webbrettchen, Handspindeln, und Kessel könnten auf einen Tätigkeitsbereich der Königin zu ihren Lebzeiten hinweisen. Die Herstellung von Textilien – Spinnen, Färben, Weben – war bis ins hohe Mittelalter und oft noch darüber hinaus eine Pflicht auch hoch gestellter Frauen, wobei diese allerdings die »niederen« Arbeiten, die dabei anfielen, den Mägden überließen.

In einem Papyrus aus dem Ägypten des 3. Jahrhunderts n. Chr., den man in einem Grab gefunden hat und der in Stockholm im Nationalmuseum aufbewahrt wird, ist der Vorgang des Färbens von Wolle mit Waid genau

beschrieben. Auf 400 n. Chr. datierte man mit Waid gefärbte Textilien aus Wollgarnen, die in einem Moor bei Thorsberg in Schleswig-Holstein gelegen hatten.

In seinem Buch über den Gallischen Krieg berichtet Julius Caesar über die keltischen Einwohner Britanniens – er versuchte 55 und 54 v. Chr. sie kriegerisch zu unterwerfen –, diese würden sich mit Färberwaid einreiben, um im Kampf noch schrecklicher auszusehen. Plinius schreibt über die Daker, eine in der römischen Kaiserzeit das Land zwischen Theiß, Donau und Pruth bewohnenden Untergruppierung der Thraker, und ebenso über die Samaten, ein iranisches Nomadenvolk, dass sie sich mit Waid tätowierten. Von den britannischen Frauen berichtet er, sie würden bei bestimmten Zeremonien nackt und mit Waid eingerieben einhergehen. Bemerkenswert ist, dass Plinius und auch andere römische Autoren nichts über die Waidverwendung in Italien schreiben, während Dioskurides den Waid als Färbepflanze bezeichnet.

DAS MITTELALTER – DIE GROSSE ZEIT DES WAIDS

Abgesehen von den nicht farbechten und daher unbedeutenden Blaufärbereien mit Pflanzen wie Kornblume oder Heidelbeere, war das gesamte Mittelalter hindurch Waid die blau färbende Pflanze schlechthin und man hat sie sicher schon früh auch im Feld angebaut. Waid war damals der einzige Lieferant des blauen Farbstoffs Indigo, der als farblose Vorstufe Isatan in den

Blättern enthalten ist, und die kostbare Pflanze wurde vielerorts in Europa kultiviert. Die Zentren des Waidanbaus in Deutschland waren Sachsen und vor allem Thüringen, das europaweit bedeutsam für Waidanbau und -handel war. Der Thüringer Waid war wegen seiner hohen Färbekraft dem am Niederrhein um Jülich, in Oberschlesien oder um Nürnberg angebauten überlegen und bei den Färbern besonders begehrt. In Thüringen baute man in mehreren hundert Dörfern Waid an, und Gotha, Tennstedt, Arnstedt und Langensalza waren Waidstädte, die bereits um die Mitte des 13. Jahrhunderts das Recht zum Waidhandel erwarben. Am bedeutendsten aber war Erfurt. So schreibt schon Konrad von Megenberg zum Waid: »… und ist den verbern guot, die tuoch dâ mit verbent und dar nâch ander varb dar zuo mischent. des krautes ist in Dürgen vil um Ertfurt.«

Über Erfurts Rolle als Waidstadt sowie zu Waidanbau und -verarbeitung gibt es viele Urkunden und Aufzeichnungen. Die geernteten Blätter wurden gewaschen, dann ließ man sie auf Wiesen trocknen und anwelken, um sie anschließend in Waidmühlen, die als wichtige Arbeitsmittel meist der Gemeinde gehörten, zu einer breiartigen Masse zu zerquetschen. Aus dem Waidbrei formten Frauen kleine Ballen, die man trocknen ließ und anschließend in die Stadt brachte. Die Bauern aus der Umgebung von Erfurt und aus anderen Orten des Thüringer Beckens mussten den Waid nach Erfurt bringen, da Kauf und Verkauf für sie nur dort erlaubt waren. 1351 gingen Waidhändler und Stadt in einem »Zunftbrief«

noch weiter und bestimmten: »en sal och nymand andirswo koufen wait als off dem markte«, nämlich dem Waidmarkt. Dort drängten sich von Juni bis September die mit Waidballen beladenen Fuhrwerke. Die Käufer verlangten Proben und diese zogen die Waidbauern auf Papier oder Stein. Je dunkler der Farbton der Probe, desto besser die Waidqualität und umso höher der Preis. Die Stadt beschäftigte 4 vereidigte Waidmesser und zog sowohl vom verkaufenden Bauern als auch vom kaufenden Händler eine Abgabe ein.

Die als Halbfabrikat erworbenen Waidballen wurden in Waidhäusern eingelagert und im Herbst und Winter weiter zu Pulver verarbeitet. Diese wenig angenehme und von üblen Gerüchen begleitete Arbeit besorgten die bei den Waidhändlern in Lohnar-

In Pferdingsleben, einem Dorf in der Nähe von Gotha, ist diese Waidmühle als interessantes Kulturdenkmal zu besichtigen.

beit stehenden und von einem Waidmeister beaufsichtigten Waidknechte. Zunächst schüttete man die trockenen Waidballen auf die Böden der Waidhäuser und zerschlug sie mit Waidhämmern. Die Trockenmasse wurde mit Wasser und Urin begossen, der entstandene Brei durchgearbeitet und gewendet, damit die Gärung in Gang kommen konnte. Sie erstreckte sich über mehrere Wochen und erforderte immer wieder Arbeitsschritte wie Ausbreiten, Wenden, Zerkleinern, erneutes Aufhäufen und Befeuchten. Im Verlauf der Fermentation wird das Isatan durch das Enzym Isatase in Zucker und Indoxyl gespalten. Unter Einwirkung des Luftsauerstoffs verbinden sich jeweils 2 Indoxylmoleküle zu Indigo. Die Waidmasse musste dann monatelang zum Trocknen liegen bleiben, ehe sie zerkleinert und gesiebt werden konnte. Das auf diese Weise gewonnene Indigo-Pulver füllte man in Holzfässer, die – versehen mit dem Erfurter Stadtwappen und den

Aus den mit Hilfe der Waidmühle zerquetschten Blättern formte man faustgroße Ballen und trocknete sie auf Waidhorden. Holzschnitt aus dem 17. Jahrhundert, Erfurt.

Händlermarken – zu Handelsorten und Textilbetrieben in ganz Europa geliefert wurden.

Durch den Waidhandel entstanden in Erfurt reiche Patrizierfamilien mit großem Einfluss. Bereits 1392 spendeten sie die Mittel für die Gründung der Universität Erfurt. Im ausgehenden Mittelalter setzten die »Waidjunker« durch, dass niemand mehr von auswärts in Erfurt Waid kaufen durfte, sondern nur Erfurter Bürger. Durch das von ihr erhobene Waidgeld verdiente die Stadt selbst auch sehr gut am Waidgeschäft und ihre Rechenmeister hatten viel zu tun. Der bekannteste unter ihnen war Adam Riese (1492–1559), der 1518 in Erfurt sein erstes Rechenbüchlein drucken ließ.

Kulturdenkmal Waidmühle

»BLAU MACHEN« AM MONTAG

Indigo ist der einzige aus Pflanzen gewonnene Küpenfarbstoff, alle anderen Pflanzenfarbstoffe sind Beizenfarbstoffe (siehe S. 204). Küpenfarbstoffe, zu denen auch der synthetische Indigo und andere synthetische Farbstoffe gehören, sind nicht wasserlöslich. Die Küpenfärbung beruht auf einem Reduktions- und einem anschließenden Oxidationsprozess. Die Reduktion fand früher in Holzbottichen (Küpen) statt. Zur Erzeugung des für die Reduktion nötigen alkalischen Milieus gab man neben dem Farbstoff auch Kuhmist, Urin und Pottasche in die Küpe. Durch Zugabe verschiedener Mengen Krapp konnte man schwarze, blaue, grüne und braune Farbtöne erzeugen.

Bei der anschließenden so genannten Verküpung wird durch Gärung das Reduktionsmittel Wasserstoff erzeugt und der Farbstoff in eine wasserlösliche Leukoverbindung umgewandelt. In die übel riechende gärende Brühe wurden die zu färbenden Textilien getaucht. Sie waren anschließend zunächst ungefärbt, denn der blaue Farbton entsteht erst durch Oxidation des Leukoindigos. Man breitete das Färbegut an der Luft aus und musste nun warten, bis es sich nach einigen Stunden blau verfärbt hatte. Da dies meist an einem Montag geschah, entstanden die Redewendungen vom »blauen Montag« und vom »blau machen«. Die moderne Küpenfärbung umfasst mehrere langwierige Behandlungsschritte. Für das Kupenfärbeverfahren eignen sich am besten Woll-, Baumwoll- und Leinenfastern.

BOTANISCHER STECKBRIEF

Namen: Deutscher Indigo.
Familie: Kreuzblüter (Cruciferae).
Merkmale: 2-jährig. Stängel in der oberen Hälfte verzweigt. Grundblätter in Rosette, grün, 30–35 cm lang, weich behaart; Stängelblätter schmal, blaugrün, kahl, die oberen mit herz-pfeilförmigem Grund. Schötchen flach, länglich-oval, 1-samig, bei der Reife dunkelviolett. Blütezeit: Mai–Juli. Höhe: 50–140 cm.
Vorkommen: Zerstreut aus ehemaligen Kulturen verwildert und eingebürgert, in Deutschland im Rheingebiet häufiger; fast ganz Europa.
Wissenswertes: Für die Gewinnung des Farbstoffs werden im 2. Jahr die Blätter der im 1. Jahr gebildeten Blattrosette vor dem Öffnen der Blüten geerntet.

DER INDIGOSTRAUCH ALS SIEGER – UND ALS VERLIERER

Mit der Entdeckung des Seeweges nach Indien durch Vasco da Gama (1498) begann eine Entwicklung, in deren Verlauf der blaue Farbstoff Indigo zunehmend aus dem indischen Indigostrauch (Indigofera tinctoria) beziehungsweise anderen Indigofera-Arten gewonnen und nach Europa eingeführt wurde. Der Indigostrauch enthält in seinen Blättern als farblose Vorstufe das Glykosid Indican. Man ging so vor: Nach der Ernte werden die Blätter in Becken dicht übereinander gepackt und mit Kalkwasser bedeckt. Durch die sich in wenigen Stunden entwickelnde Gärung kommt es unter Abspaltung von Zucker zur Bildung von Indoxyl. Die Masse wird mit Ätzkalk vermischt und kräftig gerührt. Unter Einwirkung des Luftsauerstoffs verbinden sich je 2 Indoxylmoleküle zum Farbstoff Indigo. Dieser wurde getrocknet und dann an die Färbereien verschickt.

Indigo aus dem Indigostrauch war leichter und billiger herzustellen, er war ergiebiger und farbbeständiger und wurde deshalb von den Färbern in Europa immer mehr verwendet. Zunächst brachten ihn die Portugiesen, später die Holländer und Engländer nach Europa. Um den heimischen Waidanbau zu schützen, erklärte Kaiser Ferdinand III. den seit 1498 eingeführten Indigo zur Teufelsfarbe, was aber auf Dauer nichts half. Nach und nach verfielen überall in Europa Waidanbau und Waidhandel, auch in Thüringen, zumal als 30-jähriger Krieg und Pest noch das Ihre dazu taten. Als Napoleon I. 1806 die Kontinentalsperre gegen England verhängte, konnte dies Waidanbau und -handel nur vorübergehend fördern. Im 19. und 20. Jahrhundert erlosch schließlich der Waidanbau in ganz Europa, zuletzt um 1910 zwischen Gotha und Langensalza.

Auch mit dem Anbau des Indigo-strauches und dem Handel des da-raus gewonnenen Indigos war es bald vorbei, nachdem 1880 die Synthese des Farbstoffs und 1897 die groß-technische Herstellung gelungen waren. Die 1873 von Levi Strauss, einem als Löw Strauss in die USA ausgewanderten Franken aus Butten-heim, kreierten Blue Jeans waren zu-nächst mit Indigo aus dem Indigo-strauch gefärbt, später meist mit dem synthetischen Farbstoff.

WUNDPFLASTER, HILFE GEGEN »ANTONIUS-FEUER«, HOLZSCHUTZ

Waid wurde seit der Antike auch als Heilmittel verwendet. So berichtet schon Dioskurides, dass man die Blätter auf Geschwülste, Ge-schwüre und Wunden lege. Im »Ma-cer floridus« heißt es über Waid:

Waid galt einst als wirksam gegen das so genannte Antoniusfeuer, einer im Mittelalter in ganz Europa verbreite-ten epidemischen Krankheit, bei der man insbesondere den heiligen Anto-nius, den Einsiedler, anrief.

Isatis heißt dieses Kraut bei den Griechen, bei uns im Volksmund nennt man es Gaisdo. Den Tuch-färbern bringt es riesigen Gelder-werb. Bereitet man aus den ge-stampften Blättern ein Pflaster, schließt und verheilt es selbst die größten Wunden und bringt ihre / Blutung zum Stehen, ferner ver-drängt es sämtliche Geschwülste; und stampfst du es mit Honig, so reinigt es eiternde Wunden. Mit Eiweiß verquickt und aufgetra-gen, verschönt es Male auf der Haut und hilft dem Antoniusfeuer ab.

Das so genannte Antoniusfeuer war die Folge einer Vergiftung mit Mutterkorn und kam im Mittelalter in Form von Epidemien vor. Gegen die Krankheit wurde St. Antonius der Einsiedler um Hilfe angerufen.

Hildegard von Bingen empfahl ge-gen allerlei Lähmungen im Körper das Wasser, in dem man Waid ge-kocht hat, mit Geierfett und Hirsch-talg zu vermischen, alles miteinander zu kochen und eine Salbe daraus herzustellen. Adam Lonicer gibt ähn-lich wie der »Macer« die äußerliche Anwendung bei Wunden und dem »wilden Feuer« (Antoniusfeuer) an.

Seit den 80er-Jahren des vorigen Jahrhunderts wird in Thüringen wie-der Waid angebaut. Man stellt aus der Pflanze inzwischen mehr als 20 ver-schiedene Produkte her. Die traditio-nelle Indigo-Blaufärbung spielt aller-dings eine untergeordnete Rolle; man verwendet vor allem die pilz- und in-sektenhemmenden Inhaltsstoffe in Farben für den Hausbau. Derzeit werden in Deutschland Inhaltsstoffe und arzneiliche Wirkungen des in China und Indien als Heilpflanze ver-wendeten Waids erforscht.

Färberröte, Krapp
Rubia tinctorum

Aus den getrockneten Wurzeln der Färberröte wurde früher ein auch »Türkisch Rot« genannter Farbstoff gewonnen.

Kultiviert wurde die Färberröte bereits im alten Orient bei Persern und Indern sowie in der griechischen und römischen Antike. Bei den Griechen wurde sie »ereuthodanon«, bei den Römern »rubia« genannt. Im »Capitulare« wird »warentia« erwähnt.

Wegen des roten Farbstoffs Alizarin, der sich in größerer Menge im Zellsaft der inneren Wurzelrinde befindet, hat man die aus dem östlichen Mittelmeerraum stammende Pflanze angebaut. Die etwa 3 Jahre alten Wurzelstöcke und Wurzeln wurden ausgegraben, getrocknet und gemahlen. Mit dem rötlichen Pulver kann man rot oder auch gelb färben. Alizarin gehört zu den Beizenfarbstoffen, bei denen das Färbegut zunächst mit einem Beizmittel wie Alaun (Kaliumaluminiumsulfat) vorbehandelt werden muss, bevor aus wässriger Lösung gefärbt werden kann. Man verwendete Krapp auch, um blau gefärbte Wolle überzufärben und so ein Purpurrot zu erhalten, mit dem man die echte (und teurere) Farbe aus der Purpurschnecke imitierte.

Ein früher mittelalterlicher Krappnachweis in Europa ist ein Umhang aus krappgefärbter Wolle. In ihm war die um etwa 570 n. Chr. gestorbene Merowingerkönigin Arnegunde in Paris bestattet worden. Bei Ausgrabungen in der Altstadt von York (England) wurden Stängel und Wurzeln der Färbepflanze gefunden und dem 10. Jahrhundert zugeordnet.

Mit dem auch »Türkisch Rot« genannten Krappfarbstoff färbte man Wolle, Seide, Leder und später auch die Baumwolle. In Europa lag das Hauptanbaugebiet für Krapp in Frankreich. Im 19. Jahrhundert wurden die Hosen der französischen Soldaten mit Krapp gefärbt. Der Krappanbau dehnte sich im 19. Jahrhundert weltweit aus. 1868 wurden insgesamt 70000 Tonnen Farbstoff aus Krapp erzeugt. Das Ende des Krappanbaus kam rasch, nachdem 1868 in Berlin den Chemikern C. Graebe und C. Liebermann die Synthese von Alizarin gelungen war und dieses 1871 als billiger herzustellender Farbstoff in den Handel kam.

Plinius erwähnt Krapp als Heilmittel bei Gelbsucht. Hildegard von Bingen empfiehlt für »risza« verschiedene Zubereitungen gegen Fieber. Die Kräuterbücher des 16. Jahrhunderts nennen allerlei Krankheiten und Beschwerden, auf welche die »Rödte« günstig wirken soll. In den folgenden Jahrhunderten spielte Krapp als Heilpflanze eine untergeordnete Rolle. Heute sind krapphaltige Arzneimittel nicht mehr zugelassen, da man in der Wurzel Erbgut verändernde und Krebs fördernde Inhaltsstoffe gefunden hat.

Die Färberröte war die wichtigste Färbepflanze für Rot. Andere Kulturpflanzen, aus denen man roten Farbstoff gewann, waren etwa Stockrose (siehe S. 110), der auch für Gelbfärbung verwendete Saflor *(Carthamus tinctorius)* oder die aus Amerika eingeführte Kermesbeere *(Phytolacca americana)*.

Im **Garten** braucht der frostempfindliche Krapp einen geschützten und sonnigen Platz sowie nährstoffreichen Boden.

Safran

Crocus sativus und andere
gelb färbende Pflanzen

*Als endlich alle saßen, kam die Suppe auf den Tisch, eine schöne Fleischsuppe,
mit Safran gefärbt und gewürzt und mit dem schönen weißen Brot, das die
Großmutter eingeschnitten, so dick gesättigt, dass von der Brühe wenig sichtbar war.*

JEREMIAS GOTTHELF (1797–1854): DIE SCHWARZE SPINNE

In seiner vorderasiatischen Heimat
wird Safran schon seit Jahrtausenden kultiviert, beispielsweise ist sein
Anbau in Persien bereits für 960
v. Chr. belegt. Das Hohe Lied (4,
13–14) der Bibel erwähnt Safran zusammen mit anderen wohlriechenden Gewürzpflanzen:

*Dein Schoß ist ein Park von
Granatbäumen mit allerlei köstlichen Früchten, Cypertrauben
samt Narden, Narde und Safran,*

*Gewürzrohr und Zimt samt aller-
lei Weihrauchhölzern, Myrrhen
und Aloe mit den allerbesten
Balsamen.*

Safran gelangte bereits in der Antike nach Griechenland und Italien.
Homer und Hippokrates erwähnen
die Pflanze und die Römer legten
»crocus«-Kulturen in den Abruzzen
und in verschiedenen Gegenden ihres
Reiches an. In den »Metamorphosen« des Ovid erscheint das Liebes-

paar Crocus und Smilax als in Pflanzen Verwandelte: Der Mann als Safran, die Geliebte als Windenblüte.
Zu einem größeren Safrananbau kam
es in Südeuropa erst ab dem 9. Jahrhundert unter dem Einfluss der Araber in Spanien. Von Spanien aus kam
Safran zunächst nach Frankreich,
später durch die Kreuzfahrer auch in
Gärten und Küchen Mitteleuropas.
Albertus Magnus bezeichnet ihn als
»crocus hortensis« (Gartenkrokus).
Leonhart Fuchs schreibt: »Yetzund
würdt der Teütsch Osterreichisch
Saffran so vmb die statt Wien wechst
/ über den Orientischen / vnnd andere
alle gebreißt. Der Saffran würt auch
sonst an vil orten vnsers Teütschen
lands gepflanzt.«

Heute ist der Safrananbau in
Mitteleuropa weitgehend erloschen,
allerdings wird er in Mund, im Wal-
lis, seit einigen Jahren wieder gepflegt. Der Name Safran ist vom arabischen Wort »zafaran« (Gelbsein)
abgeleitet. Er bezeichnet die Pflanze
und die aus ihrer Blüte gewonnenen
Narbenäste beziehungsweise das daraus gemahlene Pulver.

EIN LUXUSARTIKEL UND
SEINE FÄLSCHUNGEN

Die Kulturgeschichte des Safrans
ist nur zu verstehen, wenn man
weiß, dass für 1 g Safran 150–200
Blüten gepflückt und aus ihnen die
purpurroten Narben gezupft werden
müssen. So wird auch der hohe Preis
des teuersten Gewürzes verständlich.
Wie bei anderen Luxusartikeln sollen
die Römer auch beim Safran Rekorde
geliefert haben: Kaiser Nero (54–68)
ließ anlässlich eines Triumphes die

Um den Handel mit gefälschtem Safran zu verhindern, richtete man ab dem späten Mittelalter Kontrollämter ein. Die Safran- und Gewürzschau in Nürnberg zeigt der Stich von G. P. Nusbiegel (1783) nach einem Gemälde von Joachim von Sandrart (um 1656).

Straßen Roms mit Safran bestreuen, Kaiser Hadrian (117–138) ließ einst mit Safran gefärbtes Wasser die Stufen des Theaters hinabrinnen und Kaiser Heliogabalus (218–222) badete in Teichen, deren Wasser mit Safran gelb gefärbt war, und ließ bei Festmählern den Gästen mit Safran gepolsterte Sitze zuweisen.

Der hohe Preis forderte immer wieder zur Safranfälschung heraus. Fälscher mischten dem Safranpulver Wasser oder Öl bei und machten es so schwerer; zudem erhielt es durch diese Zugaben den typischen fettigen Glanz. Gefälscht wurde auch durch Zumischung anderer Blütenbestandteile (Stempel, Staubgefäße) des Safrans oder durch die Zugabe andersartiger Blüten ähnlicher Farbe wie Färberdistel oder Ringelblume oder einfach irgendeines roten Pulvers. Bereits in der antiken Literatur finden

sich Hinweise zum Erkennen von Fälschungen und die Androhung drastischer Strafen für Fälscher. Im 14. Jahrhundert wurden in verschiedenen Städten Deutschlands, Frankreichs, Italiens und der Schweiz Kontrollämter für den Safranhandel eingesetzt. Als Strafen waren Verbrennen und Lebendigbegraben vorgesehen. Belegt ist die Verbrennung eines Nürnberger Safranfälschers im Jahre 1444.

Hochwertiger Safran enthält keine Stempelbestandteile, sondern nur die Narbenäste.

»SAFRAN MACHT DEN KUCHEN GEEL«

Bereits vor Jahrtausenden wurde Safran als Färbemittel verwendet; er ist einer der ältesten Textilfarbstoffe der Menschheit. Homer lässt Eos, die Göttin der Morgenröte, ein safranfarbenes Gewand tragen, das nur Göttern und Helden gebührte.

Die Sitte, Speisen mit Safran oder anderem zu färben, wurde in Mittel-

europa wohl von den Arabern übernommen und zunächst bei Fürsten und später auch bei Bürgern gepflegt. Kunde davon geben etwa der oben angeführte Text von Jeremias Gotthelf oder auch das bekannte Kinderlied:

> *Backe, backe Kuchen,*
> *Der Bäcker hat gerufen.*
> *Wer will guten Kuchen backen,*
> *Der muss haben sieben Sachen:*
> *Zucker und Schmalz,*
> *Eier und Salz,*
> *Milch und Mehl,*
> *Safran macht den Kuchen geel.*

Oft ging es aber nicht nur um die gelbe Farbe, sondern auch um den würzenden Effekt von Safran. Er duftet und schmeckt ein wenig honigartig, warm, aber auch bitter und herb. Bei verschiedenen Rezepten im Kochbuch der Anna Wecker (1598) wird Safran verlangt, so etwa zum »Aepfelmüßlein für die krancken« oder an die »Sultzen«. Im 19. Jahrhundert scheint dann das Färben und Würzen mit Safran aus der Mode gekommen zu sein. Henriette Davidis empfiehlt in ihrem Kochbuch für das Färben von Bouillon (das man wohl immer noch für angezeigt hielt) nicht mehr Safran, sondern »eine mit der gelben Schale geröstete Zwiebel oder eine geriebene Mohrrübe«.

APHRODISIAKUM FÜR FRAUEN UND NERVENMITTEL

Der honigartige Duft, der auch die Würzkraft bestimmt, ließ Safran als Aphrodisiakum, und zwar besonders für Frauen, erscheinen. Als sich Zeus in Gestalt eines Stiers der Europa näherte, hauchte er Safrandüfte und als er auf dem Berg Ida mit Hera Hochzeit hielt, ließ er ringsum herrliche Blumen sprießen, darunter auch Safran. Konrad von Megenberg und Leonhart Fuchs schreiben, dass Safran unkeusch mache. Tatsächlich hat er eine anregende Wirkung auf die glatte Muskulatur der Gebärmutter und wurde deshalb zur Förderung der Menstruation und Geburt, zur Austreibung der Nachgeburt und auch als Abtreibungsmittel verwendet. Trotz dieser Beziehung zum weiblichen Geschlecht hieß es in den niederösterreichischen Safran-Anbaugebieten, nur Männer oder Knaben, nicht Frauen oder Mädchen, sollten Safran pflücken. Die Menses würden die Safranblüten verwelken lassen und ihrer färbenden und würzenden Kraft berauben.

Hildegard von Bingen befasst sich überhaupt nicht mit dem damals wohl noch wenig üblichen Arzneimittel. Konrad von Megenberg bringt verschiedene Anwendungsgebiete, auch: »wenn man saffrân in wein trinkt, sô macht er trunken und macht die läut vil lachent, alsô daz sie niht wizzent, dar umb, daz er daz herz sterkt und froelich macht.« Dazu passt auch, dass Safran schlaffördernd wirkt und ihm insgesamt eine krampflösende, entspannende und beruhigende Wirkung zukommt. Auch Leonhart Fuchs nennt ihn schlaffördernd, zudem harntreibend, gegen verschiedene Augenleiden wirksam, magenstärkend und hustendämpfend.

Die getrockneten Narbenäste enthalten ätherisches Öl, dessen Hauptbestandteil Safranal den typischen Duft bedingt, Bitterstoffe und verschiedene Carotinoidfarbstoffe, darunter das intensiv färbende und wasserlösliche Crocin. Wegen geringer Wirksamkeit und der Gefahr von Nebenwirkungen wird Safran heute nicht mehr als Nervenberuhigungsmittel oder bei Krämpfen und Asthma verwendet. Als Bitterstoffgewürz wirkt er jedenfalls verdauungsfördernd.

Achtung! Safran kann in höherer Dosierung Vergiftungserscheinungen auslösen. Schwangere Frauen und Kinder sollten auf Safran verzichten.

Ringelblume
Calendula officinalis

1-jährig, selten 2-jährig.
Familie der Köpfchenblüter (Asteraceae).
Stängel verzweigt. Blätter ungestielt, spatelförmig. Stängel und Blätter behaart. Blütenköpfe goldgelb bis orange, endständig, groß; zungenförmige Randblüten, zentrale Röhrenblüten. Früchte stachelig, die inneren zu einem Ring gekrümmt. Der Pflanze entströmt streng-würziger Duft. Blütezeit: Juni–Oktober. Höhe: 30–60 cm.
Auf nährstoffreichen Schuttböden zuweilen verwildert.

Der heitere Anblick im Garten blühender Ringelblumen hat schon Otto Brunfels in seinem »Contrafayt Kreüterbuch« (1532) zur Pflanze schreiben lassen, sie »würt gezyelet in den gärten / allein für ein zyerde / unnd zu den kränzen«.

Die auch Gartenringelblume, Goldblume, Ringelrose genannte Ringelblume stammt aus dem Mittelmeerraum und gelangte im Verlauf des Mittelalters in mitteleuropäische Gärten. Bei den antiken Schriftstellern lässt sie sich nicht mit Sicherheit nachweisen und auch im Mittelalter ist nicht immer klar, ob sich »heliotropium«, »solsequium«, »sponso solis« oder entsprechende deutsche Namen wie »sunnenwerbel« etwa bei Konrad von Megenberg auf die Ringelblume beziehen. Auch andere Pflanzen wie die Wegwarte, die ihre Blüten ebenfalls am Morgen öffnen und am Nachmittag schließen, sich also nach der Sonne richten, wurden nämlich mit solchen Namen benannt. Der Name Ringelblume – »ringula« bei Hildegard von Bingen – ist von den ringförmig gekrümmten Früchten abgeleitet.

Die Blüten der Ringelblume wurden zum Verfälschen von Safran benutzt oder – wie beispielsweise der auch »Falscher Safran« genannte Saflor – als Safranersatz. Als Salatwürze kann man Blüten und fein gehackte Blätter der Ringelblume verwenden.

Der arabische Arzt Avicenna (980–1034) behauptete, dass bloßes Riechen an einer Ringelblume genüge, um eine Fehlgeburt auszulösen. Tatsächlich galt die Ringelblume auch als Abtreibungsmittel. Hildegard von Bingen und Albertus Magnus loben die Wirkung gegen allerlei Gifte, den Biss giftiger Tiere und verschiedene Krankheiten. Lonicerus empfiehlt sie in seinem Kräuterbuch gegen Würmer und verschiedene andere Leiden. Wegen der gelben Farbe galt die Ringelblume als Mittel gegen Gelbsucht. Der Arzt Johann Joachim Becher dichtete im 17. Jahr-

hundert über die damals angenommene Heilwirkung:

Der Leber / Hertzen auch / steht
bey die Ringelblum /
Sie treibt den Schweiß und Gifft /
behält darin den Ruhm /
Sie fördert die Geburt / und treibt
der Frauen Zeit /
Ein Wasser / Essig und Conserv
wird drauß bereit.

Ringelblumenblüten enthalten Saponine, Flavonoide, Cumarine, Carotinoide, Polysaccharide und etwas ätherisches Öl. Zubereitungen aus den getrockneten Blütenköpfen oder Zungenblüten sind in der Phytotherapie äußerlich angewendet bei Haut- und Schleimhautentzündungen, innerlich nur als schönende Teezugabe anerkannt. Die Volksmedizin verwendet den Tee zur »Blutreinigung« und bei Menstruationsbeschwerden, die als »Ringelblumen-Butter« bezeichnete Salbe aus Blüten und Blättern äußerlich bei Wunden, schmerzenden Gelenken und Muskeln, den frischen Saft gegen Warzen.

Achtung! Ringelblumenblüten oder -blätter können allergische Reaktionen auslösen.

Die Ringelblume wurde als Liebeszaubermittel verwendet – insbesondere in England, wo die Pflanze den Namen »marigold« trägt – und wie Gänseblümchen und Margerite zum Liebesorakel. Noch bis ins 20. Jahrhundert hat man Ringelblumen auf Gräber gepflanzt und Leichen damit geschmückt, vielleicht weil ihr strenger Geruch die bösen Geister abzuhalten versprach.

Im Garten schätzt die Ringelblume einen sonnigen Platz und ist im Übrigen anspruchslos. Sie vermehrt sich durch Selbstaussaat.

Färberwau
Reseda luteola

2-jährig.
Familie der Resedagewächse (Resedaceae).
Stängel aufrecht, gerieft, hohl. Blätter lineal-lanzettlich, ganzrandig. Blüten blassgelb, Kelch- und Kronblätter 4 (beim Gelben Wau, *Reseda lutea*, 6), in langen Trauben. Blütezeit: Juni–September. Höhe: 60–120 cm.
Aus früheren Kulturen verwildert, heute nur noch selten auf Brachflächen, Bahnschotter oder an Wegrändern.

Archäologische Funde legen nahe, dass die auch Gilbkraut, Harnkraut oder Streichkraut genannte Pflanze, die in Südosteuropa und Westasien beheimatet ist, bereits in der Jungsteinzeit in Mitteleuropa kultiviert wurde.

Mit »lutum« meinten die römischen Schriftsteller wahrscheinlich den Färberwau. Im Mittelalter beschreibt ihn Albertus Magnus unter dem Namen »gauda« (das vom französischen »gaude« abgeleitet war). Erst im 17. Jahrhundert wurde Wau als Name üblich, zuvor galten »wolde« und »waude«. Reling/Brohmer vermuten, dass der Name aus dem Keltischen stammt und von »god« als Bezeichnung für gelben Farbstoff abgeleitet ist. Hieronymus Bock nennt den Wau Orant oder Sterckkraut, andere wie Tabernaemontanus Streichkraut.

Albertus Magnus betont, dass es sich bei Wau um eine Färbepflanze handele, die blaues Zeug grün und weißes gelb färbe, als Medikament aber entweder nicht versucht worden oder ungeeignet sei. Tatsächlich ist die arzneiliche Bedeutung der Pflanze

auch stets als sehr gering betrachtet worden, bisweilen wurde die Wurzel als harn- und schweißtreibendes Mittel erwähnt.

Der gelbe Farbstoff Luteolin, ein Flavon, befindet sich verstärkt in den oberen blühenden Ästen und wurde durch Kochen in Wasser extrahiert. Er ist wenig haltbar auf Wolle und Baumwolle, auf Seide erzielt man jedoch mit Alaunbeizen licht- und seifenechte Gelb- und Grüntöne. Deshalb wurde der Farbstoff im 19. und bis ins 20. Jahrhundert weitgehend nur noch in der Seidenfärberei benutzt. Bereits im 19. Jahrhundert ging der Anbau in Deutschland zurück, da Färberwau aus wärmeren Gebieten einen besseren Farbstoff ergab. Mit dem Aufkommen synthetischer Farbstoffe verlor die Färbepflanze vollends ihre Bedeutung.

Im **Garten** sät man Färberwau auf einen sonnigen Platz mit eher nährstoffarmer Erde. Die Pflanze vermehrt sich reichlich durch Selbstaussaat.

Je nach verwendetem Beizmittel kann man mit Färberwau hellgelbe bis goldbraune Farbtöne erzielen.

Gewöhnliches Seifenkraut

Saponaria officinalis und eine andere
Waschpflanzen

durch löwenzahn, kerbel, gamander,
durch seifenkraut bracht mich mein weg,
nun streb ich in tropfnassem beinkleid
zum ufer, des stromes geheg.

H. C. ARTMANN (1921–2000):
AUS DEM GEDICHT »ES TRÄUMET VOM VOLLMOND DIE SONNE«

Das Gewöhnliche Seifenkraut entspricht möglicherweise dem »struthion« des Theophrast, das wiederum von Plinius mit »radicula« und »herba lanaria« identifiziert wird. Albertus Magnus nennt die Pflanze »saponaria«.

Nach antiker Sage soll das Seifenkraut aus weggeschüttetem Waschwasser entstanden sein, in dem die Göttin Aphrodite nach der Berührung mit ihrem durch die Arbeit in seiner Schmiede rußigen Gemahl Hephaistos gebadet hatte.

SEIFENKRAUTWURZEL ALS SEIFENERSATZ

Die Seifenwirkung sollen sich bereits die Assyrer zunutze gemacht haben. Plinius sagt über das Seifenkraut, dass es als Waschmittel erstaunlich viel zu Weiße und Zartheit der Wolle beitrage.

Seifen sind waschaktive Substanzen, die vornehmlich aus den Alkalisalzen höherer Fettsäuren bestehen. Als so genannte Tenside verringern sie die Oberflächenspannung des Wassers und wirken dadurch netzend und schmutzlösend. In hartem Wasser setzt sich Seife zu Kalkseife um, die auf den Textilien Ablagerungen und Vergilbungen verursacht. Deshalb hat man zum Wäschewaschen lieber andere Tenside verwendet, z. B. die in verschiedenen Pflanzen enthaltenen, in Wasser Schaum erzeugenden Saponine. Auch Hieronymus Bock kennt diese Verwendung des Seifenkrauts:

Die Ordensleut / als Barfüsser
wäschen jhre Kappen darmit /
haben nicht gelt / Seiffen zu kauf-
fen / oder Wescherinen zu dingen /
wie sich dann die armen Brüder
Sanct Francisci höchlich beklagen.

Zur Gewinnung von Waschbrühe schneidet man den Wurzelstock in Stücke und trocknet diese. Durch Kochen von Wurzelstücken in Wasser entsteht die Waschlauge. Man hat vor allem Wolle, Seide und andere empfindliche Stoffe sowie Gewebe in zarten und hellen Farben damit schonend gereinigt. Mancherorts, vor allem im Nahen Osten, soll Seifen-

Das Seifenkraut soll aus dem Wasser entstanden sein, in dem Aphrodite/Venus nach der Berührung mit ihrem rußigem Gemahl Hephaistos/Vulkan gebadet hatte. Ölgemälde »Venus in der Schmiede des Vulkan« von Bartholomäus Spranger (1546–1611).

krautwurzelbrühe noch immer zur schonenden Reinigung von Tapeten, Teppichen und Möbeln verwendet werden.

Zum Waschen genutzt wurden neben Seifenkrautwurzeln und Efeublättern auch die Teile anderer Pflanzen (siehe S. 54).

GEGEN VERDUNKELUNG DER AUGEN, HUSTEN UND SYPHILIS

Hildegard von Bingen schreibt dem mit »borith« bezeichneten Seifenkraut Wirkung gegen »Verdunkelung der Augen«», »Ohrenklingeln«, »dämpfige Brust« und »Geschwüre der Eingeweide« zu.

Leonhart Fuchs empfiehlt unter anderem eine Latwerge aus Honig und Seifenkrautwurzel innerlich als den Harn treibend, nützlich bei Leberbeschwerden, Husten und Atembeschwerden, äußerlich gegen Geschwülste, Beulen und Ausschläge.

Der englische Arzt Nicholas Culpeper bezeichnet in seinem Kräuter-

buch aus dem Jahre 1653 Seifenkraut als zuverlässiges Heilmittel gegen Syphilis.

Die verschiedene Saponine enthaltende Wurzel wird nur in der Volksmedizin, insbesondere bei Husten, Rheuma und Hauterkrankungen wie Ekzemen, verwendet.

Achtung! Wegen möglicher Reizwirkung auf die Schleimhäute keine Selbstbehandlung.

Gewöhnlicher Efeu
Hedera helix

Der Gewöhnliche Efeu hieß bei den Römern »hedera«, was möglicherweise vom griechischen »hédra« (sitzen) abgeleitet ist und sich auf das Festsitzen auf der Unterlage (mit Hilfe der Haftwurzeln) bezieht. Albertus Magnus gibt eine andere – wenn auch weniger wahrscheinliche – Erklärung für den Namen: Ziegenböcke (»hedi«) würden die Pflanze gern verspeisen. Die

Nur die Blätter an nichtblühenden Trieben des Efeus haben die typische 3-lappige Form.

Herkunft des althochdeutschen »ebach« ist unklar.

Albertus Magnus hat den Efeu fälschlicherweise für einen Parasiten gehalten. Seine Behauptung, dass er keine Blüten und Früchte habe, lässt sich aus der Tatsache ableiten, dass diese erst an älteren Pflanzen erscheinen.

In einem Rezept zur Herstellung von Waschbrühe heißt es: 100 Efeublätter 10 Minuten lang in 2 Liter Wasser kochen. Blätter herausnehmen, zerkleinern und wieder ins Wasser geben. Flüssigkeit abseihen. Diese Brühe soll verblichene Farben auffrischen und Textilien aus Naturfarben wie Seide und Wolle gut reinigen.

Im alten Ägypten hieß der Efeu »Pflanze des Osiris«. Dieser Gott personifizierte das Sterben und Wiederauferstehen in der Natur. So war der Efeu wohl damals schon eine Symbolpflanze der Unsterblichkeit, worauf auch seine Darstellung auf Reliefs und Wandmalereien von Grabmälern hinweist. In Griechenland war die Pflanze dem Dionysos geweiht, dem Gott des Weines, der ebenfalls ein Vegetationsgott war. Sein Attribut, der lange Tyrsosstab, endet in einem Knauf aus Efeublättern oder Weinlaub. Auch in der römischen Kunst war der Efeu präsent und wurde dann in der frühchristlichen Kunst zum Symbol der Erneuerung und des ewigen Lebens. In der merowingischen Kunst entwickelte sich die Pflanze zusammen mit

Akanthus und Weinrebe zu einem der in der Plastik am häufigsten dargestellten Pflanzenmotive, dessen Rückgang aber bereits in der Romanik begann.

Im Volksbrauch wurde Efeu zum Liebeszauber benutzt sowie zur Abwehr von Krankheiten und Behexung.

Dioskurides empfiehlt unter anderem die in Wein gekochten Blätter als Umschlag gegen Geschwüre und Brandwunden. Hildegard von Bingen rät gegen Gelbsucht zu gedünstetem »ebich« als warme Auflage auf den Magen. Ebenfalls Vorschläge für die äußerliche, zudem für die innerliche Anwendung bringen die Kräuterbücher der frühen Neuzeit. Leonhart Fuchs rät: »Die körner auff ein quintlin mit wein jngenomen vnnd getruncken / treiben den stein. Doch sollen sie den weiberen nit gereychet werden / dann sie machen dieselbigen unfruchtbar.«

Auch in der späteren Volksmedizin findet man vor allem die äußerliche Anwendung, etwa gegen Hautkrankheiten, Kopfschuppen, Parasitenbefall, Nasenpolypen, Mandelentzündung. Die Phytotherapie setzt die Blätter, die neben Saponinen ätherisches Öl und Flavonoide enthalten, in Form von Trockenextraken als Fertigpräparate bei Katarrhen der Luftwege (insbesondere krampfartigem Husten) ein. Der Tee wird wegen möglicher Reizwirkung auf die Schleimhäute des Magen-Darm-Trakts nicht verwendet.

Achtung: Wegen der Giftigkeit der Pflanze keine Selbstbehandlung.

Im **Garten** gedeiht Efeu auch im Schatten und in fast jedem nicht zu feuchtem Boden.

Weiterführende und verwendete Literatur

AIGREMONT (d. i. Sigmar v. Schultze-Gallera) (ca. 1909): Volkserotik und Pflanzenwelt. Band 1 und 2. Darmstadt: Bläschke.

ÄPFEL & BIRNEN GESEHEN UND GEMALT VON KORBINIAN AIGNER (1993). 80 originalgetreue Farbtafeln. Mit einer Einführung in die Apfelkunde von Willi Votteler und einer bebilderten Biographie Korbinian Aigners. Ein Beitrag zur Bedeutung des Apfels in Kulturgeschichte und Kunst von Peter B. Steiner. München: edition spangenberg.

ANDERS, GERNOT (Hrsg.) (2002): Historisches Kochbuch aus Berchtesgaden, neu aufbereitet. Nach handgeschriebenen Koch- und Backrezepten des 19. Jahrhunderts von einer Berchtesgadener Wirtsfamilie. Berchtesgaden: Teamwörk.

APICIUS, MARCUS GAVIUS: De re coquinaria – Über die Kochkunst. Herausgegeben, übersetzt und kommentiert von Robert Maier. Stuttgart: Philipp Reclam jun. 1991.

BALSS, HEINRICH: Albertus Magnus als Biologe. Stuttgart: Wissenschaftliche Verlagsgesellschaft 1947.

BARTHA-PICHLER, BRIGITTE, UND MARKUS ZUBER (2002): Haferwurzel und Feuerbohne. Alte Gemüsesorten – neu entdeckt. Aarau: AT Verlag.

BENNECKENSTEIN, HORST (1990): Nochmals zum Erfurter Waidhandel. In: Beiträge zur Waidtagung. Jahrgang 3. Arnstadt: Thüringer Chronik-Verlag Müllerott, S. 5-9.

BOCK, HIERONYMUS (1964): Kreutterbuch. München: Kölbl. (Reprint der Ausgabe von 1577).

DAS KLEINE HANF-LEXIKON (2. Aufl. 2003). Hrsg. vom nova-Institut. Göttingen: Die Werkstatt.

DAS KOCHBUCH DER PHILIPPINE WELSER (1983). Hrsg. von Manfred Lemmer. Kommentar, Transkription und Glossar von Gerold Hayer. Innsbruck: Pinguin-Verlag.

DAS KRÄUTERBUCH DES JOHANNES HARTLIEB (1980). Eine deutsche Bilderhandschrift aus der Mitte des 15. Jahrhunderts. Hrsg. von Franz Speta. Mit einer Einführung und Transkription von Heinrich L. Werneck. Graz: Akademische Druck- und Verlagsanstalt.

DAS LORSCHER ARZNEIBUCH (2. Aufl. 1990). Klostermedizin in der Karolingerzeit. Hrsg. vom Heimat- und Kulturverein Lorsch im Auftrag der Stadt Lorsch.

DAS MEDIZINISCHE LEHRGEDICHT DER HOHEN SCHULE ZU SALERNO (Regimen sanitatis Salerni.) (1915). Aus dem Lateinischen ins Deutsche übertragen von Paul Tesdorpf und Therese Tesdorpf-Sickenberger. Unter Beifügung des lateinischen Textes nach Johann Christian Gottlieb Ackermann. Berlin, Stuttgart, Leipzig: Kohlhammer.

DAS NEUE GROSSE KNEIPPBUCH (4. neubearb. Aufl. 1975). Handbuch der naturgemäßen Lebens- und Heilweise. Begründet von Sebastian Kneipp und Bonifaz Reile. Hrsg. von Josef H. Kaiser unter Mitarbeit von Helmut Anemüller, Erich Heinrich, Norbert Kaiser und R. F. Weiß. München: Ehrenwirth.

Im alten Ägypten war Efeu als Pflanze der Unsterblichkeit dem über das Totenreich herrschenden Osiris geweiht. Darstellung »Das Totengericht vor dem Gott Osiris« nach einem in Theben gefundenen Papyrus.

DAVIDIS, HENRIETTE (1997): Praktisches Kochbuch für die gewöhnliche und feinere Küche unter besonderer Berücksichtigung der Anfängerinnen und angehenden Hausfrauen. Bearbeitet von Gertrude Wiemann. Augsburg: Weltbild Verlag. (Unveränderter Nachdruck der Berliner Ausgabe, W. Herlet Verlag, ca. 1915).

DIE EDDA (1981): Götterdichtung, Spruchweisheit und Heldengesänge der Germanen in der Übertragung von Felix Genzmer. Düsseldorf, Köln: Diederichs.

ENNET, DIETHER UND HANS D. REUTER (1998): Lexikon der Pflanzenheilkunde. Stuttgart: Hippokrates.

FISCHER, HERMANN (1967): Mittelalterliche Pflanzenkunde. Hildesheim: Olms. (Nachdruck der Ausgabe München 1929).

FISCHER-BENZON, RUDOLF VON (1894): Altdeutsche Gartenflora. Kiel und Leipzig: Lipsius & Tischer.

FRANKE, WOLFGANG (6. überarb. u. erw. Aufl. 1997): Nutzpflanzenkunde. Stuttgart: Thieme.

FROHN, BIRGIT (2001): Klostermedizin. München: Deutscher Taschenbuch Verlag.

FUCHS, LEONHART (1975): New Kreütterbuch. Grünwald bei München: Kölbl. (Reprint der Ausgabe von 1543.)

GOTHEIN, MARIE LUISE (1926): Geschichte der Gartenkunst. Erster Band. Jena: Diederichs.

HEILMEYER, MARINA (2000): Die Sprache der Blumen. München, London, New York: Prestel.

HENNEBO, DIETER (1962): Gärten des Mittelalters. Hamburg: Broschek.

HILDEGARD VON BINGEN (1993): Heilkraft der Natur - »Physica«. Rezepte und Ratschläge für ein gesundes Leben. Übersetzt von Marie-Louise Portmann. Freiburg, Basel, Wien: Herder.

HILDEGARD VON BINGEN (6. erg. Aufl. 1990): Ursachen und Behandlung der Krankheiten (causae et curae). Übersetzt von Hugo Schulz. Mit einem Geleitwort von Ferdinand Sauerbruch. Heidelberg: Haug.

HÖFLER, MAX (1893): Volksmedizin und Aberglaube in Oberbayerns Gegenwart und Vergangenheit. München: Galler.

HÖFLER, MAX (1908): Volksmedizinische Botanik der Germanen. Wien: Ludwig.

HORTUS SANITATIS – DEUTSCH – DES JOHANN WONNECKE VON CUBE (1966). München: Kölbl. (Reprint der Ausgabe Mainz 1485).

JANSSEN, WALTER (1989): Mittelalterliche Gartenkultur. In: Herrmann, Bernd (Hrsg.): Mensch und Umwelt im Mittelalter. Frankfurt am Main: Fischer Taschenbuch Verlag, S. 224-243.

KNEIPP, SEBASTIAN (5. Aufl. 1998): Meine Wasserkur. So sollt ihr leben. Die weltberühmten Ratgeber in einem Band. Neu herausgegeben und bearbeitet von Christian Frey. München: Ehrenwirth.

KÖNIG LAURINS ROSENGARTEN (1911). Ein tiroler Heldenmärchen. Aus dem Mittelhochdeutschen übertragen von Ludwig Scharf. München: Verlag der Deutschen Alpenzeitung.

KÖRBER-GROHNE, UDELGARD (1995): Nutzpflanzen in Deutschland von der Vorgeschichte bis heute. Hamburg: Nikol Verlagsgesellschaft.

KRONFELD, ERNST M. (1919): Sagenpflanzen und Pflanzensagen. Leipzig: Deutsche Naturwissenschaftliche Gesellschaft.

KÜNZLE, JOHANN (1945): Das große Kräuterheilbuch. Olten: Otto Walter AG.

KÜSTER, HANSJÖRG (1997): Kleine Kulturgeschichte der Gewürze. München: C. H. Beck'sche Verlagsbuchhandlung 1997.

LANDAU, PAUL UND CAMILLO SCHNEIDER (1928): Der deutsche Garten. Mit einem Nachwort von Karl Foerster. Berlin: Deutsche Buch-Gemeinschaft.

LIEDERBUCH DER CLARA HÄTZLERIN (1966). Hrsg. von Carl Haltaus. Berlin: de Gruyter. (Nachdruck der Ausgabe von 1840. Die Handschrift selbst erschien 1471 in Augsburg.)

LIPFERT, KLEMENTINE (4. Aufl. 1964): Symbol-Fibel. Eine Hilfe zum Betrachten und Deuten mittelalterlicher Bildwerke. Kassel: Johannes Stauda-Verlag.

LÖBER, KARL (1988): Agaleia. Erscheinung und Bedeutung der Akelei in der mittelalterlichen Kunst. Köln, Wien: Böhlau.

LOHWASSER, UTA, UND MATTHIAS MÄUSER (1998): Schöne Früchtchen. Begleitheft zur Sonderausstellung im Naturkunde-Museum Bamberg 17. Juni 1998-28. Februar 1999.

LONICERUS, ADAMUS (1962): Kreuterbuch, Künstliche Conterfeytunge der Bäume / Stauden / Hecken / Kräuter / Getreyd / Gewürze/ etc. Originalgetreue Wiedergabe des Kräuterbuches 1679. Grünwald b. München: Kölbl.

LÖNS, HERMANN (1922): Der kleine Rosengarten. Volkslieder. Jena: Diederichs.

MARZELL, HEINRICH (1930): Unsere Heilpflanzen - ihre Geschichte und ihre Stellung in der Volkskunde. München: J. F. Lehmanns Verlag.

MARZELL, HEINRICH (1968): Bayerische Volksbotanik. Volkstümliche Anschauungen über Pflanzen im rechtsrheinischen Bayern. München: Fritsch. (Reprint der Ausgabe von 1926).

MÄUSER, MATTHIAS (1998): Das Pomologische Kabinett von F. J. Bertuch aus Weimar im Naturkunde-Museum Bamberg. LXXII. Bericht der Naturf. Ges. Bamberg (1997), S. 49-78.

MAYER, JOHANNES GOTTFRIED, BERNHARD UEHLEKE UND KILIAN SAUM (2002): Handbuch der Klosterheilkunde. 3. Auflage. München: Zabert Sandmann.

MAYER, JOHANNES GOTTFRIED, UND KONRAD GOEHL (Hrsg.) (2001): Höhepunkte der Klostermedizin. Der „Macer floridus" und das Herbarium des Vitus Auslasser. Herausgegeben und mit einer Einleitung und deutschen Übersetzung von Johannes Gottfried Mayer und Konrad Goehl. Holzminden: Reprint-Verlag-Leipzig 2001. (Erweiterte Reprintauflage der Originalausgabe von 1832).

MERIAN, MARIA SIBYLLA (1999): Neues Blumenbuch. Mit einem Begleittext von Thomas Bürger und Marina Heilmeyer. München, London, New York: Prestel 1999. Faksimileausgabe Nürnberg 1680.

NEUDECKER, MARIA ANNA (1987): Die Bayerische Köchin. Ein Kochbuch, das sowohl für Herrschafts- als auch für gemeine Küchen eingerichtet ist und mit besonderem Nutzen gebraucht werden kann. Augsburg: Weltbild. (Faksimile-Ausgabe München 1867).

OERTEL-BAUER'S HEILPFLANZEN-TASCHENBUCH (1908). Bearbeitet von Adolf Oertel und Eduard Bauer. 2. Jubiläums-Pracht-Ausgabe. Bonn: Hassemer.

PACZENSKY, GERT VON, UND ANNA DÜNNBIER (Sonderausg. 1999): Kulturgeschichte des Essens und Trinkens. München: Orbis.

PAHLOW, MANNFRIED (Neuaufl. 1993): Das große Buch der Heilpflanzen. München: Gräfe und Unzer.

PERGER, ANTON VON (1864): Deutsche Pflanzensagen. Stuttgart und Oehringen: Schaber.

PLINIUS SECUNDUS, GAIUS D. Ä. (1977): Naturkunde. Lateinisch-deutsch. Bücher XII/XIII: Botanik: Bäume. Hrsg. und übersetzt von Roderich König in Zusammenarbeit mit Gerhard Winkler. München: Heimeran.

PLINIUS SECUNDUS, GAIUS D. Ä. (1996): Naturkunde. Lateinisch-deutsch. Buch 19: Botanik: Gartenpflanzen. Hrsg. und übersetzt von Roderich König in Zusammenarbeit mit Joachim Hopp, Karl Bayer und Wolfgang Glöckner. Zürich, Düsseldorf: Artemis & Winkler.

RELING, HERMANN UND PAUL BROHMER (6. Aufl.1922): Unsere Pflanzen. In Sage, Geschichte und Dichtung. Dresden: Ehlermann.

ROTH, LUTZ, MAX DAUNDERER UND KURT KORMANN (4. Aufl. 1994): Giftpflanzen – Pflanzengifte. Hamburg: Nikol Verlagsgesellschaft.

SCHANDRI, MARIA (14. Aufl. 1882): Regensburger Kochbuch: 1085 Original-Kochrecepte auf Grund vierzigjähriger Erfahrung zunächst für die bürgerliche Küche. Regensburg: Coppenrath.

SCHILCHER, HEINZ (1996): Kleines Heilkräuter-Lexikon. Weil der Stadt: Hädecke.

SCHIPPERGES, HEINRICH (2. Aufl. 1987): Der Garten der Gesundheit. Medizin im Mittelalter. München: Artemis.

SCHÖPPNER, ALEXANDER (Hrsg.) (1874): Sagenbuch der bayerischen Lande. Neue Volksausgabe in 3 Bänden. München: M. Rieger'sche Universitätsbuchhandlung.

SCHRÖDER-LEMBKE, GERTRUD (1984): Der Gartenbau der Hausväterzeit. In: Franz, Günther (Hrsg.): Geschichte des deutschen Gartenbaues. Stuttgart: Ulmer, S. 112-142.

SEIDENSTICKER, PETER (1997): die seltzamen namen all. Studien zur Überlieferung der Pflanzennamen. Grundzüge einer historischen Syntax der Pflanzennamen. Stuttgart: Steiner.

SEITZ, PAUL (1984): Der Gemüse- und Kräuteranbau und die Speisepilzerzeugung seit dem 18. Jahrhundert. In: Franz, Günther (Hrsg.): Geschichte des deutschen Gartenbaues. Stuttgart: Ulmer, S. 365-454.

STOFFLER, HANS-DIETER (2000): Der Hortulus des Walahfrid Strabo. Aus dem Kräutergarten des Klosters Reichenau. Stuttgart: Thorbecke.

STRANTZ, MINNA VON (1875): Die Blumen in Sage und Geschichte. Berlin: Enslin.

TABERNAEMONTANUS, JACOBUS THEODORUS (1963): Neu vollkommen Kräuter-Buch. München: Kölbl. (Reprint der Ausgabe Basel 1731).

VAUPEL, ELISABETH (2002): Gewürze. Acht kulturhistorische Porträts. München: Deutsches Museum.

VOGEL, TOBIAS (1995): Der Süßkirschenanbau im Anbaugebiet »Forchheim-Fränkische Schweiz«. Landratsamt Forchheim.

VOGELLEHNER, DIETER (1984): Garten und Pflanzen im Mittelalter. In: Franz, Günther (Hrsg.): Geschichte des deutschen Gartenbaues. Stuttgart: Ulmer, S. 69-98.

VOGELLEHNER, DIETER (1984): Pflanzendarstellungen in Wissenschaft und Kunst. Freiburg i. Br.: Universitätsbibliothek.

WALTER, ERICH (1995): Fränkische Bauerngärten. Mit einem Vorwort von Peter Titze. Hof: Hoermann.

WATZL, BERNHARD, UND CLAUS LEITZMANN (2., überarb. und erw. Aufl. 1999): Bioaktive Substanzen in Lebensmitteln. Stuttgart: Hippokrates.

WECKER, ANNA (1977): Ein köstlich new Kochbuch von allerhand Speisen / an Gemüsen / Obs / Fleisch / Geflügel / Wildpret / Fischen vnd Gebachens. München: Heimeran. (Faksimile nach einem Original: Amberg bei Michael Forster 1598).

WEISS, RUDOLF FRITZ, UND VOLKER FINTELMANN (9. Aufl. 1999): Lehrbuch der Phytotherapie. Stuttgart: Kohlhammer.

WELSCH, NORBERT, UND CLAUS CHRISTIAN LIEBMANN (2003): Farben: Natur, Technik, Kunst. Heidelberg, Berlin: Spektrum Akademischer Verlag.

WENIGMANN, MARGRET (1999): Phytotherapie. Arzneipflanzen, Wirkstoffe, Anwendung. München: Urban & Fischer.

WIDMAYR, CHRISTIANE (4. Aufl. 1987): Alte Bauerngärten neu entdeckt. München, Wien, Zürich: BLV Verlagsgesellschaft.

WILLERDING, ULRICH (1984): Ur- und Frühgeschichte des Gartenbaues. In: Franz, Günther (Hrsg.): Geschichte des deutschen Gartenbaues. Stuttgart: Ulmer, S. 39-68.

WILLFORT, RICHARD (überarb. Neuaufl. 1979): Gesundheit durch Heilkräuter. Erkennung, Wirkung und Anwendung der wichtigsten einheimischen Heilpflanzen. Linz: Trauner.

WINTER, JOHANNA MARIA VAN (1989): Kochen und Essen im Mittelalter. In: Herrmann, Bernd (Hrsg.): Mensch und Umwelt im Mittelalter. Frankfurt am Main: Fischer Taschenbuch Verlag, S. 88-100.

WISWE, HANS (1970): Kulturgeschichte der Kochkunst. Kochbücher und Rezepte aus zwei Jahrtausenden mit einem lexikalischen Anhang zur Fachsprache von Eva Hepp. München: Moos.

ZIMMERER, EMMA M. (4. Aufl. 1980): Kräutersegen. Donauwörth: Auer. (Nachdruck der Ausgabe Donauwörth 1896).

ZOHARY, MICHAEL (2. durchges. u. erw. Aufl. 1986): Pflanzen der Bibel. Stuttgart: Calwer.

Für Hinweise, Fachinformationen und/oder die kostenfreie Überlassung von Bildmaterial dankt die Autorin:

Bayerische Landesanstalt für Weinbau und Gartenbau, Würzburg (Dagmar Hirschfeld).
Benediktinerabtei Schweiklberg (Bruder Leo).
Benediktinerstift Seitenstetten (P. Stefan Gruber).
Brauerei Aldersbach Frhr. v. Aretin KG (Dr. Volker Kannacher, Petra Ratzisberger).
Bundesinstitut für Arzneimittel und Medizinprodukte, Bonn.
Bundesministerium für Verbraucherschutz, Ernährung und Landwirtschaft, Bonn.

Caroline Burger, Osterhofen.
Förderverein Pfefferminzmuseum Eichenau e. V.
Gartenamt Erfurt (Kathrin Schanze).
Gemeinde Pferdingsleben.
Heimatverein Dossenheim (Hermann Fischer).
Dr. Monika Helf, Fachhochschule München.
Klosterbrauerei Neuzelle.
Klosterbrauerei Weißenohe.
Meerrettich-Museum, Baiersdorf.
Naturkunde-Museum Bamberg (Dr. Matthias Mäuser).
Regierung von Oberfranken, Bayreuth (Karin Debuday, Dr. Johannes Merkel, Dr. Erich Walter).
Christine Schaumaier, Stadtarchiv München.

Stadt Bamberg (Herr Jungkunz).
Stadtarchiv Schaffhausen.
Städtische Kurdirektion Bad Wörishofen.
Stiftung Kloster Michaelstein (Sabine Volk).
Thüringer Landesanstalt für Landwirtschaft, Jena.
Verein Gärtner- und Häckermuseum, Bamberg (Josef Oßwald).
Tobias Vogel, ehemaliger Kreisfachberater für Obstbau am Landratsamt Forchheim.
Zentrum für Umwelt und Kultur Benediktbeuern.

Für die Unterstützung bei der Beschaffung der historischen Abbildungen bedankt sich die Autorin bei: Staatliche Bibliothek Passau; Universitätsbibliothek Passau; Stadtbücherei Osterhofen.

Die historischen Darstellungen wurden folgenden Werken entnommen:

BEUTLER, ERNST (Hrsg.) (1910): John Flaxman's Zeichnungen zu Sagen des klasischen Altertums. Insel-Verlag, Leipzig. Seite 178u.

BOCK, HIERONYMUS (1964): Kreutterbuch. Reprint der Ausgabe 1577. Konrad Kölbl, München. Seite 197u.

DES WALAHFRID STRABO VON DER REICHENAU HORTULUS (1926): Gedichte über die Kräuter seines Klostergartens vom Jahre 827. Wiedergabe des ersten Wiener Druckes vom Jahre 1510. Verlag der Münchner Drucke, München. Seite 25u.

DETZEL, HEINRICH (1894): Christliche Ikonographie. Ein Handbuch zum Verständniß der christlichen Kunst. 1. Band. Herdersche Verlagshandlung, Freiburg i. Br. Seite 29o, 29u, 63, 125o, 135, 172, 190u, 203.

DETZEL, HEINRICH (1896): Christliche Ikonographie. Ein Handbuch zum Verständniß der christlichen Kunst. 2. Band. Herdersche Verlagshandlung, Freiburg im Breisgau. Seite 64, 188.

DEUTSCHE JUGEND (1873). Illustrierte Monatshefte. 1. Band. Alphons Dürr, Leipzig. Seite 59o.

DEUTSCHE JUGEND (1873). Illustrierte Monatshefte. 2. Band. Alphons Dürr, Leipzig. Seite 75, 137o, 144.

FUCHS, EDUARD (1909): Illustrierte Sittengeschichte vom Mittelalter bis zur Gegenwart. Band Renaissance. Albert Langen, München. Seite 15, Nachsatz.

FUCHS, LEONHART (1975): New Kreütterbuch. Reprint der Ausgabe 1543. Konrad Kölbl, Grünwald bei München. Seite 33u, 84o, 113o, 122, 137u, 151, 168u, 186.

GRANDVILLE, J. J. (1846): Les Fleurs Animées. Gouet, Paris. Seite 87, 111u, 175.

HENNE AM RHYN, OTTO (3. Aufl. 1903): Kulturgeschichte des Deutschen Volkes. Historischer Verlag Baumgärtel, Berlin. Seite 8, 14, 23o, 25o, 40, 85u, 130o, 140o, 161ur.

HOFFMANN, FRANZ (7. Aufl. 1876): Die schönsten Märchen der Tausend und Einen Nacht. Schmidt & Spring Stuttgart. Seite 168o.

HORTUS SANITATIS – DEUTSCH – DES JOHANNES WONNECKE VON CUBE (1966). Reprint der Ausgabe Mainz, Peter Schöffer, 1485. Konrad Kölbl, Grünwald bei München. Seite 33o.

HOVORKA, OSKAR V., UND ARTHUR KRONFELD (1908): Vergleichende Volksmedizin. 1. Band. Strecker & Schröder, Stuttgart. Seite 41o.

KINDER- UND HAUSMÄRCHEN (5. Aufl. 1980). Gesammelt durch die Brüder Grimm. Vollständige Ausgabe mit über 160 Holzschnitten von Ludwig Richter. Gondrom, Bayreuth. Seite 178o.

KLEIN, LUDWIG (1909): Nutzpflanzen der Landwirtschaft und des Gartenbaues. Mit 100 farbigen Tafeln nach den von Frl. Sofie Ley nach der Natur gemalten Aquarellen und 18 einfarbigen Abbildungen. Carl Winter's Universitätsbuchhandlung, Heidelberg. Seite 98, 139, 141, 145o, 145u, 157l, 157r, 161ul, 170, 174, 181, 183, 193, 198u.

KUHN, ALBERT (1909): Geschichte der Baukunst. I. Halbband. Benziger, Einsiedeln u. a. Seite 12 (verändert).

KUHN, ALBERT (1909): Geschichte der Malerei. I. Halbband. Benziger, Einsiedeln u. a. Seite 213.

LONICERUS, ADAMUS (1962): Kreuterbuch. Reprint der Ausgabe 1679. Konrad Kölbl, Grünwald bei München. Seite 5, 32, 34, 38o, 38u, 66, 73, 107, 114, 134ol, 160, 182o.

REDENBACHER, WILHELM (1880): Lesebuch der Weltgeschichte oder die Geschichte der Menschheit von ihrem Anfange bis auf die neueste Zeit. Vereinsbuchhandlung, Calw und Stuttgart. Seite 10, 23u, 158u.

RICHTER, LUDWIG (1919): Die Gute Einkehr. Auswahl schönster Holzschnitte. Mit Sprüchen und Liedern. Karl Robert Langewiesche, Königstein im Taunus und Leipzig. Seite 109, 127o, 140u.

SCHMIDT, FERDINAND (6. Aufl. 1883): Walther und Hildegunde. Der Rosengarten. Zwei Heldensagen. R. Voigtländer, Kreuznach. Seite 57.

STADTGESCHICHTLICHE MUSEEN NÜRNBERG (Hrsg.) (1976): Die Welt des Hans Sachs. 400 Holzschnitte des 16. Jahrhunderts. Hans Carl, Nürnberg. Seite 22, 52, 53u, 90u, Vorsatz.

STEINHAUSEN, GEORG (1904): Geschichte der Deutschen Kultur. Bibliographisches Institut, Leipzig und Wien. Seite 41u, 68, 96, 150.

VÖLLER VON GELLHAUSEN, ULRICH (1616): Florilegium. Moses Weixner, Frankfurt am Main. Seite 198o.

VON DER GESUNDEN LEBENSWEISE (1985). Nach dem alten Hausbuch der Familie Cerruti. BLV Verlagsgesellschaft, München, Wien, Zürich. Seite 103, 120o, 146, 153, 159, 164, 191o.

Die zum Auftakt der Kapitel und Pflanzenporträts zitierten (neueren) Gedicht- bzw. Textstellen entstammen folgenden Werken:

S. 9: Geschichten der Liebe aus den 1001 Nächten (1973). Aus dem arabischen Urtext übertragen von Enno Littmann. Insel Verlag, Frankfurt am Main.

S. 118 und 210: ARTMANN, H. C. (1975): Aus meiner Botanisiertrommel. Balladen und Naturgedichte. Salzburg: Residenz Verlag: S. 83 und S. 73. © 1975, 2001 Residenz Verlag, Salzburg-Wien-Frankfurt/Main.

S. 136: ADAMS, RICHARD (1988): Unten am Fluß (Watership Down). Übersetzt von Egon Strohm. Ullstein, Frankfurt am Main, Berlin: S. 42f.

S. 169: WOLFGANG BÄCHLER: *Der Kirschbaum*. Aus: ders., Ausbrechen. Gedichte aus 30 Jahren. © S. Fischer Verlag GmbH, Frankfurt am Main 1976.

Bildnachweis

AKG: 1, 6/7, 9, 13, 27u, 36/37, 53o, 58, 81, 93, 115, 130u, 173ol, 180, 194, 211
Benediktinerabtei Schweiklberg: 48
Benediktinerstift Seitenstetten: 35
Brauerei Aldersbach Frhr. V. Aretin KG, Aldersbach: 47
Caroline Burger: 79o, 99
DGB-Archiv im Archiv der sozialen Demokratie der Friedrich-Ebert-Stiftung: 86
Die Kinder- und Hausmärchen der Brüder Grimm, 2003 Der Kinderbuchverlag in der Verlagsgruppe Beltz, Weinheim und Basel: 148
F. Monheim/ Bildarchiv Monheim: 42
GBA/Didillon: 94
GBA/Noun: 162
Gemeinde Pferdingsleben: 201u
Historisches Archiv der TU München: 177
Klosterbrauerei Neuzelle: 134u
Kögel: 17o
Kurdirektion Bad Wörishofen: 46
M. Bassler/Bildarchiv Monheim: 11
Museen der Stadt Nürnberg: 206
Pforr: 56, 97, 100, 102, 124o, 127u, 185, 197o, 106, 158o, 176, 190, 208
Privatbesitz: 83, 91
Redeleit: 92
Reinhard: 85o, 88, 95, 101u, 105, 112, 116, 117r, 120o, 121, 126, 128, 132, 134r, 136, 142, 147, 149, 155, 161o, 163, 173or, 179, 184, 189, 192, 204, 205, 210
Sächsische Landesbibliothek- Staats- und Universitätsbibliothek Dresden, Abt. Deutsche Fotothek/Regine Richter: 16
Scherf D.: 2/3, 17u, 18, 19, 20/21, 24, 30, 43, 44, 50, 61, 74, 79u, 80, 84u, 89, 90o, 108, 111u, 117M, 167, 169, 182u, 191u, 196
Seidl: 62, 67, 71, 110, 129, 152, 154, 209
Staatsbibliothek Bamberg: 28, 101o
Stadtbibliothek Braunschweig: 198o
Stadtmuseum Deggendorf: 27o, 45
Stiftung Deutsches Gartenbaumuseum Erfurt: 199
Stiftung Kloster Michaelstein: 166
Strauß: 59, 70, 78
Universitäts- und Forschungsbibliothek Erfurt/Gotha: 54, 200, 201o
Universitätsbibliothek München: 51
Zeininger: 118
Zeininger/Kühn: 212

Vorsatz (vorn): Der Weinberg Gottes (aus: Die Welt des Hans Sachs)
Nachsatz (hinten): Renaissancegarten (aus: Illustrierte Sittengeschichte vom Mittelalter bis zur Gegenwart)
Abb. S. 1: Liebesgarten (aus: Guillome de Lorris und Jean de Meung: Roman de la Rose, 15. Jahrhundert)
Foto S. 2/3: Kloster Seitenstetten
Abb. S. 6/7: Arbeit in einem ummauerten Stadtgarten (aus: Petrus de Crescentiis: Des profits ruraux des champs, etwa 1475-1500)
Foto S. 20/21: Bauerngarten im Freilichtmuseum Finsterau
Abb. S. 36/37: Ausschnitt aus »Anbetung des Lammes« von Jan van Eyck (etwa 1390-1441), Genter Altar, Innenseite, Mitte

Bibliografische Information Der Deutschen Bibliothek

Die Deutsche Bibliothek verzeichnet diese Publikation in der Deutschen Nationalbibliografie; detaillierte bibliografische Daten sind im Internet über http://dnb.ddb.de abrufbar.

BLV Verlagsgesellschaft mbH
München Wien Zürich
80797 München

Umschlaggestaltung: Anja Masuch, Puchheim b. München
Umschlagfotos: Manfred Pforr (großes Foto vorn: Essigrose), Wolfgang Willner (kleines Foto vorn: Jungfer im Grünen, Foto hinten: Echter Salbei),
AKG (Gemälde hinten: Arbeit in einem ummauerten Stadtgarten, aus: Petrus de Crescentiis: Des profits ruraux des champs, etwa 1475-1500)
sowie 2 historische Darstellungen aus: Des Walahfrid Strabo von der Reichenau Hortulus, Wien 1510 (vorn),
Gart der Gesuntheit Deutsch, Antwerpen 1533 (hinten)

Lektorat: Dr. Friedrich Kögel
Herstellung: Hermann Maxant

Satz: Uhl + Massopust, Aalen
Reproduktionen: Repro Ludwig

Gedruckt auf chlorfrei gebleichtem Papier

Printed in Germany · ISBN 3-405-16678-0

Die Geheimnisse der Natur entdecken

Gertrud Scherf
Zauberpflanzen – Hexenkräuter
Die Kulturgeschichte der Zauberpflanzen: Mythos, Magie, Brauchtum; 70 Pflanzen im Porträt mit Biologie, Geschichte, Bedeutung, Verwendung als Heilpflanze.

Stefan Kühn / Bernd Ullrich / Uwe Kühn
Deutschlands alte Bäume
Begegnungen mit faszinierenden Persönlichkeiten: 150 alte Bäume in ausdrucksstarken Fotos, die speziell für diesen Bildband entstanden; zu jedem Baum: Biographie mit historischen und aktuellen Fakten, Sagen und Mythen; Übersichtskarte mit Standorten und Wegbeschreibungen.

Doris Laudert
Mythos Baum
Was Bäume uns Menschen bedeuten: die wichtigsten mitteleuropäischen Gehölzarten in ausführlichen Porträts sowie die Kulturgeschichte der Bäume mit vielen Abbildungen und Details; der Baum in Geschichte, Mythologie, Religion, Brauchtum usw.

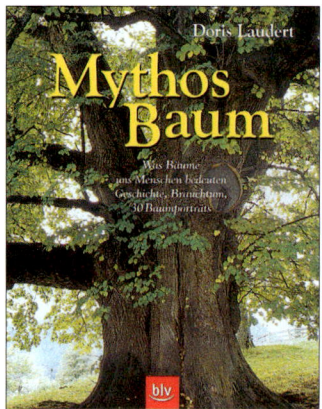

Manfred Bocksch
Das praktische Buch der Heilpflanzen
Rund 200 Heilpflanzen im Porträt mit Informationen zu Heilanwendungen einst und heute, Verwendung in der Küche, Volksglauben und Brauchtum, Hinweisen zum Sammeln, Trocknen und Aufbewahren, zur Zubereitung von Arzneien und zur Behandlung von Beschwerden.

Gertrud Scherf
Wildfrüchte und Wildkräuter
Wildfrüchte und -kräuter, gegliedert nach Standorten – mit Sammelkalender; Merkmale, Biologie, Geschichte, Brauchtum, Sammeln, Verwenden; Rezepte für Salate, Suppen, Marmelade, Getränke und vieles mehr.

Mario Ludwig
Der Erlebnis-Planer Natur
Die perfekte Ergänzung zum »Tier- und Pflanzenführer« – mehr Spaß und Naturerlebnis rund ums Jahr durch gezielte Planung: Naturphänomene, Tiere und Pflanzen mit Kompaktinfos, Beobachtungstipps und Checklisten.